中国设计·书籍装帧

夏兵 等 编著

Chinese Design: Design for the Binding and Layout of Book
Liaoning Fine Arts Publishing House

辽宁美术出版社

图书在版编目（ＣＩＰ）数据

书籍装帧 / 夏兵等编著. —— 沈阳：辽宁美术出版社，2014.2

　　（中国设计）

　　ISBN 978-7-5314-5787-9

　　Ⅰ．①书…　Ⅱ．①夏…　Ⅲ．①书籍装帧-设计　Ⅳ．①TS881

中国版本图书馆CIP数据核字（2014）第025018号

出　版　者：辽宁美术出版社

地　　　址：沈阳市和平区民族北街29号　邮编：110001

发　行　者：辽宁美术出版社

印　刷　者：辽宁美术印刷厂

开　　　本：889mm×1194mm　1/16

印　　　张：25

字　　　数：600千字

出版时间：2014年2月第1版

印刷时间：2014年2月第1次印刷

责任编辑：李　彤　郭　丹

装帧设计：范文南　彭伟哲

技术编辑：鲁　浪

责任校对：徐丽娟

ISBN 978-7-5314-5787-9

定　　　价：265.00元

邮购部电话：024-83833008

E-mail：lnmscbs@163.com

http://www.lnmscbs.com

图书如有印装质量问题请与出版部联系调换

出版部电话：024-23835227

Contents
总目录

《中国设计》系列丛书是超大型的重点出版工程。它汇集了全国顶尖高校数百位设计精英从现实出发整理出的具有前瞻性的教学研究成果，是设计学科建设不可或缺的基础理论书籍。

我国的设计领域正处于迅猛发展的时期，设计以其独特的表现手段覆盖了社会各个领域，成为综合国力迅速增长的重要推力。设计以其复杂的多学科背景和先进的系统整合功能成为当今全球发展最快的前沿交叉学科。从某种意义上说，设计改变了人类的生产和生活方式，成为当代文化的一种重要形态。

随着创意经济时代的到来，今天的艺术领域发生了飞速的变化。在工业化、全球化、城市化的大背景下，各类艺术不断拓展出新，社会经济发展对艺术、设计、创意人才的需求也在日益增加。2011年，国务院学位委员会、教育部对我国高等院校的学科门类作出了重要的调整，将艺术学从文学门类中分离出来，成为新的独立的学科门类。由此，美术学、设计学升为艺术学门类下的一级学科。这是艺术学科自身发展的必然结果，也是时代发展对艺术学科的要求。它将极大改变我国艺术教育的整体格局，直接关系到中华民族伟大复兴所必需的自主创新能力培养的大问题。

近两年来，根据艺术学学科设置的此项变化，为适应普通高等院校艺术专业教育发展的需要和社会人员对艺术学习和欣赏的需求，建构艺术学的学术框架和科学规范教学用书，我们组织编辑了《中国设计》大型丛书。本套书涵盖设计学下设的主要分级学科的内容，是大设计的概念，是针对中国人学习和认识艺术设计的需要所配备的图书。它的出版将有力地推动中国设计教育事业的发展，不论在理论界、设计界、教育界都具有里程碑的意义。

设计是一种把计划、规划、设想通过视觉的形式传达出来的活动过程，是一种为构建有意义的秩序而付出的有意识的努力。最简单的关于设计的定义就是"一种有目的的创作行为"。设计学包含的内容非常宽泛，凡与设计相关的所有基础学科和应用均可列入其中。

进入20世纪80年代，中国的艺术设计教育开始引入由德国包豪斯开创的现代设计体系，如平面构成、色彩构成、立体构成等课程。通过不断的探索和实践，包豪斯设计教育理论与我国的艺术教育实际相融合，逐渐形成了我国设计基础教学体系。目前，设计基础的基本构建点是培养学生艺术设计的创造性。在教学方法上主要通过案例式教学加以分析和启发，通过大量的理论结合实践的训练使学生对设计的基础知识从感性认识升华到更高、更广、更科学的审美境界即理性的思维方式中去，使学生了解设计艺术的特殊性，从而掌握其规律，并在设计中能够合理地运用设计基础理论和方法，发挥创造精神，最终达到满足符合功能和审美的设计要求。

本套丛书共分31种，主要围绕基础理论、创作、欣赏、研究四个方面展开。具体书目有：《构成基础》《设计素描》《平面构成》《色彩构成》《设计原理》《图案设计》《图形设计》《视觉识别系统设计》《VI设计》《广告设计》《POP设计》《环境空间设计》《公共空间设计》《园林景观设计》《室内设计》《展示设计》《建筑设计与表现》《包装设计》《书籍装帧设计》《字体设计》《工业产品设计》《家具设计》《工艺品设计》《材料应用》《计算机应用与设计》等。

设置艺术学门类为我国艺术类人才的培养提供了更大的空间和自主性。在新的学科门类体系下，针对设计学科的特性，有系统、有计划、有新意地推出设计学范畴的图书，以供社会广大美术爱好者学习者、高等院校师生之用，对繁荣和发展我国高等艺术教育事业有积极的作用。

The *Chinese Design* series is a huge publishing project, which contains the forward—looking teaching and research result of design elites from China's top universities. It is an indispensible theoretical book for the discipline construction of design.

China's design field is in the period of rapid development. With the unique way of expression, design covers almost all the aspects of society and has become the important driving force for enhancement of the overall national power. With its complex multi—discipline background and the advanced system integration function, design has become the fastest growing frontier cross—disciplinary branch. In a sense, design has revolutionized people's way of production and lifestyle and has become an import form of modern culture.

With the arrival of the creative economy, the art has witnessed rapid development. With the industrialization, globalization and urbanization, various kinds of art have come into being and the social and economic development has greater need for talent in art, design and creativity. In 2011, the State Council Academic Degrees Committee and the Ministry of Education made major adjustment on the discipline of colleges, separating the study of art from literature as an independent discipline. As a result, artistic theory, fine arts and design science has become the first—level discipline of art. It is the inevitable result of the development of art and the requirement of age on art. It will greatly change the pattern of China's art education and is directly related to the cultivation of independent creativity of the Chinese nation.

For the past two years, based on the change of the art discipline and to accommodate to the development of art major of university and the need for art learning and appreciation, we compiled the large series of *Chinese Design* with the aim of establishing the academic framework and standardizing teaching books. The series covers the major part of the hierarchical subjects of art. It is the ideal book for Chinese to learn about the art design. The publication of the book will bring benefit to the Chinese art and has milestone significance in theoretical circle and the educational circle.

Design is the active process which conveys plan, program and imagination through the form of visual. It is the conscious effort made to establish meaningful orders. The simplest definition of design is the purposeful creative behaviour. Discipline of design covers a wide range. All the basic subjects and application related with design and application can be included.

After 1980s, the education of China's art design began to introduce the modern design system by Bauhaus from Germany, including courses such as plane composition, colour composition and three-dimentional composition. With constant exploration and practice, the design instruction theory of Bauhaus has integrated with China's art education practices, which gradually forms fundamental design teaching system. Currently, the starting point of design fundamentals is to cultivate the creativity of students' art design. Case study and analysis as well as inspiration are adopted as the instruction method. With the intensive training of combining theories with practices, the perpetual knowledge of design could be developed into the rational way of thinking, which is a higher, wider and scientific aesthetic realm. Students are required to learn about the particularity of art design and grasped the rules to put the theories and methods into practices rationally. With creative spirit, the students are expected to meet the requirement of function and aesthetic design.

There are 31 kinds of books in the series, which centered on basic theory, creation, appreciation and research. Specifically the books are as follows: *The Basis of Composition*, *Design Sketching*, *Plane Composition*, *The Composition of Color*, *The Principle of Design*, *Pattern Design*, *Figure Design*, *The Visual Identification System Design*, *VI Design*, *The Aduertisement Design*, *POP Design*, *Design for Environment Space*, *Design for Public Space*, *Landscape Design*, *Indoor Design*, *Design and Display*, *Architectural Design and Expression*, *Package Design*, *Design for Binding and Layout of Book*, *Font Design*, *Design for Industrial Product*, *Furniture Design*, *Design for Artwork*, *Applicatior of Material*, *Computer Application and Design and so on.*

The establishment of art provides larger space and autonomy for China's art talents. Based on the characteristics of the art discipline, to promote artistic books in a systematic, planned and creative way for art lovers and universities students and teacher has significance to the prosperity and development of China's higher art education.

01

许兵 等 编著

书籍装帧
设计与实训

目录 contents

序

第一章 书籍装帧概述

一 本章重点 》
1. 了解和掌握书籍装帧的基本概念
2. 了解中外书籍装帧的历史
3. 掌握当代书籍发展的特点
4. 思考书籍未来发展方向及所肩负的使命

一 学习目标 》
1. 当代书籍装帧的概念
2. 中国传统书籍形态的演变
3. 外国书籍装帧简述
4. 现代书籍装帧艺术特点

一 建议学时 》
16课时

第一章 书籍装帧概述

书籍中的"书"包含三个层面的含义：

一、图书是用文字或其他信息符号记录于一定形式的材料之上知识的载体，是人类社会实践的产物。自从人类发明各种不同的文字后，就使语言超越了时空的限制，成为人类交流思想和情感最重要的工具之一。文字是"书"最基本的元素。事实上，设计师对于书籍中的文字，主要的任务在于如何选择、设计文字的字体以及如何将文字与其他元素进行组合。

二、"书"包含了"图"。实际上，字源于图，人类社会在信息的传播与交流中，图是早于文字出现的，它的信息传达功能超越了文字。在"读图时代"的今天，图成为更快捷、更生动、更形象的信息传递方式。在书中，文字与图形的组合大大增强了信息的视觉传达效果。因此"图"是书籍设计中不可或缺的元素。

三、"书"以"页"的方式呈现。由文和图组成的版面称为书的"页"，书由不同的"页"组合而成，单独的"页"不能称为"书"。

图1-2 现代图书形态

事实上，作为名词的"书"还引申为成册的著作，而作为动词的"书"的含义简单，主要指记载、写作。如墨子《尚贤》："书之竹帛。"

书籍中"籍"的基本含义就是簿册。《说文》：籍，簿书也。因此，"籍"便是"书"的物质载体，是一个立体的形态，具有外形、内部结构、材料等因素。经过数千年的发展，书的"籍"逐步变得轻便、耐久，更易于记载、复制文字和图形于材料上，通过不断完善的技术手段，使之传递信息的功能不受时间、空间的限制，具有宣告、阐述、贮存与传播思想文化的功能（如图1-1、1-2）。

实际上，书籍装帧是一个有关"书"转换成"籍"的制作过程。在这个过程中，需要解决的问题是"籍"的形态创造以及图像与文字的复制、材料与加工工艺等。

图1-1 国外古典书籍

第一节 ///// 当代书籍装帧的概念

严格地说，装帧是一个外来词。因为在古汉语中没有"装帧"这样一个与书籍相关联的专门名词。一般认为，装帧一词译自英语binding。binding由bind发展而来。bind是指书的装订。因此，作为专业用语在我国已经使用了很长时间，书籍装帧一词其本意就是纸张折叠成一帧，由多帧装订起来，附上书皮的过程，属于书籍加工的最后一道工序。基于此，长期以来，大多数人认为书籍装帧只是一种书籍的装订行为，最多再附加上对书籍的封面进行美化设计，这种理解使得书籍装帧几乎变成书籍封面设计的代名词。但随着时代的发展及物质文化水平的不断提高，传统的书籍装帧概念已无法满足人们对当代书籍概念的理解。一方面，人们对书籍的审美情趣提出了更高的要求，书籍装帧所涉及的设计范围变得宽泛而具体。另一方面，随着出版事业的规范发展，原有的概念无法表达作者、出版社、编辑、印制者以及读者之间的关系。因此，在设计界，设计师已不再把书籍装帧仅仅局限于一种工艺范畴，而更愿意将其归于艺术领域，书籍装帧一词也往往用"书籍设计"取而代之（如图1-3、1-4）。

图1-3 《中国红木家具》 学生训练习作

其实，书籍装帧也好，书籍设计也罢，重要的不在于名词的更改，而在于其思维方式的提升，内涵的与时俱进。如今的书籍装帧范围在逐渐扩大，并且更加具体。它不仅涵盖书籍形态的规划，还包括开本的选择、封面和扉页的设计、正文内的版式编排和插图设计，以及后期的印刷和装订等。同时，现代书籍装帧极大地丰富了书籍的表现形式、制作工艺和使用材料。强调对书籍的外观与内在的整体把握，是一种由内至外的书籍整体构想与制作行为，其范围包括对书籍形态的探索、对书籍工艺的创新。简而言之，书籍装帧是对书籍载体进行艺术性、工艺性的设计。

图1-4 《品牌之路》 许兵

第二节 ///// 中国传统书籍形态的演变

中国的书籍艺术有着悠久的历史，从书籍的萌芽——甲骨到今天仍被广泛应用的线装，其不断演变的书籍形态为世界书籍发展及人类文明进程起到了极大的推进作用。在中国传统书籍中所孕育出的深厚文化底蕴为世界所赞叹。与中国邻近的东方诸国，从中国传统书籍中汲取营养并发扬光大。西方人也同样从东方艺术中领悟精髓，融会于西方书籍艺术之中。同样，当代中国的书籍艺术亦在国外先进的书籍设计理念的影响下得以不断完善。今天，我们探讨与研究我国古代书籍的装帧艺术，对发展具有中国特色的书籍装帧设计有着十分重要的意义。

一、书籍的萌芽——甲骨

我们谈到书籍的同时不能不谈到文字，文字是书籍的第一要素。中国自商代就已出现较成熟的文字——甲骨文。通过考古发现，在河南"殷墟"出土了大量的刻有文字的龟甲和兽骨，这就是迄今为止我国发现最早的作为文字载体的材质。所刻文字纵向成列，每列字数不一，皆随甲骨形状而定。虽然甲骨文与书籍形式相去甚远，但从甲骨文的规模和分类上看，我们可以把它视为书籍的萌芽（如图1-5）。

二、最早的装帧形式——简策装

在造纸术发明之前，中国古代的文字大多写在一根根长条形竹片或木片上，称为竹简或木简。为便于阅读和收藏，用绳将简按顺序编连起来，后人称这种装帧形式为简策装。

简策装的方法是用麻绳、丝绳或皮绳在简的上下端无字处编连，类似竹帘子的编法。编完一篇内容为一件，称为策，也称简策。"策"与"册"义相同。用丝绳编的叫"丝编"，用皮绳编的叫"韦编"。编简成策之后，从尾简朝前卷起，装入布套，阅读时展开即卷首。

简策装从商周时开始通行，这种装订方法，成为早期书籍装帧比较完整的形态，已经具备了现代书籍装帧的基本形式。书的称谓大概就是从这个时期开始的，今天有关书籍的名词术语以及书写格式和制作方

图1-5 中国古代书籍的萌芽

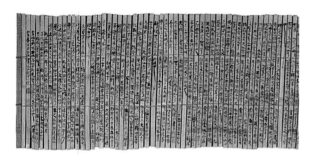

图1-6 最早的装帧形式——简策装

式也都是承袭这一时期形成的传统。到了晋代，随着纸的应用和纸本书的出现，简策书籍逐渐为纸本书所代替（如图1-6）。

三、应用最久的装帧形式——卷轴装

欧阳修《归田录》中说："唐人藏书，皆作卷轴。"可见在唐代以前，卷轴装就已经成为纸本书的最初形式。卷轴装始于帛书，隋唐纸书盛行时应用于纸书，以后历代均沿用，现代装裱字画仍沿用卷轴装。

卷轴装是由简策卷成一束的装订形式演变而成的。其方法是在长卷文章的末端粘连一根轴（一般为木轴，也有的采用珍贵的材料，如象牙、紫檀、玉、珊瑚等），将书卷卷在轴上。缣帛的书，文章是直接写在缣帛之上的；纸写本书则是将一张张写有文字的纸依次粘连在长卷之上。卷轴装的纸本书从东汉一直沿用到宋初。卷轴装书籍形式的应用使文字与版式更加规范化，行列有序。与简策相比，卷轴装舒展自

图1-7 应用最久的装帧形式——卷轴装

如，可以根据文字的多少随时裁取，更加方便，一纸写完可以加纸续写，也可把几张纸粘在一起，称为一卷（如图1-7）。

四、由卷轴装向册页装的过渡形式之一——旋风装

旋风装是我国书籍由卷轴装向册页装发展的早期过渡形式。装帧形式是以一幅比书页略宽略厚的长条纸作底，把书页向左鳞次相错地粘在底纸上，收藏时从首向尾卷起。它保留了卷轴装的外形，又解决了翻检时的不方便。这种装订形式卷起时从外表看与卷轴装无异，但内部的书页宛如自然界的旋风，故名旋风装；展开时，书页又如鳞状有序排列，故又称龙鳞装（如图1-8）。

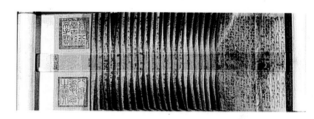

图1-8 由卷轴装向册页装的过渡形式之一——旋风装

五、由卷轴装向册页装的过渡形式之二——经折装

经折装最早是用于佛经的一种装订形式，佛家弟子诵经时为便于翻阅，将经文按顺序裱帖成长条后，再按书页尺寸反复折叠，形成长方形的一叠，然后将书页前后用厚纸作封的一种书籍装帧形式，所以称为经折装。经折装始于唐代末年，以后一些拓本碑帖、纸本奏疏小采用这种形式，称为折子或奏折。这种装订形式已完全脱离卷轴。从外观上看，它近似于后来的册页书籍，是卷轴装向册页装过渡的中间形式（如图1-9）。

图1-9 由卷轴装向册页装的过渡形式之二——经折装

六、早期的册页装形式——蝴蝶装

唐、五代时期，雕版印刷已经趋于盛行，而且印刷的数量相当大，以往的书装形式已难以适应飞速发展的印刷业。于是人们发明了蝴蝶装的形式。蝴蝶装的方法是把书页沿中缝将印有文字的一面朝里对折起来，再以折缝为准，将全书各页对齐，用一包背纸将一叠折缝的背面粘在一起，最后裁齐成册。蝴蝶装书籍翻阅起来犹如蝴蝶两翼翻飞飘舞，故名"蝴蝶装"。因蝴蝶装的书页是单页，每翻阅一页就会有一页空白页出现，阅读不方便是蝴蝶装的缺点。宋末开始出现的包背装则在蝴蝶装基础上通过改进，将对折页的文字面朝外，背向相对，两页版心的折口在书口处，这样，翻阅时不再有空白页出现。

书籍的装订形式发展到蝴蝶装，标志着我国书籍的装订形式进入了"册页装"阶段（如图1-10）。

图1-10 早期的册页装形式——蝴蝶装

七、我国传统装帧形式的顶峰——线装

线装书的内页装帧方法与包背装一样，区别在于护封，是两张纸分别帖在封面和封底上，书脊、锁线外露。锁线分为四、六、八针订法。考究一点的珍善本还在书脊两角处包上绫锦，称为"包角"。线装书籍起源于唐末宋初，盛行于明清时期，流传至今的古籍善本颇多。线装书是中国传统装订技术史中最完善的一种装帧形式，也是中国古代书籍装帧的最后一种形式。具有典雅的中国民族风格的装帧特征。线装书的出现，形成了我国特有的装帧艺术形式，具有极强的民族风格，至今在国际上享有很高的声誉，是"中国书"的象征。

中国书籍装帧的起源和演进过程有两千多年的历史，展示了中华民族智慧的足迹。在长期的演进过程中逐步形成了古朴、简洁、典雅、实用的东方特有形式，在世界书籍装帧设计史上占有着重要的地位（如图1-11）。

图1-11 我国传统装帧形式的顶峰——线装（上、下）

第三节 ///// 外国书籍装帧简述

尽管东西方各地的文明进程先后不一，但都在利用自己的智慧不断地创造着人类文化。他们采用不同的材质、形式制作书籍，其目的是一致的，就是把当时的生活、思想、经验记录下来传给后人，同时为现代书籍装帧设计的发展奠定了深厚的基础。

一、"册籍"的诞生

现今可以考证到的最早的"书"，应该是公元前3200年古巴比伦人将楔形文字刻成的泥板"书"。公元前3000年，埃及人发明了象形文字。他们利用尼罗河畔生长的莎草(或纸莎草)做成长条状的"卷轴"，将象形文字纵列写在卷上，阅读时只展开一小段。此种卷书，一直沿用到古罗马时代。在阅读这样一个卷轴时，必须左右手同时进行，在左手展开卷轴一边的同时，右手则卷起另一边，当然更不可能同时使用几个卷轴，这给人们的阅读造成了困难。在此种情况下，罗马人发明了可以两面书写的新材料——羊皮纸（多用羊和牛犊等兽皮做成的上等皮纸）。它比纸莎草纸要薄而且结实得多，能够折叠。羊皮纸的出现给欧洲的书籍形式带来了巨大的变化，由卷轴式改变为册页式，页码平放装订改变了以前保存与阅读困难的情况。

二、书籍的演进

公元初年至11世纪的欧洲，文字记录基本局限于教士阶层，修道院成为书面文化和拉丁文化的集中地。书籍的制作也几乎都由宗教机构完成。早期，僧侣们传抄的作品多为宗教文学。直到8世纪时，才出现了关于世俗作品的书籍。

公元12世纪，随着城市的文化复兴，王公贵族对藏书兴趣的增加以及小开本宗教图书的广泛传播，使人们对手抄本的需求猛增，书籍开始走出宗教领域，向"专业化"、"世俗化"的方向发展。13世纪左右，中国造纸术传入欧洲，这些客观的需求与条件促进了新的印刷技术的诞生。1454年，由古腾堡印制的四十二行本《圣经》是第一本因其每页的行数而得名的印刷书籍，堪称是活版印刷的里程碑（如图1-12）。

在手抄本向印刷本的过渡时期，书籍无论在内

图1-12 国外古典书籍（上，下）

容还是形式方面都有其延续性，《圣经》依然是被普遍印刷的内容；印刷书籍外观上努力模仿手抄本的式样，如采用相同的字体、相同的版面安排、相同的装订方式等，以至于根据手抄本的标准安排铅空、印出手抄本中辅助抄写的参考线也常被看做是印刷者社会声誉的展现。这时期，作者名、书名、印刷商、印刷时间和地点等信息开始被标注在书中，还常配有印刷作坊的标志。书通常以单页的形式出售，人们都可以根据自己的喜好把它们装订起来。1480年后，带有插图的印刷书籍也渐渐多了起来。

随着16世纪开始的文艺复兴运动，欧洲的人文主义者与印刷商、出版商密切合作，开始对新图书进行积极的探索。他们借鉴手抄本中的字体，并融合古代铭文的特征，创造了完美的罗马体铅字，为文化传播的规范起到了积极的推动作用。

这一时期的书页开始有了内部空间，不同的字体常常综合交错在一起，形成了文本的多层次传达表现；印有出版商标志与地址的版权页已成形，并与卷首页开始成为书籍固定的元素；标点法的不断丰富、阿拉伯数字页码的使用等，很大程度上方便了读者的阅读与查找。随着凸版印刷和木制雕版技术的进步，插图也开始被大量地应用到书籍当中。

18世纪开始，书籍已经成为人们日常生活中不可或缺的物品。同时，书籍的版面风格也越来越多样化，书籍的内容层次和结构越来越丰富。如标题的设计更加考究，文字根据不同的内容性质被排列得错落有致。同时一种新的书籍要素——扉页也开始出现。内文版面根据不同章节，利用空白部分自然分割等。由于版面的合理安排，书籍的阅读和查询变得更加清晰简便。

到了20世纪，是书籍设计试验的世纪，也是书籍艺术争绮斗折的角力场，设计家们在自我表现中大显身手，显得游刃有余。他们打破传统的枷锁，把书视作可塑的柔软体，认为书可以自由造型，解体变化。他们将书籍的物质性要素视作书籍艺术创作的重要组成部分，以物化构造形式与技术进行淋漓尽致的发挥。他们引用20世纪60年代流行的"大众化的波普艺术"风格，积极将书籍内容的叙述注入大众传媒式的流动性图像影视手段，表达出形式多样化、具有表现力的图文语言。

第四节 //// 现代书籍装帧艺术特点

随着社会的进步、科技的发展以及人们观念的更新，极大地促进了书籍材料、书籍印刷、书籍装订工艺的发展，更促进了书籍装帧的创新意识。现代书籍装帧的内涵在逐渐扩大，并且更加具体，它不仅涵盖了最初的书籍形态的策划，还包括开本的选择，封面和扉页的设计，正文内的版式编排和插图设计，以及后期的印刷和装订等。同时，现代书籍装帧还需要装帧者在设计时，改变以往的设计观念，不断地更新自己的思想，对于新的表现形式、新的工艺材料、新的艺术与设计的呈现方式。

现代书籍装帧的概念是处于不断更新的状态中，它是随着时代的发展而不断进步的。今天，在以视觉传达为主的印刷出版物之外，还有以视、听两种传达手段同时运用的多媒体新型书籍，由此我们应该意识到，现代书籍装帧也将包含着更为广泛的内容与形式。正如在形式上，有了概念的书籍装帧、数字的书籍装帧；在观念上，有了装置的书籍、游戏的书籍。因此，现代的书籍装帧是不断与时俱进的，不断添加内涵的，是始终处于适应社会需求的状态中的。

"合而不同"是东方儒学思想的反映，也是当今世界的潮流。国际文化的相互交流、相互提携，推动着人类文明的发展，科技的进步。同样，书籍的发展史也表明，不同地域、不同民族的书籍设计艺术也在不断地融合。无论是艺术还是技术，西方严密的理性思路与善于秩序驾驭的能力，东方宇宙宏观思维方式以及天一地一人自然融合观互补互动，都为现代书籍装帧艺术的发展提供了强大助推力。

时代要求我们必须认真研究现代书籍装帧的艺术特性。要看到它的发展，关注它的变化，一成不变的模式将不复存在。新时期对设计师、出版工作者提出了更高的要求。既要不断提高充实，丰富自己的艺术积累，又要努力学习与装帧艺术关联的科学技术知识。坚持独立创意，不断进取，才能将书籍装帧艺术的优良传统发扬光大，创造出属于新时代的中国书籍装帧风格，从而在世界文化领域中取得一个独特的地位。这是一项具有现实意义的工作（如图1-13～1-18）。

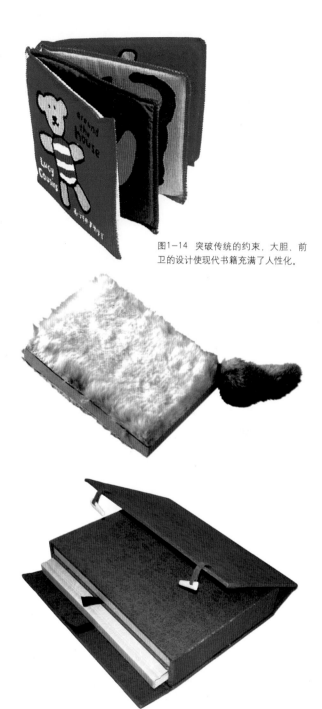

图1-14 突破传统的约束，大胆、前卫的设计使现代书籍充满了人性化。

图1-13 注重传统与现代结合是现代书籍的潮流，这本书的设计正是符合了这一特点。

图1-15 传统书籍及函套的模仿制作（上、下）

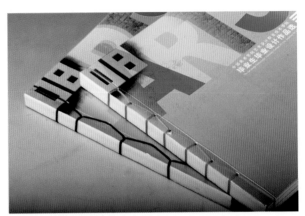

图1-16 线装书的形式训练

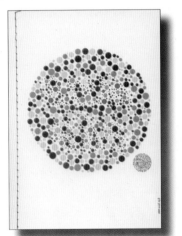

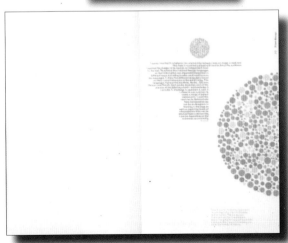

图1-17 《Eye Saw》 Feost

小结

继承和发展传统书籍装帧事业是我们这一代书籍设计师的使命。本单元通过对书籍概念、中外书籍装帧的发展及特点的了解，并在课堂中对学生进行一系列有针对性的训练，这样做无疑是非常有必要的。

图1-18 经折装的形式训练

[复习参考题]

◎ 传统书籍装帧对当代书籍设计的影响与启示。

◎ 中国传统书籍装帧的形式特点。

◎ 中国与外国传统书籍装帧的形式比较。

[练习题]

◎ 选择一种传统书籍装帧形式，通过对材料、结构、装订形式的仔细分析或拆解，模仿制作一本或一套。

第二章 书籍的成型工艺训练

本章重点》
1. 了解书籍成型的基本流程
2. 掌握书籍成型操作的基本规范
3. 理解成型工艺与书籍设计之间的密切关联

学习目标》
1. 书芯订本
2. 包本训练

建议学时》
28课时

第二章　书籍的成型工艺训练

书籍的形态是设计与加工工艺结合后的产物，两者相辅相成，一旦脱节，必然会影响书籍的视觉与使用价值。长久以来，书籍设计的教学大多注重于对创造性的书籍形式展开训练，而忽略了成型工艺对设计的要求。本章的训练目的，就是力图通过有限的教学时间，使学生掌握书籍成型工艺的基本原理和制作流程，理解书籍成型工艺与书籍设计之间的密切关联，为富有艺术性并具备实用价值的书籍设计打下坚实的基础（如图2-1～2-4）。

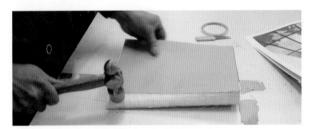

图2-1　工厂师傅在作精装书的示范操作

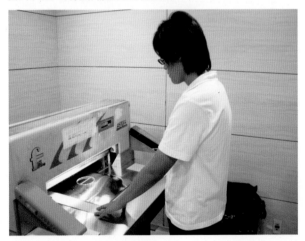

图2-2　学生在工作室中操作切纸机

书籍成型是将构成书籍所需的所有物质材料通过技术工艺活动塑造书籍形态的过程。它是现代书籍整体设计的一个重要环节。工艺是指对原材料或半成品进行加工处理，使之成为产品的方法和过程。在当代各类书籍形态中，平装和精装是最具代表性的。本章课程将对这两种类型的书籍成型工艺进行充分讲解并对相关的操作流程做详细阐述。

对书籍加工企业的实地参观考察是让学生对书籍成型工艺有深刻理解的最佳途径之一。通过工厂技术人员的讲解与学校工作室中老师的理论指导和示范相结合，是本单元课程的重要内容。

图2-3　学生在参观书籍装订过程

图2-4　工厂技术人员为学生讲解折页原理

第一节 ///// 书芯订本训练

书芯即书的内芯，是未包封面的光本书，也称毛书，是书籍形态结构中的主体部分。

书芯订本是将折好的书帖或单页按其页码顺序配成册并订联起来的过程。书芯订本训练，即通过对书芯订本的功能、目的的理解，按照现代书籍成型的加工技术、工艺、设备的原理要求，对折页、配页、订联等书芯订本的各工序进行系统的了解并实际操作。

从本质上讲，书芯订本是将分散的信息载体进行有序集合，并使之成为一个整体的操作过程。而书芯订本训练就是为这个过程寻求最佳解决方法的基础训练。

不同的书芯材料、开本，不同的书芯订联技术、工艺、设备，都是决定书籍最终结构形态的关键因素。通过书芯订本的实际体验，不仅是培养学生的动手能力和掌握书芯订本的操作规程，重要的是通过这个过程，让他们理解书芯订本过程中不同环节之间的因果关系，以及与每个环节相关的知识、原理。

书芯订本常规的工艺流程包括折页、配页、订联三个阶段（如图2-5）。

图2-5 学生在工作室进行书芯的手工锁线操作

一、折页

折页是指将印刷好的大幅面印张按页码的顺序折叠成书籍开本大小的书帖，是书芯订本的第一道工序。折页的方法要考虑书籍的开本尺寸、页码、纸张、装订工艺及设备等因素（如图2-6）。

根据目前书籍成型加工的技术与工艺，折页主要有平行折页、垂直折页、混合折页三种。

图2-6

1.平行折页

平行折，也称滚折，即前一折和后一折的折缝呈平行状的折页方法。一般较厚的纸张或长条形状的书页常采用平行折的方法（如图2-7）。

平行折页按照其最终用途，有三种基本方法：包心折、翻身折、双对折。平行折页最早可以从我国古代的一种书籍形态——"经折装"中找到它的雏形。现代书籍的书芯加工中，完全采用平行折页的并不多见。一般带勒口的封面、书芯中的插页（图表、长幅面的图片等）都采用平行折页的方式折页。

另外，许多经过平行折页后的折页，本身就是一个最终的形态，不需要再加工。例如单张的宣传资料、小型邮递广告、地图册等，经过平行折页后就是一个成品，但这些都不是严格意义上的书籍形态。

图2-7　平行折页实例

（1）包心折，即按书籍幅面大小顺着页码连续向前折叠，折第二折时，把第一折的页码夹在书帖的中间，（如图2-8）。一般小型直邮广告常用这种折页方式。

（2）翻身折（也叫经折或扇形折），即按页码顺序折好第一折后，将书页翻身，再向相反方向顺着页码折第二折，依次反复折叠成一帖（如图2-9）。

（3）双对折，是按页码顺序对折后，第二折仍然向前对折（如图2-10）。

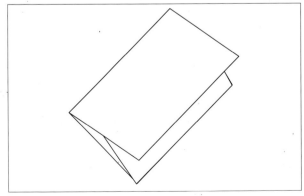

图2-8　包心折

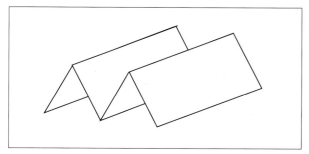

图2-9 翻身折

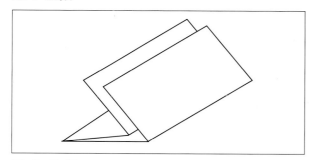

图2-10 双对折

2.垂直折页

每折完一折时，必须将书页旋转90°再折下一折，书帖的折缝互相垂直。

垂直折页是目前书籍印后加工过程中应用最普遍的折页方式，它与折页后的配页、订联等工序都比较容易配合，大大增加了书籍成型加工的工作效率。垂直折页的特点是折数与页数、版面数之间有一定规律：第一折形成两页、4个页码的书帖，依次进行第二折、第三折……即可形成4页、8个页码和8页、16个页码的书帖，这样可以更好地满足配页、订联的要求（如图2-11）。

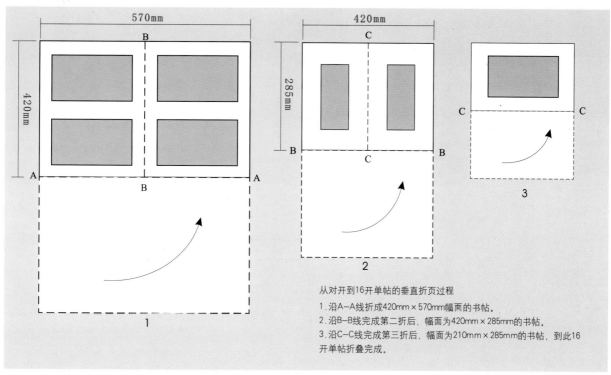

从对开到16开单帖的垂直折页过程

1.沿A—A线折成420mm×570mm幅面的书帖。

2.沿B—B线完成第二折后，幅面为420mm×285mm的书帖。

3.沿C—C线完成第三折后，幅面为210mm×285mm的书帖，到此16开单帖折叠完成。

图2-11 从对开到16开单帖的垂直折页过程

折页与纸张厚度的关系：

现代书籍所使用的纸张种类日趋多样化，同一本书芯使用多种不同类型的纸张组合已屡见不鲜。不同的纸张往往是决定折页方法和工艺的重要因素。

大多数人都有过做折纸游戏的经历，当所用的纸张越厚、折叠的次数越多，折痕就越不清晰，误差也更大，折出来的东西自然也不会很精致。有了这样的经验，就不难理解纸张厚度与折页的关系。

折页时产生的误差如果过大，会引起版面位置的偏差。在裁切成品时，甚至会造成书籍版面不完整。因此为了减少纸张厚度引起的误差，在折页时，一定要合理掌握折叠的次数。现在行业中比较认可的折页（垂直折页）标准可以看出80克以下的纸张最多折4次成32面书帖，其他几种不同厚度的纸张都有特定限制，而超过180克的纸张只能折一次，再厚的纸张应采用事先压痕才能保证折页质量。

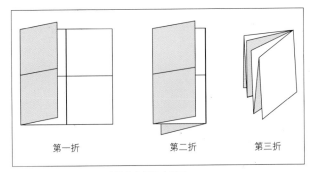

图2-13　从全开到12开单帖的常规混合折页

第一折　　　　第二折　　　　第三折

3.混合折页

在同一书帖中的折缝，既有平行折页，又有垂直折页的折叠方法称为混合折页。

如果要把有12个版面内容的印张折叠成一个12开本的书帖，用平行折页或垂直折页的方法是无法用一个书帖完成的。这就需要我们掌握混合折页的方法来解决这个问题。

混合折页练习是平行折页、垂直折页的一种组合训练。混合折页与平行折页、垂直折页相比，可以应对某些特殊的折页需求。特别是针对一些非常规开本、特殊工艺的要求，混合折页更具有可灵活性。

图2-12　采用垂直折页的书籍成品

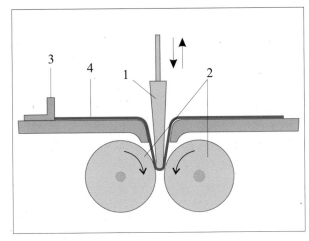

图2-14　刀式折页原理示意图
1.折刀　2.折页辊　3.挡规　4.纸张

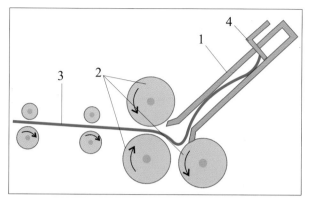

图2-15 栅栏式折页原理示意图
1.栅栏 2.折页辊 3.纸张 4.挡规

图2-16 采用混合折页的书籍成品

二．配页

配页也叫配书帖，是将折叠好的书帖或单张书页按页码顺序配齐成册的过程，是书芯订本的第二道工序。

配页实质上就是书帖与单张书页或书帖与书帖之间的有序组合，主要有套配法和叠配法两种方法。根据书芯不同页码数量、不同订联方式，需要采用有相应的配页方法。

1.套配法

将一个书帖按页码顺序套在另一个书帖的里面（或外面），成为一本书刊的书芯（如图2-17）。

套配法一般用于页码不多的杂志或画册，一般用骑马订方法装订成册。

2.叠配法

将各个书帖，按页码顺序一帖一帖地叠加在一起，适合配置较厚的书芯（如图2-18）。

3.书脊的梯档

为了防止配帖出差错，印刷时在每一印张的帖脊处印上一个被称为折标的小方块。配帖以后的书芯在书背处形成阶梯状的标记，检查时（如图2-19所示），只要发现梯档不成顺序，即可发现并纠正配帖的错误。

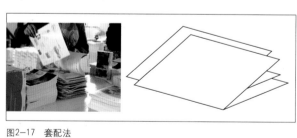

图2-17 套配法

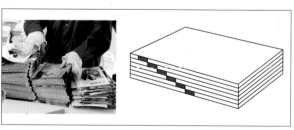

图2-18 叠配法

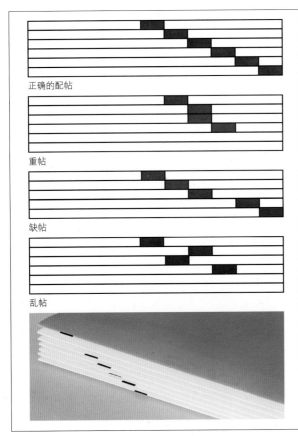

正确的配帖

重帖

缺帖

乱帖

图2-19 叠配法

三、书芯订联

书芯订联是将配页之后的书帖或散页订联成一个整体的加工过程。这是书芯订本加工的最后一道工序，也是书籍成型过程中关键的一道工序。完美的书籍形态必须有恰当的订联方法和订联质量为基础。

书籍形态结构的进化发展，实际上是书芯订联技术和工艺的演变结果。订联方式决定了书籍最基本的形态构成。从本质上讲，书芯订联是塑造书籍基本形态的过程。

现代书籍的书芯订联方法有很多种，概括起来，可以分为订缝连接法和非订缝连接法两种类型。书芯订联必须针对不同书籍的特点，合理选择连接材料和

工艺，以期达到书芯订联在功能、形式、成本上的最佳组合。

1.订缝连接

订缝连接是用纤维丝或金属丝将书帖连接起来。这种方法可用于若干书帖的整体订缝，也可以将书帖一帖一帖地订缝。根据不同的订缝材料和连接工艺、设备，订缝连接主要分骑马订、铁丝平订、缝纫订、锁线订等。

订和缝是两种不同的订联手段。"订"是以金属丝（如图2-20）作为主要连接材料，"缝"是以纤维丝（如图2-21）作为主要连接材料。实际上，订缝连接是利用柔性材料和刚性材料的不同性能特点进行书芯订联的过程。

订缝连接的不同材料和不同连接方法直接关系到书籍的使用效果和使用寿命，同时也影响书籍成型加工的成本核算。

图2-20 金属丝连接设备（骑马订）及书籍局部

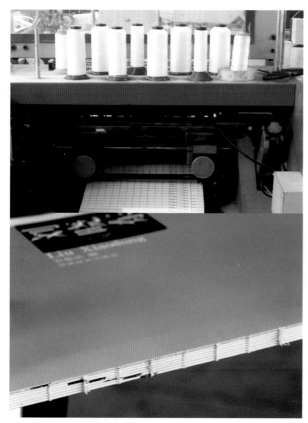

图2-21 纤维丝连接设备（锁线订）及书籍局部

（1）金属丝连接

利用金属丝连接的主要方法有骑马订和铁丝平订两种。实际加工中，这两种方法基本采用机械设备完成。

骑马订的工艺特点：

骑马订工艺（如图2-22）是书籍装订最常用的形式之一。因订书时，书要跨骑在订书架上而得名，骑马订的书帖采用套帖配页，配帖时，将折好的书帖从中间一帖开始，依次搭在订书机工作台的三角形支架上，最后将封面套在最上面。订书时，用铁丝从书刊的书脊折缝外面穿进里面，并被弯脚订本，通过三面裁切即成为可供阅读的书刊。

骑马订是一种较简单的订书方法，工艺流程短，

出书速度快；用铁丝穿订，用料少，成本低；书本容易开合，翻阅方便。但厚书不易采用骑马订工艺，否则书页易从铁丝订连处脱落，难以保存。

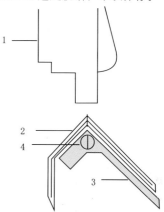

图2-22 骑马订工作台板示意图
1.订书机头 2.书册 3.工作台板 4.活动螺丝

铁丝平订的工艺特点：

用铁丝在书芯的订口边穿订订联的方法称铁丝平订（如图2-23）。铁丝平订方法能订住单页，订成的书册背脊平整美观，生产效率较高，缺点是订脚紧，厚本册翻阅时较困难。此外，铁丝受潮后易生锈，会渗透到封面，造成书页污损或脱落。目前，采用铁丝平订的书籍较少，一般适合成本要求较低的书籍。

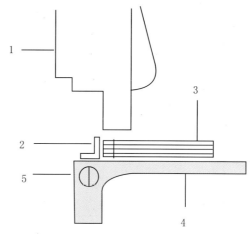

图2-23 铁丝平订工作台板示意图
1.订书机头 2.平订规矩挡板 3.书芯 4.工作台板 5.活动螺丝

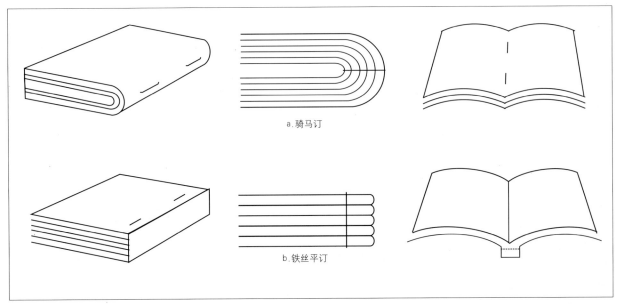

a.骑马订

b.铁丝平订

图2-24　金属丝连接的书籍造型

图2-25　锁线订的书芯

（2）纤维丝连接

我国早在14世纪明朝中叶，就已出现使用线连接的古线装书了。采用纤维丝连接的方法有古线订、三眼线订、缝纫订、锁线订等多种。目前，最常用的连接方法是锁线订，是将已经配好的书芯，按顺序用线一帖一帖沿折缝串联起来，并互相锁紧的一种装订方法。

锁线订（如图2-25）是一种质量较高的传统订书方法，特点是装订成册的书籍容易摊平，阅读时翻阅方便，可以装订各种厚度的书籍，并且对于胶质和各种外来条件的作用比较稳定，因此，锁线订书芯的牢固度高，使用寿命长。采用锁线方法装订的书芯可以制成平装书册，也可以制成精装书册。目前，质量要求高和耐用的书籍多采用锁线订。

锁线订有普通平锁、交错平锁、交叉锁三种锁线方法。传统锁线方法都采用手工方式完成，现代书籍的锁线则基本采用机器加工。

缝纫订：

缝纫订是采用工业缝纫机，用纤维丝沿订口或折缝将书册订联成册的方法。它与铁丝平订、骑马订的形式相似，但材料和加工设备不同（如图2-26）。

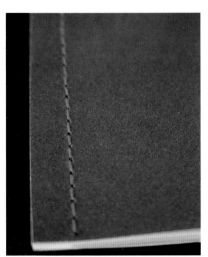

图2-26　缝纫订

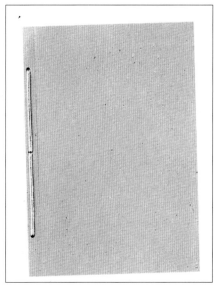

图2-27　三眼订

三眼订：

三眼订是最早的平装线订法，它是在靠近书脊约6mm的订口处先打三个小眼，用手工将棉线或丝线穿入眼内把书芯订牢，订书方法比较简单（如图2-27）。

2. 非订缝连接

非订缝连接是采用黏性较强的胶粘剂，将配好的书帖连在一起的书芯订联方法，也称为无线胶订。

非订缝连接方法由于不需要金属丝或纤维丝的连接，大大缩短了书籍装订的工艺流程，提高了生产效率，是目前书芯订联最主要的方法之一。非订缝连接是20世纪50年代初期，在欧洲发展起来的装订工艺，我国大约在20世纪60年代初期开始使用。非订缝连接具有不占订口、易于摊平、翻阅方便等优点。而且书脊坚固挺实，没有线迹和铁丝锈迹，平整美观。缺点是容易因粘接不良而出现书页脱落现象。非订缝连接的方法很多，一般可分为：切孔胶粘连接法、铣背胶粘连接法等。

（1）切孔胶粘连接

印刷页在折页机上折页时，沿书帖最后一折的折缝线上用打孔刀(又称花轮刀)打成一排孔，折叠以后，切口处外大内小呈喇叭口。书芯连接时，在书背上涂刷胶粘材料，胶液从背脊孔中渗透到书帖内每张书页的切孔处，使每页的切孔处相互牢固粘连（如图2-28）。

（2）铣背胶粘连接

"铣"是利用工具进行切削的过程（如图2-29）。铣背就是将书芯的每个折页订口切削成不相连的单张，目的是使每张书页的订口部分都能接触到胶质，从而增加书芯连接的强度。铣背胶粘连接实际上是先打散再连接的过程。打散是为了书芯达到更好的连接强度（如图2-30）。

铣背胶粘连接的基本流程是，将配好页的书帖闯齐、夹紧、沿订口把书背脊用刀铣平，铣背的深度以将书帖铣削成为单张书页为准。然后对铣削过的书帖进行打毛。为了增加粘连强度，最后还可以再加一把开槽铣刀，将打毛后的书背铣成若干深度在0.8mm～1.5mm的沟槽，沟槽间隔为3mm～5mm。把胶粘材料涂刷在书背表面上，并使槽沟中灌满胶液，以增加粘接牢度。如果较厚的书芯，可帖上纱布、卡纸等，以增加牢度。这样即成为铣背胶粘连接的书芯（如图2-31）。

图2-28　切孔后的书页切口

图2-29　铣刀通过高速旋转，将折页订口切削平整

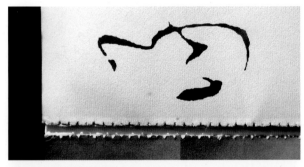

图2-30　铣背后的书芯切口

图2-31　铣背胶粘连接的书芯

第二节 ///// 包本训练

包本是将订联后的书芯与封面结合并固定成型的工序，是书籍装订加工的最后一个阶段。

从加工工艺的角度来讲，包本最主要的作用体现在它对书芯的保护功能上。从本质上讲，包本是提高书籍使用寿命的一种包装方法。

按照外形结构与材料构成，书籍可以分为平装书和精装书两大类。虽然一般的包本是针对软质封面的平装书而言的。但作为训练，我们将硬质书封壳与书芯结合的精装书成型也作为包本训练的内容。因此，包本训练实际上就是将封面（封壳）与书芯连接，成为完整的平装或精装书的实际操作。

包本训练的意义在于，对包本的本质功能与形式关系进行认知体验。目的是让学生了解手工与机械包本的工作原理与流程，能根据书籍的特点，掌握对封面的不同处理方法及整体成型方法。

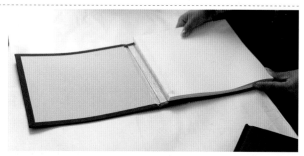

图2-32　手工精装书包本

图2-33　平装书包本机械

一、平装包本

平装包本是将书芯包上纸质软封面，经烫背（或压实）、裁切后，使毛本变成光本而成为可阅读的完整书籍。它是现代书籍最普遍的一种成型方法。

功能与形式、成型效率与成本控制的完美结合，是现代书籍成型方法的出发点。从这个角度看，平装包本是最能体现这种要求的一种书籍形态（如图2-34）。

图2-34 压槽包式封面的半成品

平装包本的封面类型：

(1) 普通包式封面

普通包式封面是平装书刊常用的一种形式。其包裹方法有两种：一种是在书芯背上涂刷胶液，把封面粘帖在书芯的脊背上；另一种是除在书芯脊背上刷胶外，还沿着书芯订口部分上涂刷3mm～8mm宽的胶液，使封面不仅粘在脊背上，而且粘在书芯的第一面和最后一面上，使书刊更加坚固，如图2-35a所示。

(2) 压槽包式封面

压槽包式封面一般采用较厚的纸作封面，为了使封面容易翻开，在上封面之前，先将封面靠脊背处压出凹沟，然后再按包式封面包裹，如图2-35b所示。

(3) 压槽裱背封面

压槽裱背式封面是将封面分成两片，并压出折沟纹槽，分别和书芯订联在一起，然后用质量较好的纸或布条裱帖书脊背部，连接封面，以增强书籍背部的牢固度，如图2-35c所示。

(4) 勒口包式封面

勒口包式封面和平订包式封面的区别是包在书芯上的封面的封底的外切口边，要留出30mm～40mm的空白纸边，待封面包好后，将前口长出的部分沿前口边勒齐、转折刮平，再经天头、地脚的裁切，就成为勒口包式封面的平装书刊，如图2-35d所示。

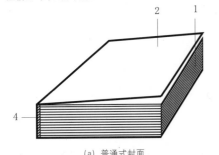

(a) 普通式封面

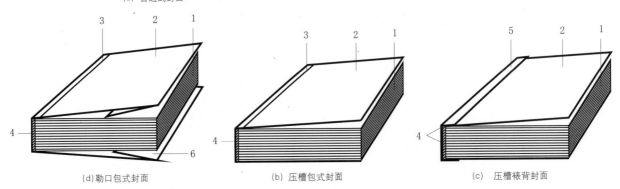

(d) 勒口包式封面　　(b) 压槽包式封面　　(c) 压槽裱背封面

图2-35 平装封面的包本形式
1.书芯　2.封面　3.凹槽　4.粘胶　5.包条　6.勒口

| (a) 进本 | (b) 刷胶 | (c) 输送封面、压槽定位 |
| (d) 包封面 | (e) 收书 | (f) 切书 |

图2-36 机械包本的流程

机械包本的流程：

机械包本的设备及工艺流程有多种，常用的如长条式包本机。其基本工作流程如下。

(1) 进本

机械包本的进行工作的第一操作过程是进本输送，其形式是将书芯后背朝下，前口朝上堆放在贮本台上，由输送推爪逐本推出输送，如图2-36a所示。

(2) 刷胶

刷胶粘剂，指刷包本后背及侧粘口的胶粘剂，书芯进本后被传送链传送到刷胶轮上方，刷胶轮在旋转中把胶槽中的胶液涂布在书芯脊背的订口两侧边所规定的位置。这时由于书芯仍继续向前移动，胶刷随之将背胶和侧胶刷均匀，如图2-36b所示。

(3) 输送封面、压槽定位

书芯经刷胶后继续向前移动，与此同时，封面在吸嘴的摆动下也被自动吸起送到压槽部分，按书背的宽度位置压出两条与其宽度相同的书槽线后，被传送到所规定的位置上进行包本。压槽的作用是：将封面规矩定位，使书芯能准确地包上封面，如图2-36c所示。

(4) 包封面

当书芯与封面被输送到同一位置时，书芯的脊背两棱正对准封面的两书槽线。书芯压住封面后，使封面牢固地包在书芯外面，如图2-36d所示。

(5) 收书

书册包上封面后落入收书台上，收书人员将包好的书册拿出，检查所包书册有无质量问题，如图2-36e所示。

(6) 切书

收书，按成品尺寸将多余的三面毛纸边切除，成为一本可以翻阅的书籍。切书是平装加工中最后一道工序，如图2-36f所示。

二、精装包本

将书芯包上硬质书封壳的过程就是精装包本。精装是18世纪传入我国的一种书籍装订形式，相对平装而言，精装的包本材料更精致、美观、耐用，工艺与工序也更复杂。精装包本最主要的特点是对书芯、书封及套合要作特殊的造型加工。

书芯与书封通过不同的造型方法相互配合，从而达到书籍的外观与使用功能完美结合，这是精装包本最根本的目的。

现代精装书籍的包本，无论是材料应用还是技术工艺的革新，与传统精装书籍相比，都有了很大的发展（如图2-37）。

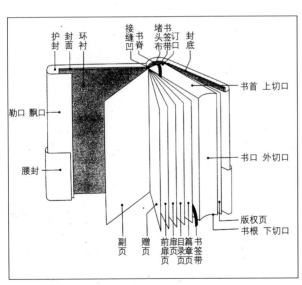

图2-37　精装本的主要结构名称

1.书芯造型

书芯造型是为了适合精装包本的要求，对书芯进行不同形式的外形处理。一般来讲，只有采用锁线订订联的书芯，才能作为精装书芯进行造型。因为锁线订的书芯连接更牢固，书页不宜脱落，并且能适应各种造型加工，因此锁线订是现代精装书芯最常用的

订联方法。精装书芯的造型主要包括方背、圆背两种造型。书芯造型的目的主要有两个方面。首先从审美的角度来讲，在形态上可以使成型后的书芯更显精致美观。其次从使用功能的角度来讲，不但可以使书籍阅读起来更方便，同时也大大地增加了书籍的使用寿命，适合长久保存（如图2-38～2-40）。

图2-38　方背书芯

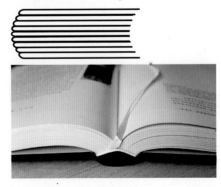

图2-39　圆背平脊书芯

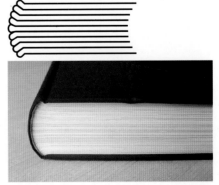

图2-40　圆背有脊书芯

方背书芯的工艺流程：

(1) 压平

即将书芯的整个幅面用板进行压实，压平的作用是使书芯与书背的厚度尽量保持一致，以利于后道工序的加工，提高书芯造型的质量（如图2-41）。

(2) 第一次涂胶

书芯压平后，在书背上进行涂胶，把书芯粘连在一起。在保持书背的可塑性、柔韧性的前提下，使书芯初步定型，防止后序加工时的书帖错位。所用的胶料要求稀薄，只在书背表面涂抹一薄层粘剂即可（如图2-42）。

图2-42　第一次涂胶（胶质要稀、胶层要薄）

(3) 裁切

将压平后的书芯按开本要求进行裁切。精装书芯的裁切尺寸及要求与平装相同。

(4) 第二次涂胶

第二次涂胶是指在裁切后，用稠胶将书芯后背涂上一层胶粘剂，用来粘帖堵头布或书签丝带、纱布。涂抹胶水时要均匀，并避免胶水溢到切口上（如图2-43）。

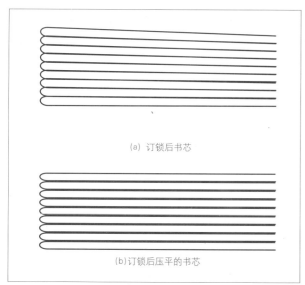

(a) 订锁后书芯

(b) 订锁后压平的书芯

图2-41、书芯压平

图2-43　第二次涂胶（胶质要稠、胶层要厚）

（5）帖背

帖背是指在书背上粘帖堵头布、纱布和书背纸的操作过程，也称"三粘"，是书芯造型的最后一道工序。

精装书芯有不同的造型，如果不通过有效的固定措施，书背的形状会产生变化。通过帖背，不仅使书背的形状得以固定，而且增加了书帖与书帖、书芯与书壳之间的粘结牢度。经过帖背后的书芯，可以使精装书更加美观、耐用，方便翻阅。

粘堵头布：

涂完第二次胶水后立却进行粘堵布的操作。堵头布粘帖在书背两端。堵头布的长度一般为10mm～15mm，宽度则按书背的宽度剪裁。粘堵头布时，一手压住书芯，一手用大拇指捏住堵头布的线棱，粘在书背的上下两端正确位置上，粘后的堵头布，线棱要露在书芯外面，以起到挡盖各书帖折痕并使之外观漂亮及增加书背两端的牢度（如图2-44）。另外，许多精装书芯还有粘书签带这一工序。书签带一般为丝制，长度以所粘书册对角线的长度为标准。在粘堵头布之前，粘进书背天头上端约10mm，夹在书页的中间，下面露出书芯的长度为10mm～20mm。书签带不但美化书籍的外形，同时起到书签的作用，是精装书常用的一种装饰物。

粘纱布：

将预先裁切好的纱布粘帖在涂完胶水的书背上，纱布的宽窄与长短要居中，平整地粘在书芯后背上，避免歪斜或皱折不平。纱布的长度为书背上下两个堵头布之间的距离（不能遮住堵头布），宽比书背厚度宽40mm左右（如图2-45）。

粘书脊纸：

书脊纸的长度一般比书芯的长度以稍压住堵头布边沿为标准，宽与书背厚度相同。在书芯脊背处的粘帖纱布与书脊纸可对书脊起加固作用。

通过以上五道工序，完成方背书芯造型。

图2-44 粘堵头布

图2-45 粘纱布

2.书壳造型

书壳是精装书籍的外部形态。书壳造型是利用硬质或软质材料，根据书芯造型的结构特点，对书芯进行的外包装加工。通过书壳造型，不但使精装书籍外形更美观，而且使书籍更加坚固耐用、利于保存。

随着材料、技术、工艺及加工设备的不断进步和发展，书壳造型的方法也日益多样化，但其基本结构与造型原理并没有本质的变化。

书壳一般由软质封面、硬质纸板、中径纸三个部分组成。

表层的封面通常用各种软质材料制成，如织品、皮革、涂布、纸张等。制作时，可以整幅面糊制成书壳（称整面），可用两种材料拼幅联结制成（即接面）书壳。

里层一般用硬质的纸板为材料，厚度在1.5mm～2.5mm。

中径纸要根据书背的形状来选择材料。圆形书背一般用120～180g/m²的胶版纸或200g/m²的卡纸；方形书背的中径纸则采用与封面和封底同样的硬质纸板。

通过表层封面、里层纸板、中径纸（或纸板）的牢固粘接，组成前、后封和有脊背的精装书。书壳制成后，里层的中间（即两块硬纸板衔接距离处）距离称中径。表层的中间距离称中腰。中径和中腰包括书册的脊背和两个书沟（槽）的宽（如图2-46、2-47）。

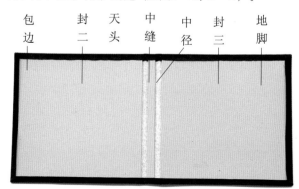

图2-46　书壳内部结构名称

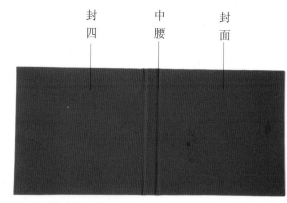

图2-47　书壳外部结构名称

整面书壳的造型方法：

整面书壳是现代精装书壳最常见的一种造型形式，它是用一张书封面料将两块书壳纸板和中径纸粘连在一起的书壳加工方法。手工加工过程分为制作规矩槽、摆中径纸板和书壳纸板、涂胶蒙板、包壳四个工序。

图2-48

（1）制作规矩槽

造型前，要按书壳的具体尺寸，做好摆放两块书壳纸板和中径纸的规矩板（如图2-48）。

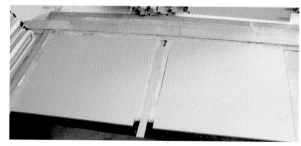

图2-49

（2）摆中径纸板和书壳纸板

将裁切好的封面、封底以及中径纸板平整地摆放到规矩槽内（如图2-49）。

图2-50

（3）涂胶蒙板

将反面涂好胶的软质封面，平整地蒙在书壳纸板上。封面要留出20mm左右的包边位置，四角要预先切除20mm左右（如图2-50）。

图2-51

（4）包壳

包壳分为包四边和塞角两个内容：先包上、下两边（即天头、地脚两边），再塞角后包前口两边（如图2-51）。

书壳材料计算：

（1）硬质纸板规格

长：书芯长加上、下两个飘口宽。

宽：书芯宽减3mm～4mm（即书芯宽减沟槽宽加一飘口宽）。

（2）中径纸板规格

长：书芯长加上下两个飘口宽（即与纸板同长）。

宽：书背弧长（圆背）或书背宽（方背假脊再加两个纸板厚和1mm胶层）。

（3）封面规格

①整面规格

长：书芯长加两个飘口宽再加两个包边宽。

宽：两个硬纸板宽加中径宽和两个包边宽。

②接面规格

中腰长：书芯长加两个飘口宽和两个包宽。

中腰宽：中径宽加两个飘口宽（每联结边为10mm～20mm）。

表面纸长：书芯长加两个飘口宽和两个包边宽。

表面纸宽：纸板宽减去联结边（10mm）加一个包边宽（15mm）和一个粘接边宽（3mm）。

③封里纸规格：

封里纸长：纸板长减去两个包边宽加两个纸板厚。

封里纸宽：纸板宽减去一个包边宽加一个纸板厚。

其中：中径宽：书背弧长或书背宽加两个纸板厚和1mm胶层。

中缝宽：书槽宽（6mm)加一个纸板厚（圆背），或加两个纸板厚（方背假脊）。

包边宽：纸板厚度在3mm以下均为15mm宽。

飘口宽：32开本及以下3±0.5mm；16开本4±0.5mm；8开及以上4.5±0.5mm。.

3.套合造型

套合造型加工是精装书的成型最后一道工序，即将造型加工后的书芯和书壳组合成一个整体的加工方法。套合造型的精致与否直接关系到一本书外观质量的高低。

（1）方背书芯套合形式

方背书芯套合的形式分为两种：第一种为方背假脊（如图2-52a），即用与书芯厚度加上两块封面纸板厚度相同的中径纸板镶在书背后形成书脊的形式。第二种是方背平脊和方脊（如图2-52b、c），即按书芯的厚度糊上中径纸板，套合时压出阶梯的形式称为方脊，不压出阶梯的形式称为平脊。

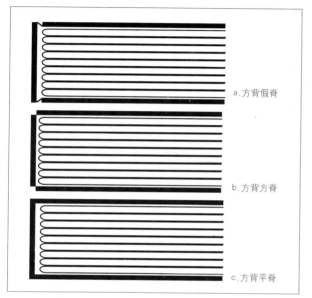

图2-52　方背套合造型

(2) 圆背书籍套合形式

圆背书籍套合形式分为柔背装、硬背装和腔背装。

柔背装（如图2-53a）。套合时将书壳中径纸和书芯的书背卡纸直接粘连。这种套合形式易于开合，便于阅读，随着翻阅次数的增加，书背上烫印的文字容易脱落，影响书籍的外观质量。

硬背装（如图2-53b）。套合时将书壳中经部分粘上硬质纸板后再与书芯后背纸直接粘连，这种形式虽然可以保持书背上烫印文字的耐久效果，但由于书背被中径纸板固定，翻阅时不易摊平。

腔背装（如图2-53c）。将书背脊部与书封壳中缝相连接，再利用环衬的作用将书册套合牢固。这种套合形式既方便阅读又不影响烫印效果，是目前使用最多的精装书套合形式。

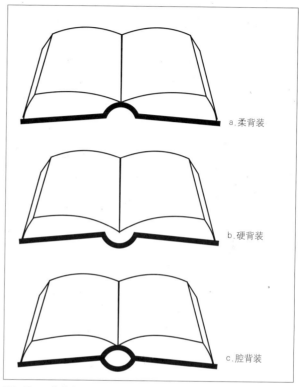

图2-53　圆背套合

(3) 套合操作（如图2-54～2-58）

图2-54　涂中缝胶粘剂。在中径纸板和书封纸板相距的两条缝上涂抹胶粘剂。目的是为了书封与书芯能牢固粘结，并可达到压槽牢固定型好的作用。胶粘剂一般需要强度高、干燥较快的树脂胶。

图2-55 套壳。将书芯与书封壳按一定规格套好成册的加工。涂抹中缝胶粘剂后便可立即套合。套合的规矩以飘口为准，套合后三边飘口一致不歪斜。

图2-56 压槽定型。用金属条在套合后的书槽上加压定型。

图2-57 扫衬。将上下环衬涂抹胶粘剂，使书封壳与书芯联结。

图2-58 压平。将扫衬后的书册进行压实定型。

小结

　　通过书芯订本和包本的训练与体验，不仅培养学生的动手能力和掌握书芯订本和包本的操作规程，重要的是通过这个过程，让他们理解书芯订本过程中，不同环节之间的因果关系，以及与每个环节相关的知识、原理，同时对包本的本质功能与形式关系进行认知体验，让学生了解手工与机械包本的工作原理与流程，能根据书籍的特点，掌握对书籍成型的不同处理方法（如图2-59～2-61）。

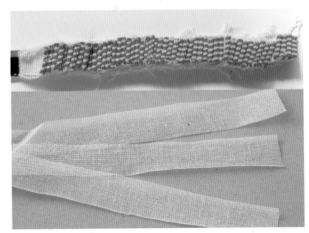

图2-59 精装书所用的堵头布、纱布

图2-60 学生自己动手制作的书籍

[复习参考题]

◎ 折叠次数与版面页码的变化关系。

◎ 精装书前后两次涂胶的目的和要点。

◎ 寻找不同包本形式的书籍，分析其工艺特点及原理。

◎ 制作过程中碰到哪些问题？为什么？如何解决？

[练习题]

◎ 根据所掌握的平装包本知识，完成两种以上不同形式的平装包本作业。封面材料以纸张为主，可适当选用其他特殊材料，工具不限。

要求：（1）包本牢固，不脱落。（2）包本后的书册平整、无污渍。（3）形式上有一定创新。

◎ 完成方背平脊书芯的硬背套合精装书1本。

要求：封面纸与纸板之间平服、无起泡、皱折等，四边角包裹平整严实。

操作提示：压槽要在胶粘剂没完全干燥时进行。如果没有压槽设备，可采用3mm～4mm厚的金属条代替；扫衬时，胶粘剂用量应少而均，涂抹时要均匀，不要溢出。

图2-61 学生自己动手制作的书籍

第三章 书籍的图文设计训练

本章重点

1. 理解图文视觉语意的内涵
2. 熟练掌握图文在书籍各结构部分的设计编排
3. 从"美"和"功能"的角度把握图文的整体设计

学习目标

1. 书籍图文的视觉语意表现
2. 封面设计
3. 零页设计
4. 正文版式设计

建议学时 26课时

第三章　书籍的图文设计训练

图文是构成书籍信息的主体，它存在于书籍的内部及外观的表面。事实上，书籍装帧的所有设计都是围绕如何更好地传递图文信息而展开的。因此，书籍装帧的图文设计是书籍装帧的核心任务。

在书籍的整体架构中，图文信息的设计按其功能和位置，我们可以将它分为封面设计（如图3-1）、零页设计（如图3-2）和正文设计（如图3-3）三个部分。

图3-1　《北京老宅门》封面　学生训练习作

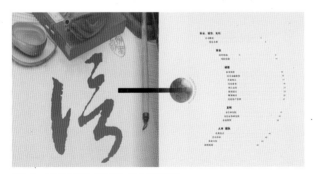

图3-2　《金信证券》目录页　学生训练习作

图3-3　《民间我文学》 正文版式　学生训练习作

第一节 ///// 书籍图文的视觉语意表现

语言不仅是人们交流思想的媒介，也是观察世界和把握世界的手段。而设计则是一种非词语性的视觉语言，它是当代社会人与人之间不可或缺的沟通交流形式。

设计的视觉语言要想为人们所理解，重点在于设计符号能清晰地传播信息，这个信息的传达实际上就是对设计符号的解释和理解的过程。在这个过程中，一方面，信息经过设计者的加工、处理为有语意的设计符号，从而得以向外显现；另一方面，语意的传达又是符号解读的过程。设计符号能否被正确理解，即设计符号传播的有效性取决于信息的接受者是否能够准确无误地解读这些载有概念和语意的形式。因此，视觉设计作品应是围绕人的愿望来表现的。设计者必须研究、了解、掌握和运用使用者的心理需求，通过文字、图形、色彩、材料等视觉元素，使设计作品具备完美的可知性、可视性和可读性，从而与消费者产生心灵沟通（如图3-4～3-6）。

综合上述，书籍装帧的视觉语意，就是指在书籍设计过程中，设计师将书籍的信息，在满足设计要求和考虑与环境相结合的前提下，充分调动自己的知识储备和创造力，将设计构思转化为受众所共识的视觉符号，使消费者或设计信息的受众通过视觉符号来分析、解读设计方案所包含的语意信息，从而达到设计的目的。

一、文字设计的语意

在视觉设计中，文字除了其语言功能以外，文字本身的造型对人的视觉影响和感受，也是设计的重要因素。对于某些设计，往往无须图形，仅字体的造型，就可以构成完美的设计作品。文字首先应注重文字造型的形式美感，其次是视觉上的情感因素，这些都包含在字里行间，比如文字笔画造型、粗细变化、刚柔变化等所产生的视觉效果。在具体设计时，需要注意以下几点：文字设计结构要合理规范、明快醒目、可识别性强，大小粗细黑白对比要适当有序。

文字不仅传递商品信息，还有明确的造型美感

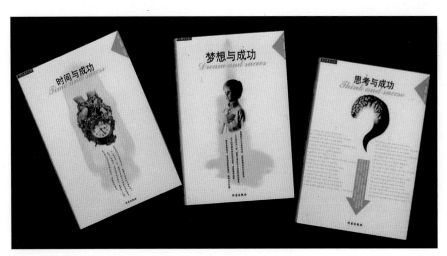

图3-4 学生训练习作

图3-5 学生训练习作

和造型意义。不同的字体传递着不同的语意性。每一种字体或字母就像形形色色、有血有肉的人一样，各有其个性特征。在某种意义上，文字仅仅是抽象的符号、静态的语言工具。每一种特定的造型字体，传达一种特定的信息，即风格信息。字体传达的风格有时是很微妙的。各种字体具有的风格色彩不尽相同。宋体端正庄重；黑体粗犷厚实，很男性化；而楷书流行自然，比较活泼；仿宋、老长宋纤细秀丽，比较轻巧；隶书古朴飘逸，比较儒雅；方圆体优美，比较时尚；而扁黑既有力又文雅。因此要根据不同的视觉传达内容来选用不同风格的字体。例如，医药的用品或医用机械在视觉上采用强有力的黑体字形设计来表现药效高强，给人以服用的安全感和信赖感。而在女性的化妆品上，则大多采用纤细柔和的文字，暗示使用者优雅美丽以及高贵的气质等。研究文字造型就会发现，不论中西文字，都是由单纯的点、线、面建构而成一种几何图形。文字具有图的意义，有平衡、有对称、有和谐，而且在间架结构之间，能感觉到力的呼唤，造成一种完整的有机体（如图3-7、3-8）。

图3-6 《当代建筑师》 Greg Lynn

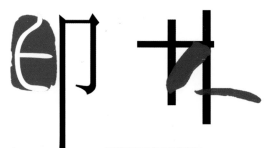

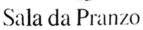

图3-7　汉字与拉丁字母的语意设计

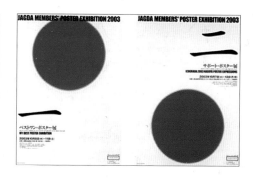

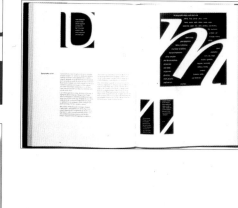

图3-8　文字在书籍设计中的语意表现

二、图形设计的语意

借助图形产生新奇的艺术情趣，能起到促进信息传递的作用。可以这样认为，创作或使用恰当的图形，是书籍设计成功的必要条件。在书籍中，无论使用何种形式的图形，其内在构成元素所形成的色彩、节奏、韵律以及点线面的组合，在整体的视觉感受上都要有极强的联想提示性，即读者在阅读时，能利用图形准确直观的视觉信息传达，以一种愉悦轻松的感官刺激，促进对书籍内容的吸收理解。因此，具备丰富内涵和审美价值的图形，是书籍设计中重要的表达元素之一。

对于书籍中的图形设计，要做到以下几点：⑴ 信息传达准确直观，寓意深刻。⑵ 图形的设计新奇悦目，富有个性。⑶ 手法新颖，具备时代特性（如图3-9～3-11）。

视觉设计的图形，以及针对设计主题而进行的图案造型、图片、标志等视觉表现，透过这些图形传达出的内容、感情和视觉冲击，称之为图形信息。点、线、面、色彩、材质，是视觉设计中的造型要素。任何一种图文信息，都可以理解为是一种具体的造型要素。在书籍设计作品中，几乎所有的图形都可以作为点的形式来出现，也可以作为面或线的形式，以及点、线、面综合运用的形式出现，灵活自如。而且在设计中应该遵循这样一个原则：视觉图形必须清晰可识别，反之，当某种图形结构模糊时，它所传达的意义必定是模糊的。所以在视觉设计中，一种图形、一种纹样或一种符号的运用，都要考虑到其在表达上是否具备一定的象征性、暗示性、隐喻性。只有这样，图形才能传递出必要的信息。

图形设计的语意表现，目的是将某一信息转化为一种概念。它不是简单直白地表述，而应该具备深刻的内涵，能让人慢慢品味，并准确领悟（如图3-12～3-16）。

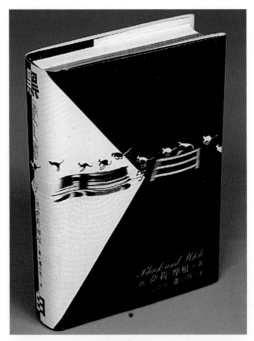

图3-9 《黑与白》 设计：吕敬人

图3-10 戏剧《家庭教师》 招帖设计：霍尔戈·马蒂斯

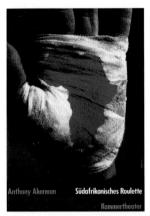

图3-11 戏剧《南非轮盘赌》招帖
设计：冈特·兰堡

图3-12 《安全与危险》
学生训练习作

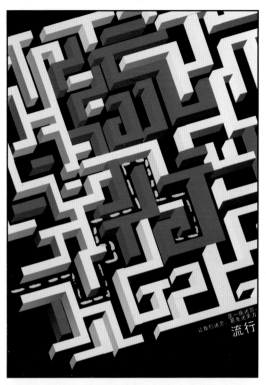

图3-15 《流行》 学生训练习作

图3-13 《流行》 学生训练习作

图3-14 《文明的面具》 学生训练习作

图3-16 《流行》 学生训练习作

第二节 ///// 封面设计

封面是书籍的外表形式，它由封面（包括勒口）、书脊、封底三个部分组成。封面一方面起到保护书籍的作用，另一方面，它又决定了读者对书籍内涵的初步认识和印象。假如将书籍装帧比作一组建筑，那么书籍封面无疑是这些建筑的外观。不管是高耸入云的现代高楼，还是威严神秘的皇宫圣殿，它的外观都能体现出建筑的气质内涵。封面也同样如此，它是书籍主题精神的浓缩体现。通过精湛的艺术设计，使封面能够在瞬间引起读者阅读的冲动，从而让封面成为书籍无声的"推销员"。

既然封面是书籍主题精神的浓缩体现，那么了解原著的内容实质，则是封面设计的首要任务。通过阅读、思考、理解原著的精神，作出正确的设计构思。同时，在确定方案之前，设计者还要同时扮演不同的角色：作者、编辑、读者、出版商、技术员等。不同角色对书籍都会有自己不同的理解和要求，如开本、材料、工艺、价格等。只有综合考虑各种相关因素，在艺术表现尺度与各方要求达到充分和谐，才能使设计最终得到认可（如图3-17-3-20）。

图3-17 《中国织绣服饰全集》 设计：陈幼林 胡水

图3-19 《浙江省警察简志》 设计：许兵

图3-18 《鉴证》 学生训练习作

图3-20 《清末四大奇案》 学生训练习作

一、封面文字

就正式出版物而言，封面上的文字主要是书名（包括丛书名、副书名）、作者名和出版社名等。非正式出版物封面的文字内容则相对自由些。这些留在封面上的文字信息，不仅表达概念，同时也通过诉之于视觉的方式传递情感。因此，在设计中起着举足轻重的作用。

封面上的文字设计有两方面意义：一方面，它是书籍必要的语言信息传达，设计时要根据这些信息的主次关系区别对待。通过大小、位置、色彩等处理，突出主要信息，弱化次要信息，使封面文字信息有序地进入读者的视线。如一般封面的书名总是最突出的，然后依次是副书名、丛书名、作者名、出版社名等。当然也有例外，如有些特别受读者喜爱的作者，他的名字甚至可以超越书名而成为封面文字的主体。另一方面，封面文字是体现书籍内涵风格、审美情趣的一种形式。通过对文字字体的选择和再创造，同时从字号大小、色彩层次、空间关系、文字组合的节奏韵律等方面入手，使文字具备不同的内涵性格，给人以不同的视觉感受和视觉诉求力。例如科技类书籍的书名，可以采用无衬线体的黑体，显得庄重而醒目，文字的组合则可以采用严谨的编排方式。而儿童类图书的封面则可以选择自由活泼、带有装饰性的文字和编排方式，体现出一种天真童趣，以此来吸引孩子的兴趣。

总之，封面文字设计既要把握文字信息传达的有序性和通畅性，也要体现出书籍性格的艺术审美特性。

封面将书名作为整个版面的主体占据大部分空间，一目了然。这种设计往往能起到事半功倍的设计效果（如图3-21~3-27）。

图3-21 《世界汉学》 设计：吕敬人

图3-22 《赤彤丹朱》 设计：吕敬人

图3-23 《儒藏》 设计：奇文云海·文化传播

图3-24

图3-25 移动信息卡 包装 分类画册 Made thought

图3-26 《Mak It Biggr》 设计·Paula Schr/Pntagram
通过技术处理，将封面文字延伸到书籍切口部分，趣味顿生。

图3-27 JAM 东京与纽约展览画册 Made thought

将书名进行图形化装饰处理，不仅帖合内涵，也增强了封面的审美情趣（如图3-28、3-29）。

将中英文书名契合，生动版面构图是书籍封面文字设计常用的方法（如图3-30、3-31）。

图3-28 《图形设计》 设计：崔国生

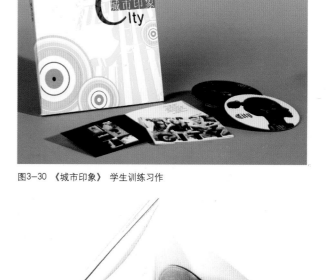

图3-30 《城市印象》 学生训练习作

图3-29 《云缕心衣》 设计：姜明

图3-31

字体是有性格的，不同的读者对象要用相对应的字体来赢得好感（如图3-32、3-33）。

二、封面图形

封面上的图形形式包括摄影、绘画和图案等。它可以是写实的、抽象的，也可以是写意的，但不管采用哪种形式和表现手法，最重要的是图形必须具备符合书籍性格内涵并准确传达书籍信息的功能。

具体来讲，不同类型的书籍应采用与之相适应的

图3-32 《云缕心衣》 学生训练习作

图3-33 《云缕心衣》 学生训练习作

图形形式和表现手法。例如儿童读物、通俗读物、军事读物和某些文艺娱乐方面的书籍，其封面往往采用具象的摄影图片或绘画的方式来表现主题。因为儿童的阅历和接受能力注定其无法理解抽象图形的含义。军事、娱乐和某些科技类的图书则可以通过具象的图片来反映主题的真实性和准确性。

而政治、哲学、教育和高科技类等的书籍封面，往往很难用具体的形象去表达。因此，采用抽象的图形形式是这类书籍封面设计的主要手段。通过点、线、面、色有节奏、有韵律的图形设计，赋予其相应的视觉感受，使读者意会到其中的含义。

在文学、艺术类图书封面上，采用写意手法的图形表现，往往能更好地表达该类书籍的精神内涵。如果采用具象图形，难免会削弱其感染力，而抽象图形则又很难符合其精神特质。气韵生动、形神兼备的写意，是中国绘画所追求的一种最高境界。这种似像非像的形式、寄情于景的艺术手法，无疑可以给人以丰富而美好的联想。

当然，设计是不应受各种陈规的约束，封面的图形设计也应如此。无论采用何种表现形式，只要能创作出具有鲜明特色，传递出符合书籍特质的深刻内涵，这就是一种最佳设计（如图3-34～3-37）。

三、封面的整体设计

很多人将封面看做单一的一个面，即封一。但对于书籍设计者而言，封面的概念应该是由包括封面正面、书脊、封底、前后勒口这5个

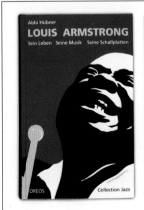

图3-34

图3-35 移动信息卡 包装 分类画册 Made thought

部分构成的一个二维空间。诚然，人们第一眼所看到的，或首先关心的主要是正面，但是作为设计者，封面整体的设计观念是不可缺少的。优秀的书籍设计作品，必须是从细节到整体的完美组合。因为封面的每一个部分，都有其相应的作用价值。封面的正反面和书脊等都应纳入封面设计的范围。整个封面是书籍装帧大整体中的一个小整体，正反和书脊的相互关系有着统一的构思和表现，这种关系处理的成败，同样影响着书籍装帧设计的整体效果（如图3-38～3-40）。

当代书籍装帧的造型、结构、材料等日新月异，封面设计的风格也日趋多样化。但我们仍然可以从中找出一些带有普遍性的设计方法和规律。通过了解和掌握普遍性的设计方法，可以为我们将来创造性的设计打下一个良好的基础。

图3-36 《秋韵》 设计：许兵

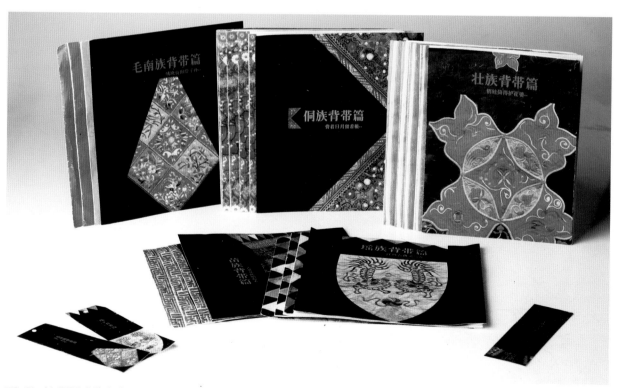

图3-37 《少数民族背带系列》 学生训练习作

图3-38 《毕业设计作品集》 学生训练习作

图3-39 《家》 设计：吕敬人

图3-40 《新版式》 设计：赵钧 李政

1.封面与封底的处理

（1）封面与封底相似的设计，这类书籍的封面与封底，除了文字内容的差别外，其他所采用的图形、色彩、构图基本相同。这种书籍封面的设计风格具有相当的普遍性，它有助于书籍外观整体性的把握（如图3-41、3-42）。

（2）抛开书脊与前后封面的折痕因素，以一张完整的图形画面跨越书籍整个外表，再将文字等信息内容分别置于封面、封底及书脊之上。这种设计方法的关键在于画面的选择，整幅画面经过折痕的分割后，每个面的图形在视觉上仍要保持相对的完整性（如图3-43、3-44）。

（3）封面与封底的图形相似或相同，但大小或构图有所区别（如图3-45～3-49）。

（4）封面与封底完全不同（如图3-50）。

图3-41 《帝王之血》

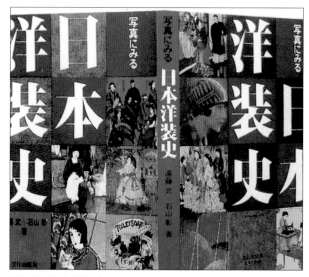

图3-42 《日本洋装史》

图3-43 《维纳斯的诞生》

图3-44 印刷公司宣传手册

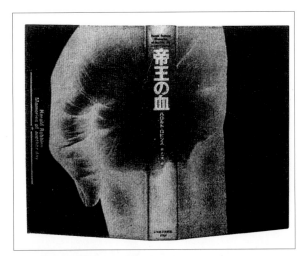

图3-45 《帝王之血》

图3-46 《云缕心衣》 设计：姜明

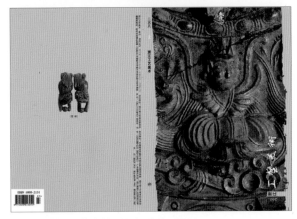

图3-47 《浙江工艺美术》 设计：许兵、杨涛

图3-48 《浙江工艺美术》 设计：许兵、杨涛

图3-49 《西游记》 二十一世纪出版社

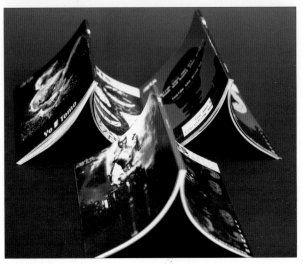

图3-50 学生训练习作

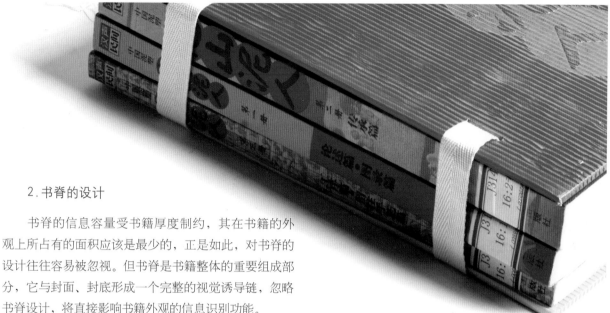

图3-52 《惠山泥人》 设计：蔡煜　刘莎

2.书脊的设计

　　书脊的信息容量受书籍厚度制约，其在书籍的外观上所占有的面积应该是最少的，正是如此，对书脊的设计往往容易被忽视。但书脊是书籍整体的重要组成部分，它与封面、封底形成一个完整的视觉诱导链，忽略书脊设计，将直接影响书籍外观的信息识别功能。

　　我们知道，书籍的展示和摆放主要有两种方式，一种是展现封面为主的摆放，主要是以展销为目的。还有一种是为减少书籍所占用空间而仅展现书脊部分的摆放。如图书馆、书店以及家庭的书籍陈列，大都采用这种形式。因此可以说书脊是书籍的"第二张脸"，它与封面一样需要具备信息的展现与识别功能（如图3-51~3-53）。

图3-51　系列丛书　浙江摄影出版社

图3-53　《中国民间工艺》　设计：周飞跃　泛克　郭燕

书脊的信息识别功能是书脊设计的重要原则，其受书籍特定的展现形式的限定。这也是书脊设计服务于陈列和销售的主要表现之一。书脊的设计范围限定在一个细长的狭小范围里，主要信息内容包括书名、出版社、作者、图形等。广义上讲，封面中设计的诸要素在书脊中都应有所体现，以满足最佳的信息传导功效。书脊既是封面向封底的过渡部分，又是独立于封面与封底的个体。通过对文字、图形和色彩的重新规划设计，与封面封底形成呼应，并与之形成节奏变化，既要保持其相对独立，也要符合书籍整体视觉效果。

具有审美价值与较强视觉效果的书脊，是书脊设计的一个重要原则。采用独特的设计手段，吸引读者兴趣，从而达到促进书籍销售的目的。这是书脊设计的重要性所在，也是设计师的责任所在。

为了使书脊具备强烈的视觉传导功效，我们可以采用对比、调和的手法，将新颖独特的图形、色彩与文字共同组合、分割。从一些优秀的书脊设计作品中，可以看到各种不同的设计手法，让我们从中得到启发吧。

书脊采用类似拼图的形式，将系列丛书叠在一起时，书脊才显示出完整的文字或图。在当代丛书设计中经常可以见到这种形式（如图3-54、3-55）。

书脊厚度决定书脊设计空间，有时候书脊的表现甚至可以超越封面（如图3-56）。

图3-55 《Delugan Missl 2》 设计：Bohatsch Graphic

图3-54 《逸飞的选择·视觉都市》 设计：谷颖臻

图3-56 《中国民间美术全集》 设计：吕敬人

书脊采用锁线裸露的形式，是当代书籍又一种新的尝试，它不但省去包封面的成本，而且显得朴实新颖。只是在书架上侧摆的话，读者无法得到相应的信息（如图3-57、3-58）。

将封面图延伸至书脊，再加上相应文字信息，这是一种简单而取巧的书脊设计。这种设计，比较容易把握书籍的整体感（如图3-59）。

图3-58　企业宣传册　两角形视觉策划

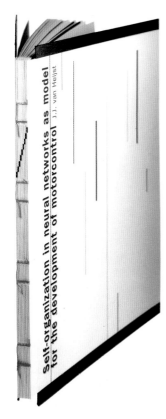

图3-57　《自控》　设计：格瑞斯戴尔·布朗尼亚斯

图3-59　学生训练习作

第三节 ///// 零页设计

一本书籍除了封面和正文之外，还有许多不属于正式内容的文字信息和页面，在书籍内容中起辅助说明作用或辅助参考作用，同时还起到装饰美化的功能。零页不是书籍的主体部分，但却是书籍不可缺少的组成部分。它在书籍整体设计中占有重要的分量。零页有严格的组织结构：环衬页、空白页、扉页、版权页、赠献页、目录页、序言等。在传统的书籍中，零页的组织排序一般是：①环衬、②空白页、③正扉页、④版权页、⑤赠献页、⑥空白页、⑦目录页、⑧目录续页或空白页、⑨序言。在正文的后面是索引、附录、后记等。零页一般没有页码，如果零页较多时也会有，通常都是单独另设页码；也有的零页页码和正文连贯，但零页上并不标明码而采用暗码的方式，正文的页码则会延续之前零页上的暗码顺序。

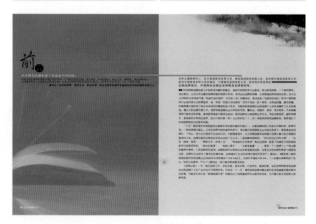

传统的书籍中，零页作为封面向正文过渡的部分，有它严格的程式，这种严格的组织结构是经过多个世纪演化而来的。通过对零页的研究，可以使我们完整地了解零页各组成部分的职能与前后顺序，并在此基础上做创新尝试与训练，设计出适合现代书籍装帧的零页结构。

零页的内容种类繁多，但除了一些学术著作、文献研究等大型书籍，零页最常见的内容主要是环衬、扉页、目录和版权页等（如图3-60）。

图3-60

一、环衬

环衬是指在书籍的封面与书芯之间，用一张两个开本大小的衬纸，一半粘在封面背后，另一半粘在书芯的订口部分，目的在于使封面和书芯牢固不脱离。因其以两页相连环的形式被使用，所以叫"环衬"。书芯前的一张叫前环衬，书芯后的一张叫后环衬。环衬通常出现在精装类型的书籍上，而一般普通平装书则不需要。

由于环衬要负荷一部分封面和书芯的连接作用，因此要选择材地柔韧结实、不易折裂的料质。

1.传统书籍的环衬设计

环衬在书籍中起到连接书芯和书封的功能，因此，在传统书籍中一般把它看做一种起连接、装饰作用的装帧材料。传统书籍的环衬注重材质的选择，色彩和图形较为单纯，多采用气氛与书籍内容相协调的原色或有传统图案的纸张(如图3-61~3-63)。

2.现代书籍的环衬设计

现代书籍的环衬设计不再将其单纯看做一种连接和装饰作用，而赋予环衬更多的形式功能和书籍内涵传递功能，在材质的选择、色彩的搭配、图形的处理等方面都有了更多的突破，在形式和信息传导上注重与书籍整体统一(如图3-64、3-65)。

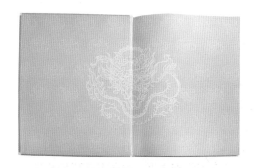

图3-62

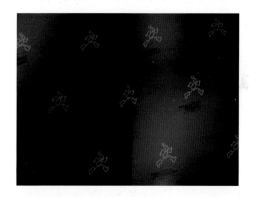

图3-63

图3-64

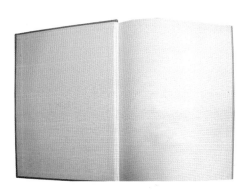

图3-61

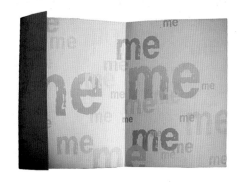

图3-65

环衬设计要根据书籍内容、性质和出版条件来决定，可以使用与书籍内容相关的绘画、摄影作品或文字，这样不仅增强了环衬的视觉冲击力，而且也传达了书籍内容的信息，塑造了与书籍整体相一致的氛围。

二、扉页

扉页是辅文的核心部分，一般置于书籍的目录或前言之前。古籍中将其称为书名页，起到内封面的作用。

扉页包括扩页、空白页、像页、卷首插页、正扉页（书额）、版权页、赠献题词或感谢、空白页等。太多的扉页显得喧宾夺主，因此它的数量不能机械地规定，必须根据书的特点和装帧的需要而定。目前国内外的书籍，往往比较简练，多采用护页、正扉页而直接进入目录或前言，而版权页的安排则根据具体情况而定。

一般的正扉页上的内容与封面相似，即印有书名、作者名、出版者名和图形，但相对封面要简练些。由于人们的阅读习惯，正扉页的方向总是和封面一致。当我们打开封面、翻过环衬和空白页，文字就出现在右边版心的中间或右上方。除此也有利用左右两面作为正扉页的设计，称为两扉页。扉页上的内容以文字信息为主，并留出大量空白，好似在进入正文之前有块放松的空间（如图3—66）。

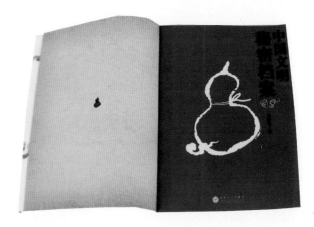

图3—66

扉页的设计训练可从两方面入手：一是与封面协调呼应，在封面基础上的简化设计；二是注重向书芯过渡，根据需要做新颖的设计。

封面基础上的简化设计，是为了扉页与封面的风格取得一致，但又要有所区别，避免与封面产生完全重叠的感觉。这种与封面一致的扉页格局，一般是文字部分采用封面的字体、字号和版式；或者稍做些变化，如缩小版面的文字格局；或者简化印刷方式，取消一些凹凸、烫金烫银等复杂工艺；还有可以简化封面的色彩，以单色调为主；又或者可简化封面的图形元素等，这些方式都是在与封面呼应的前提下，对扉页的设计方法。

扉页的设计，也可以抛开封面的因素而另行规划设计。这种设计往往与正文的关系更密切，其手法主要是编排上多做变化，并在版面上增加有趣的装饰符号。另外也可利用双扉页的优势，做展开页的整体设计，以此获得更强的视觉效果。

扉页无论怎样变化，都必须保持字体清晰易懂，因为扉页既是对封面的解读，又是从封面向正文的过渡，起到承上启下的作用。因此，在阅读上必须能准确地交代文字信息内容，使其一目了然（如图3-67）。

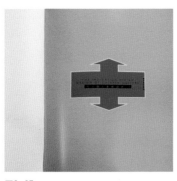
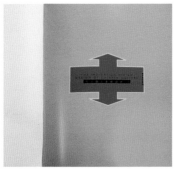

图3-67

三、目录

目录又叫目次，是全书内容的纲领，它显示出结构层次的先后。因此，目录的设计要求条理清楚，有助于迅速了解全书的内容结构。

目录是摘录全书的主要标题，集中地反映各个章节标题之间的前后组织关系，因此目录中的标题必须与正文中的标题完全一致。目录一般放在扉页或前言的后面，也有放在正文之后。目录的字体大小一般与正文相同，大的章节标题可适当大一些。过去的排列，总是前面是目录，后面是页码，中间用虚线连接，下面排列整齐。现代书籍目录的设计方法越来越多样化，除了常规的方法外，还可以采用竖排。从目录到页码中的虚线被省去，缩短两者间的距离，或以开头取齐、或以中间取齐等。目录的排列也不都是满版，而作为一个面，根据书装整体设计的意图而加以考虑。有的目录设计在空白处加上合乎构图需要的小照片、插图和图，充实内容。

整个目录页以文字为主，前面标题，后面页码，编排规整，脉络清晰，符合大多数人的阅读习惯（如图3-68～3-70）。

图3-68

图3-69

图3-70

将相关图片与目录标题页码并置，具有更强的信息指示作用，同时使版面更加生动（如图3-71～3-73）。

目录页以文字为主，但编排上通过对文字的方向、大小、位置等变化设计，使目录的指示性更加强烈（如图3-74、3-75）。

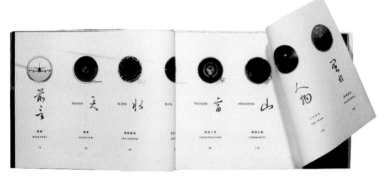

图3-71

图3-72

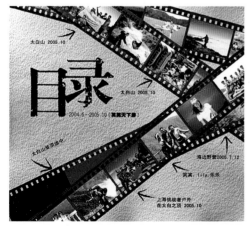

图3-73

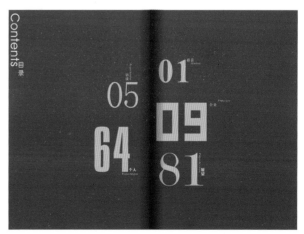

图3-74

图3-75

第四节 ///// 正文版式设计

正文版式设计，是指在书籍既定的开本上，把书籍正文的体例、结构、层次、图标等各视觉元素之间，进行艺术与技术的编排。目的是使书籍正文的结构形式既能与开本、装订等外部形式相协调，又能给读者提供阅读上的便利。

每个版面中，文字和图形所占的主体被称为版心。版心之外，上面空间叫做天头，下面叫地脚，左右称为外口、内口。中国传统的版式中，天头大于地脚，目的是为了让人作"眉批"之用。西式传统版式是从视觉角度考虑，上边口相当于两个下边口，外边口相当于两个内口，左右两面的版心相异，但展开的版心都向心集中，相互关联，有整体紧凑感。目前国内的出版物版心基本居中，上边口比下边口宽、外边口比内边口略宽，但有的前言和正文第一页留出大量空白，版心靠近版面外口或下部。此外版心的确定，要考虑装订形式。锁线订、骑马订与平订的书，其里边的宽窄也应有所区别。版心的大小根据书籍的类型定：画册、影集为了扩大图画效果，宜取大版心，乃至出血处理（画面四周不留空间）；字典、辞典、资料参考书，仅供查阅用，加上字数和图例多，并且不宜过厚，故扩大版心缩小边口；相反诗歌类书籍则应取大边口小版心为佳；图文并茂的书，图可根据构图需要，安排大于文字的部分，甚至可以跨页排列和出血处理。并使展开的两面取得呼应和均衡，让版面更加生动活泼，给人的视觉带来舒展感。

中国古代文人喜欢在书籍上批注、断句、改字、印章等，他们和书籍之间有着密切的互动，通过书籍，文人之间又进行了交流。这些元素最终造就了中国古代书籍版式之美（如图3-76）。

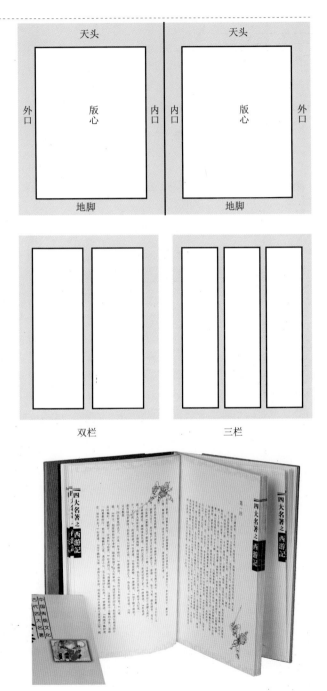

双栏　　　　三栏

图3-76

周空过大，版面缩小、容字量少，既不经济，也显华而不实；周空过小，超过一定限度会使读者在阅读时感到局促和吝啬，有损版面美观，在印刷装订时容易产生次品，所以说在图书设计中周空大小十分重要。

版式中的文字排列也要符合人体工学。太长的字行会给阅读带来疲劳感，降低阅读速度。所以一般32开书籍都为通栏排版。在16开或更大的开本上，其版心的宽度较大，宜缩短过长的字行，排成两栏。如不宜排双栏的，像"前言"、"编后记"等则以大号字排列，或缩小版心。辞典、手册、索引、年鉴等，每段文字简短，但副标题多，也需采用双栏、三栏、多栏排列。分栏排列中的每行字数基本相等（如图3-77～3-79）。

图3-77

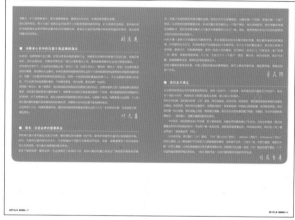

图3-78

图3-79

突出标题文字可以使版面更具视觉冲击力
（如图3—80）。

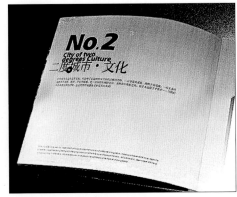

图3—80

一、以文字为主的排版样式

文字在排版设计中，不仅仅局限于信息传达意义上的概念，更是一种艺术表现形式。文字已提升到启迪性和宣传性、引领人们的审美时尚的新视角。文字是任何版面的核心，也是视觉传达最直接的方式，运用经过精心处理的文字材料，完全可以制作出效果很好的版面，而不需要任何图形。

1.字体与字号

字体的设计、选用是排版设计的基础。中文的正文一般常用宋体、仿宋体、黑体、楷书等笔画相对纤细清晰的字体。而标题为了达到醒目的效果，则可以选用粗黑体、综艺体、琥珀体、粗圆体以及手绘创意美术字等。在同一版面的设计中，字体种类不宜过多，一般选择两到三种字体，过多的字体会使版面显得杂乱无序而缺乏整体效果。同时，字体也可适当改变原有形态，如加粗、变细、拉长、压扁或调整行距等来变化字体大小，同样能产生丰富多彩的视觉效果。

字号是表示字体大小的术语。计算机字体的大小，通常采用号数制、点数制和级数的计算。点数制是世界流行计算字体的标准制度。"点"：也称磅（P）。电脑排版系统，就是用点数制来计算字号大小的，每一点等于0.35mm。

有意识地大面积留空使版面显得松紧有度，有益于轻松地阅读（如图3-81～3-86）。

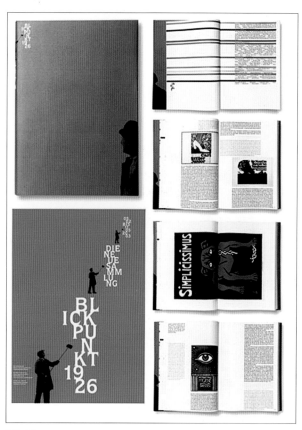

图3-82

图3-81

图3-83

图3-85

图3-84　JAM　东京与纽约展览画册　Made thought

图3-86　摄影师Bill Brandt的展览画册封面和内页设计　Made thought

2. 字距与行距

字距与行距的疏密直接影响到阅读的质量，不同的字距与行距可以产生不同的阅读心理感受，这也是设计师设计品位的直接体现。在常规情况下，行距在常规的比例应为：若字距为10点，那么行距则为12点。但对于一些特殊的版面来说，字距与行距的变化，更能体现主题的内涵。因此，字距与行距不是绝对的，应根据实际情况而定（如图3-87）。

3. 文字编排的基本形式

文字的编排形式千变万化，但归纳起来主要有以下几种形式。

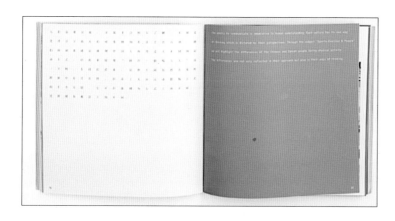

图3-87

（1）齐头齐尾

每行字的长度一致，文字块显得端正、严谨、大方，是文字编排中最常使用的形式。一般文字量较多的书籍基本采用这种编排方式（如图3-88）。

（2）齐中

编排时以文字块的中心为轴线，向两边延伸，特点是视线更集中、中心更突出。这种形式适合文字量较少，内容相对较轻松的文字（如图3-89）。

图3-88

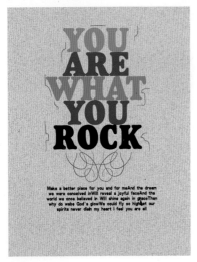
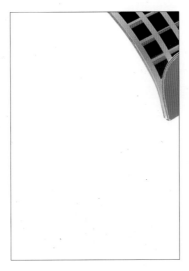

图3-89

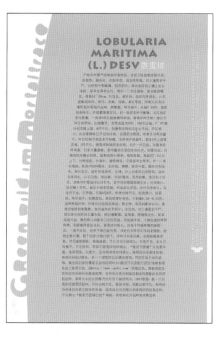

（3）齐左或齐右

文字块一端齐整，另一端随意。这种编排方式有松有紧、虚实相映、轻松飘逸、有节奏感。一般来说，齐左更符合人们的阅读习惯，而齐右则更有新颖感（如图3-90）。

图3-90

（4）图文互插

　　将相关图片插入到文字块中，文字围绕图片边沿排列。这种编排形式生动活泼，给人以轻松自然、整体生动之感，是图文并茂的书籍常用的编排方法（如图3-91）。

图3-91

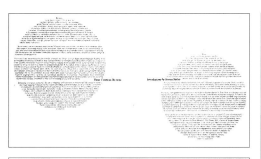

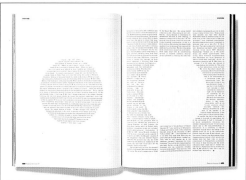

（5）图形化的文字编排

将文字编排在一个预设好的形状之中或之外，使文字群具备图片化的视觉效果。这种方式具有很强的视觉冲击力，体现出趣味性、生动性和新颖的设计感（如图3-92、3-93）。

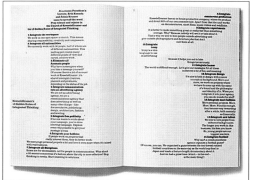

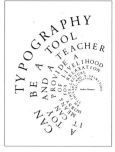

图3-92

图3—93

二、以图为主的排版样式

以图为主的版面，视觉冲击力比文字更强，图的大小也会给人不同的阅读感受。同时，图在版面中可以辅助人们对文字的理解，更可以使版面更富有层次感、真实感和生动感。因此，图在排版设计要素中，形成了独特的性格，是吸引阅读兴趣的重要素材，起到加强视觉效果和导读效果的作用（如图3-94）。

1.图的位置

图片放置的位置，直接关系到版面的构图布局，版面中的左右、上下及对角线的四角都是视线的焦点。在这焦点上恰到好处地安排图片，版面的视觉冲击力就会明显地表露出来。编排中有效地控制住这些点，可使版面变得清晰、简洁而富有条理性（如图3-95）。

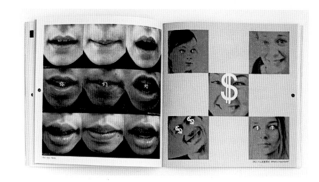

图3-94

图3-95

2.图的面积

图版面积的大小安排，直接关系到版面的视觉传达。一般情况下，把那些重要的、吸引读者注意力的图片放大，从属的图片缩小，形成主次分明的格局，这是排版设计的基本原则（如图3-96）。

3.图的数量

图的数量多少取决于版面构图和内容的需要，适合的图片数量，直接影响到版面的审美性和完整性，进而影响到读者的阅读兴趣和对信息的接受程度。一般艺术、儿童类的书籍，图的数量较多，而学术性的书籍图的数量较少（如图3-97）。

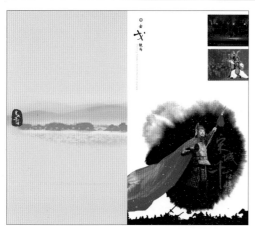

图3-96

图3-97

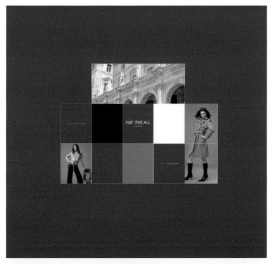

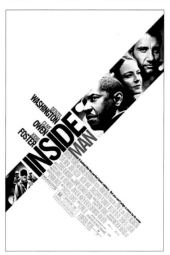

4.图的组合

图的组合，就是根据内容和构图需要，将不同数量的图有意识地安排在同一版面中。它包括块状组合与散点组合。

块状组合强调了图片与图片之间的直线。垂直线和水平线的分割，文字与图片相对独立，使组合后的图片整体大方，富于理智的秩序化条理。散点组合则强调图与图之间的大小、节奏、韵律、方向等视觉感知规律。散点组合可增强版面的趣味性和生动性，是当代书籍版面编排的重要设计形式（如图3-98～3-100）。

图3-98

小结

本单元通过书籍图文的视觉语意表现、封面设计、零页设计、正文版式设计四个方面的训练，目的是让学生在书籍内容信息的设计过程中，掌握从局部入手整体把握、从常规到创新的综合设计能力。

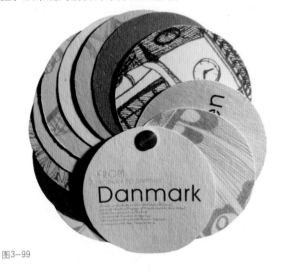

图3-99

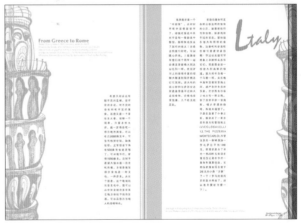

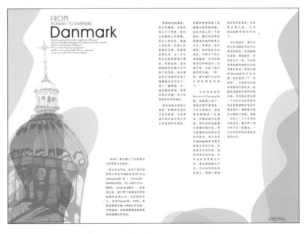

图3-100 《西行漫记》学生训练习作
作者以女性所特有的细腻和情感，表现了她眼中的欧洲风情。

第四章 书籍的造型设计训练

本章重点 》

1. 理解书籍造型的概念和意义，目的是开发

2. 将平面转化为立体的书籍造型

和训练学生的想象力

3. 以专业的角度准确把握开本、材料、装订在

书籍造型中的合理应用

学习目标 》

1. 开本造型训练

2. 材料造型训练

3. 装订造型训练

建议学时 》

30课时

第四章　书籍的造型设计训练

如果说第二章的书籍成型工艺训练是解决书籍加工的技术与工艺问题，那么本章的训练则应属于艺术设计这一范畴，它是基于书籍成型工艺与书籍图文设计基础上的综合性训练，追求的是一种形式与功能的"美"。虽然造型"美"并不是书籍设计的唯一属性和最终目的，但就书籍设计成果而言，美的因素却成为考察其优劣程度的标准之一，它是现代书籍整体设计的一个重要环节。

书籍既是立体的，也是平面的，这种立体是由许多平面所组成的，书籍的造型就是将平面转化为立体的设计活动。在这个阶段的设计训练，是开发想象力的思维训练。爱因斯坦曾说："想象力比知识更重要。"因为知识是有限的，而想象力包含着世界上的一切，它是知识化的源泉，并且推动着知识的进步。

有想象力的书籍造型，并非毫无针对性的随意发挥，毕竟书籍是一种工具而非纯粹的艺术品。我们所要做的，就是在符合书籍基本属性的前提下，发挥想象的创造性，来展现书籍的艺术魅力。

从书籍的演变过程可以发现，书籍设计总是与书籍的加工方法相辅相成。一方面，书籍设计要适应现有装帧材料、技术、工艺的条件限制；另一方面，书籍设计又促进新材料、新技术与工艺的诞生。现代书籍的造型就是在这种前提下，获得快速的更新发展。

开本、材料和装订，是决定书籍形态最主要的三个因素，也是选择成型技术与加工方法的决定因素。本单元将有针对性地从开本、材料和装订三个方面，开拓设计思维，对书籍造型展开深化训练（如图4-1、4-2）。

图4-2 《清末四大奇案》 学生训练习作
从传统书籍装帧形式中获取灵感而进行的造型设计。

图4-1 《真实与虚构》 学生训练习作
突破常规书籍造型概念，进行大胆创新，是书籍造型设计的一次有益尝试。

第一节 ///// 开本造型训练

开本是指一本书的幅面大小，它是以整张纸裁开后的张数作为确定书籍幅面大小的标准。

早期的书籍装帧，由于使用的是手工纸，纸张大小不一，因而无固定开本，只有在机制纸与机械化印刷出现并被书籍装帧所应用后，才真正有了现代书籍的"开本"概念。

开本、体积、材料、色彩等，是书籍展示给读者的第一外观形象，其中开本的大小与形状是书籍设计首先要确定的一个课题。对于设计者来说，开本是书籍设计重要的表现"语言"，不同的开本可以体现出丰富的视觉感受和艺术个性。

开本，并没有完全统一的大小规格，因为在书籍的实际加工中，由于生产厂家的设备、技术、条件不尽相同，所生产的书籍常有略大、略小的现象；同一种开本，由于纸张规格不同，其尺寸或形状也会有差异，有的偏长、有的呈方。因此，开本训练并不是对书籍尺寸大小的简单设定，而是要根据具体情况，学会灵活应用。

开本造型训练的目的，就是通过对各种开本的基本开切方法及其现实作用的体验，利用不同形式的开本所传递出的独特的视觉"语言"，准确把握书籍造型的整体设计能力（如图4-3~4-6）。

图4-4 《新版式》 12开本 设计：赵钧 李政

图4-5 咖啡馆宣传手册 8开本

图4-3 《新平面》
长24开本 学生训练习作

图4-6 《中国民间工艺》
24开本 设计：周飞跃 泛克 郭燕

一、标准开本

将一张全开纸反复对半裁切之后，获得的纸张幅面称为标准开本。

书籍的印刷及印后加工设备，都是以纸张的标准开本为制造依据。因此，标准开本的最实际的作用是适合于印刷、装订等机械化加工作业。另外，标准开本在纸张裁切后没有零头剩料，不会造成浪费，这也是目前书籍广泛采用标准开本的主要原因。

标准开本是构成书籍形态的基本元素，通过练习和体验活动，使我们能在实际应用中，真正把握常规开本的价值作用。

标准开本尺寸的设置：

开本大小与开本尺寸是两个不同的概念。开本大小是指裁切后的纸张数。例如：全张纸切成相等大小的8小张后称为8开、切成16小张后称为16开，按这种原则开切的开本数都是2的指数。开本尺寸指按规定的开本幅面，经装订裁切后书籍的实际尺寸。开本尺寸根据国家标准的规定允许误差为±1mm。对于设计者来说，开本尺寸的设置是非常关键的，它直接关系到印刷及印后加工的可行性和准确性。

标准开本的尺寸设置，首先要了解纸张的规格。开本的尺寸是根据纸张的规格来确定的，纸张的规格越多，开本尺寸的规格也就越多。其次，要掌握编排设计与印刷对开本的成品尺寸要求。符合开本尺寸的书籍，才能与印刷纸张相适应。

目前国内书籍出版用纸的规格，主要有两种。尺寸为889mm×1194mm的称为大度（规）纸，尺寸为787mm×1092mm的称为正度（规）纸。标准开本尺寸的设置，则要在此基础上除去印刷时的出血位和咬口位的尺寸。以常用的标准16开本为例，具体尺寸为210mm×285mm（大度）、185mm×260mm（正度）。

对于常用的各种标准开本尺寸必须熟练记忆，不能随意改变，有时相差几毫米，后道工序就无法顺利完成。

标准开本的开切方法：

标准开本是以对等分割的方法进行裁切的，一般称为几何裁切法（如图4-7）。

对于印量多、成本控制要求较高的出版物来说，大多采用标准开本（如图4-8、4-9）。

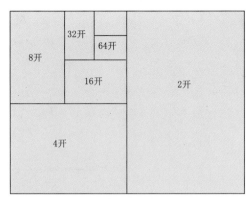

图4-7

图4-8 《塬上情歌》 浙江摄影出版社

图4-9 《浙江工艺美术》 浙江工艺美术杂志社

二、异形开本

除标准开本以外，通过其他开切方法获得的开本统称为异形开本。

相对固定的长宽比例，使得标准开本缺乏形状的多样性。异形开本则可以通过多变的外形，使开本更具个性化的表现力和更细腻的视觉语言，极大地拓展了现代书籍的形态表现方法。

更好地诠释书籍内涵、增加书籍的艺术感染力、提升书籍内在与外在价值，是异形开本设计的基本目的。但从书籍成型的技术与工艺而言，异形开本练习的目的是让我们了解书籍开本的多样化发展方向，掌握各种类型的开切方法，学会在开本的艺术性与实用性之间寻找最佳的平衡点。

恰当的异形开本设计，具有独特的视觉效果，令人耳目一新。但对于加工工艺及成本，则是一种考验（如图4-10~4-18）。

异形开本的开切方法：

直线开切：以直线按纸张的纵向和横向开切，开数的可选择性相对较多，纸张的利用率为100%。开出的页数有单数(如3开、5开、9开等)和双数(如6开、12开等)之分。单数会给印刷和装订带来不便。

图4-11　Renee Kae Szajna　设计

图4-12　《娃仔背带》　学生训练习作

图4-10　The Progressive Corporation　公司年报

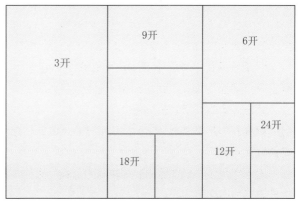

图4-13　直线开切

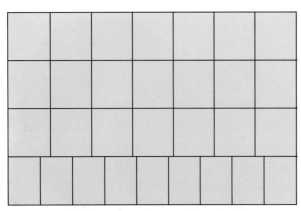

图4-14 纵横混合开切

图4-16 《天堂街样》 学生训练习作

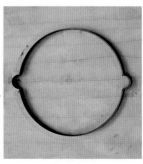

图4-17 模切刀版

图4-15 学生训练习作

纵横混合开切：纸张的纵向或横向不能沿直线开切到底，开下的纸页纵向横向都有，又叫套裁法。纵横混合开切法可开出其他开法难以直接开出的开数，能适应特殊开本的需要，如27开、38开等。但纸张会有不同程度的浪费，印刷装订有所不便，印装周期长，成本高。

模切：模切是将裁切刀的刀口加工成开本所需的切口形状一致，然后在模切机上对书页进行裁切。这种裁切方法主要是针对直切无法完成的开本外形进行裁切，例如曲线形、多边形、不规则形等。与直切相比，模切的工艺更复杂，成本更高，但模切后的开本造型则更丰富、生动。

图4-18 第十一届威尼斯建筑双年展 Vince Frost

三、开本的造型

单纯以开本的定义来理解，它是书籍长宽比例的一种限定，不同的开本只是长与宽的尺寸变化，属于二维空间的范畴，而造型则属于三维空间的范畴。因此，开本造型是指塑造特定开本的立体书籍形态。

常规书籍在一定开本的限定下，每一个书页的规格及裁切、联结方式都是基本相同的，并且按通用的技术模式以机械加工的方法完成装订，这是一种最基本的开本造型。作为练习，我们需要在此基础上，通过进一步改变书籍的开本构造，使开本的形态在书的整体造型设计中获得更为丰富的表现方法。

开本的造型练习主要以折叠、裁切和组合三种方法完成（如图4-19～4-21）。

图4-19是"奇文云海工作室"的作品集，在书的最后部分，是一封闭的书帖。按齿线撕开后，展现出来的是另一个天地。在展开与折拢之间，体会着阅读的情趣。

图4-20 《舞》 学生训练习作

图4-21 《奇文云海》 奇文云海工作室

1.折叠造型

折叠造型与装订工艺中的折页工序在手法上具有一定的相似性。在装订过程中，折页是将大张的印刷成品折成统一开本的书帖以便装订，书籍一旦成型后，就不可能再恢复原样。而折叠造型则是一种可收放的书页形态，既可以折成与整体书籍开本一致的大小比例，也可以展开成为另一种开本形状。折叠的方法一是采用折页工艺中的平行折页、垂直折页、混合折页，这是最基本的折叠造型；另外最主要的是创造个性化的折叠方法，这种方法可以从折纸游戏中获取一些启发。

折叠造型的目的不仅是为了增加书籍的艺术个性与阅读情趣，在很多情况下也是书籍功能上的一种需求，如在单张书页中无法完整表现的地图、图表、画卷等，都可以通过折叠造型的方法进行完美展现。

通过折叠，使一本书展现出多种幅面大小的书页。这是内容的需要，也是形式美的体现。当然，这会给装订造成一定困难，设计时需要有统筹安排（如图4-22～4-24）。

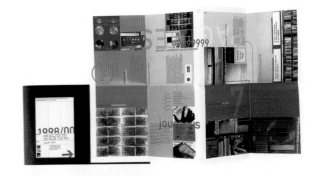

图4-23 《迷失的纸张》
设计：汤普森设计工作室

图4-24 《圣诞节》 学生训练习作

图4-22 《壮族背带篇》 学生训练习作

2.裁切造型

裁切是书籍在印刷及装订过程中对承印材料进行的一种分割，是书籍成型过程中不可缺少的工序，其目的是将最初的承印材料加工成适合开本大小的书籍成品。而裁切造型则是除了必要的裁切工序之外，利用不同的裁切方法，对书籍的开本外形作进一步的形态塑造。其实质是改变常规开本模式化的造型方法，使开本获得更具个性化的视觉效果及使用功能（如图4-25、4-26）。

裁切造型一般可以通过直切和模切两种裁切方法完成。

图4-25　学生训练习作

图4-26　《Cut》　设计：Atelier Works
在被裁切出两条长条形缺口后，这本书上形成了三本可以连续翻页的动画书。这种设计，不但塑造了书籍独特的外形，而且具有超出一般书籍概念的特殊阅读功能。

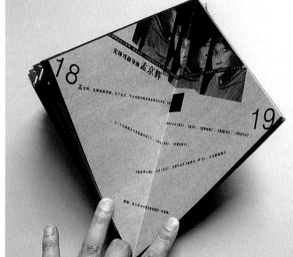

3.组合造型

开本的组合是将不同大小的开本或原有开本与通过裁切造型后的部分书页进行组合。实际上就是塑造一本多开本的书籍形态。比如，经常有些刊物会随书赠送副刊、印刷册页或其他内容的读本。为了方便，将这些不同开本的书册订合在一起而成为一个整体。虽然这是不得已而为之的办法，但也是一种实用型的多开本组合书刊。对于书籍设计者来说，多开本组合则是精心设计后的产物。不仅要从实用性的角度，还需要从多方面因素考虑这种设计的必要性。

首先，要符合书籍内容的要求。大多数书籍的内容是连贯的，采用组合的方式必然会影响阅读的连续性。而对于不存在逻辑性要求，或有多种内容结构相互穿插、跳跃的书籍，则是多开本组合设计最好的素材。其次，要符合审美的要求。仅仅满足功能性的组合，不能称为设计。通过协调开本的尺寸比例、增加翻阅时的趣味、保证阅读的完整性等，是组合造型首先要考虑的。最后还必须考虑加工的可行性。多开本组合无疑会增加书籍的加工难度，因此，要对印刷、折页、订联、包本等工序进行综合的可行性分析，找到相应的解决办法。

开本的组合造型练习是改变常规书籍形态结构的一种开拓性训练，以一种新的思维方式寻求书籍造型方法的多样化（如图4-27～4-29）。

图4-27 《销售商协定指南》 公司：Jim Beam Brands

图4-28 企业型录 设计：龚凯品牌形象设计工作室

图4-29 《橘色书》 设计：联合设计室（英国）

这本书的内容分为作品和理念两个部分，分别以两种开本巧妙地结合在一起，每隔一页为同一内容。这种设计让读者从前或从后开始翻阅时，可以分别完整地看到其中一个内容。

第二节 ///// 材料造型训练

书籍材料是塑造书籍形态的物质基础。从单一传递信息的物质结构到通过材料进一步显现书籍整体艺术魅力，是现代书籍材料应用的主要特征。多样化的材料选择与应用，是这种特征得以实现的基础。

材料工业的进步，极大地扩展了书籍材料的选择范围。书籍成型技术与工艺的完善，又为材料的选择应用提供了丰富的加工平台。与注重实用性和功能性的传统书籍材料相比，当代书籍设计中，更注重用材料自身形态所表现出的视觉语言，来彰显书籍的整体形态特征与审美价值。

从结构上讲，一本完整的书籍，是各种材料统一规划后的集合，从形态到神态上体现书籍的整体性。不同类型的材料，在书籍中的作用、特性、使用方法等各不相同。认识不同类型材料的性能特点，正确把握其视觉语言特征，通过技术手段，将材料的形式语意及功能价值在书籍中充分体现出来，是书籍材料造型训练的目的要求（如图4-30～4-32）。

图4-31 《中国红木家具》 学生训练习作

图4-30 《1999花旗私人银行摄影奖》 设计：诺斯（英国）

图4-32 《LED》 学生训练习作

一、书籍的材料构成

书籍的材料构成是指根据材料性能特点，划分其在书籍中所对应的结构位置。从大的结构来讲，书籍分为书芯和书封两个部分，根据它们各自所在的位置和作用，我们将书芯和书封及其整体成型所涉及的材料，统一划分为主体材料、装帧材料和连接材料三个部分（如图4-33～4-36）。

（1）主体材料是用来承载文字、图形等书籍主体信息的物质，是构成书籍的核心材料。一般条件下，对主体材料的要求是：对文字、图形的还原性好、表现力强、反射率低、性能稳定并不易产生视觉疲劳。目前，常用的主体材料主要以纸张材料为主。

（2）装帧材料是用来保护书籍主体，并起到装饰作用的材料。装帧材料与主体材料在很大程度上是可以互通的，但装帧材料的选择范围更广，对材料的韧性、牢度及质感、肌理等都有更高的要求。

（3）连接材料是用来将零散书帖和页张等连接成册所用的各种材料。

连接材料又分为订缝材料和粘结材料两种。订缝材料是用订或缝的方法使书帖和散页成册所用的各种材料。常用的订缝材料主要有纤维丝、金属丝等。粘结材料是用具有黏性的胶质使书帖和散页成册所用的材料。常用的有聚酯酸乙烯酯（PVAC，又称乳胶或白胶）、热熔胶（EVA）、骨胶等。

图4-34 常用的粘结材料：热熔胶（EVA）

图4-35 订缝连接用的纤维丝

图4-33 一本专门介绍书籍主体材料——纸张样品的宣传册

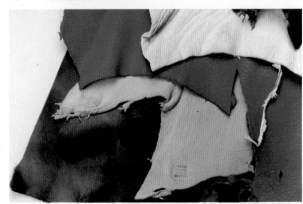

图4-36 常被用来作为装帧材料的皮革

二、寻找材料

寻找材料就是通过不同途径，收集、感受各种材料的性能特点，并针对所设计的命题选择最适合表达书籍信息和内涵的材料。

《考工记》："天有时，地有气，材有美，工有巧，合此四者，然后可以为良。"可见用材料的性能和特点来表现美的特征由来已久，这也是现代设计主要表现手段之一。选择合乎目的的材料，有助于体现书籍的功能特征和审美要求。

材料不仅要在现有的书籍常用材料中寻找，还可以延伸到书籍之外的其他领域中寻找。从书籍装帧的演变历史看，其材料的应用从来不是一成不变的。从最初的龟甲、兽骨、竹简到现代的有机材料、金属材料等，材料总是随着文明与科技的发展而不断被发掘、改进。这种更新发展，是书籍形态及其功能价值得以与时代同步的物质基础。因此，寻找材料实际上既是一个继承的过程也是一个创新的过程。

作为训练的一部分，我们对于材料的要求不作任何约束，抛开固有观念，大胆使用新颖的材料（如图4-37）。

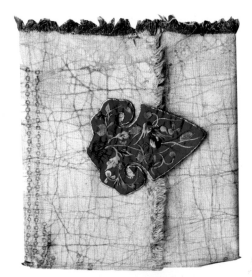

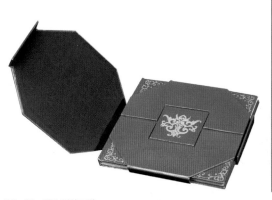

图4-37　学生训练习作

1.从传统书籍中寻找

从古代不同历史时期、不同地域的各类书籍中寻找具有一定代表性的书籍材料。

我国最早的书萌芽形是以甲骨作为材料而出现，其后有了树皮、树叶、竹简、木简等材料。而在基本同一时期的尼罗河流域，则出现了以芦苇、动物皮等为材料制成的书籍。这一阶段，人们基本上以原始的自然物质经一定的外形处理后，用来记载文字等信息。春秋时期，我国书籍材料开始出现了以人工织物代替原始自然材料，其装帧形式是将文字写在织物上，缝边后成卷存放。由于材料昂贵，多为统治者书写公文或绘画用，一般书籍使用较少。随着纸张材料的发明，给古代书籍装帧带来了革命性的变革，并且纸张也从此作为最主要的书籍材料一直延续到今天。

在科技飞速发展的今天，对传统材料的寻找，不能停留在对材料形态特点的简单认识，很大程度上需要我们认真地思考，用现代的审美及视觉效果重新定位其存在和使用价值（如图4-38～4-42）。

图4-39 《二十四史全译》 北京古今出版策划有限公司

图4-40 《传统服饰》 学生训练习作
丝绸面料加上花扣的造型，与书籍内容相得益彰。

图4-38 传统线装书的材料

图4-41 《论语》 学生训练习作

图4-42 用手工制作的纸张作为书芯材料，显得古朴而时尚 学生训练习作

2.从当代书籍中寻找

材料工业的快速发展及人们对审美要求的不断提升，使得现代书籍的材料应用和造型方式越来越多样化。从当代书籍中寻找有特色的材料，可以丰富我们对材料种类的认识以及对不同材料造型的直接感受。

从材料上看，当代书籍的特点首先是新材料的不断涌现。虽然纸张依然是最主要的书籍材料，但其种类极其丰富，性能也各具特色。各种艺术纸张的出现，极大地促进了书籍形态的发展。同时，各种特殊材料的应用，例如金属、塑料等，也为当代书籍的材料变革提供了更广泛的选择空间。其次，对传统材料的继承和创新。传统材料在书籍中所散发出的文化内涵，往往是现代材料无法表现的，传统材料与现代技术的结合，使众多具有悠久历史的材料重新焕发出新的内涵（如图4-43~4-46）。

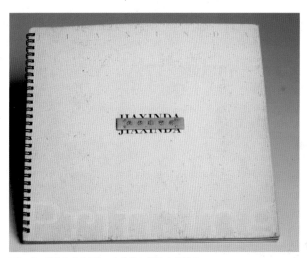

图4-44 《佳信达印刷》 宣传册 设计：毕学峰
印刷工艺中用来压凹凸的锌版被用在封面上，非常切合主题。

图4-45 《旅游指南》 设计：Sprint PCS

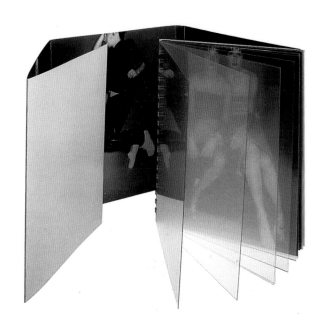

图4-43 《1998年保罗&乔春夏服装》 设计：艾瑞
书的开始部分采用了透明塑料薄膜作为材料，使后面的图片产生一种朦胧的美。特殊材料的使用，在这里起到了独特的效果。

图4-46 《遗失的声音》 设计：马克·戴波
在书芯的前后，各放入一张薄海绵。不但起到保护书内光盘的作用，同时具有耳目一新的视觉与触觉感受。

3.从生活中寻找

从书籍之外更广泛的生活空间中，寻找一切可以被书籍所利用的材料。事实上，许多书籍所使用的材料最初并不是为书籍所准备，例如织物、皮革等。罗丹曾说过："所谓大师，就是这样的人，他们用自己的眼睛去看别人见过的东西，在别人司空见惯的东西上能够发现出美来。"在当代书籍中，许多令人耳目一新的材料，其实就是生活中普普通通的一样东西。但在设计师敏锐的洞察力下，将平凡化为神奇。在寻找材料的过程中，我们就是要有这样一种眼光，在生活中发掘出具有审美价值和功能价值的材料。

当然，从生活中找到的材料并不都是可以原封不动而直接利用的，还需要根据书籍的造型、成型工艺等的要求，对材料进行再加工，以符合书籍整体成型的要求。

在日常生活中，许多看似与书籍毫无关联的东西，如原木、竹子、衣扣、绒布面料等，一旦被我们利用，往往会产生很有意思的书籍造型。就是在这方面进行了尝试（如图4-47～4-49）。

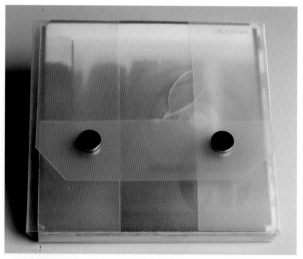

图4-47 学生训练习作

图4-48 设计：Karen Barranco

图4-49 学生训练习作

三、材料的造型

　　将一般状态下的书籍材料，通过设计并加工处理，塑造成为新的形态特征。书籍材料的造型不是纯粹的艺术创作，而是要针对印刷、装订的具体要求，对材料的特性、形式语意、功能作用进行综合把握。本质上讲，材料的造型是为了使书籍主体信息更好地传递给读者，并使书籍得到更有效的保护。

　　孤立地看待书籍材料，其自身并不存在太多的实际意义，只有通过印刷、装订等加工过程，使之成为完美的书籍整体之后，才能体现材料的真正价值。从广义上讲，材料的表现是书籍形式的内容之一，但它又具有自身的特点，因为每种材料的"性格"不同，所以其本身就可能蕴藏着构成美的特征。日本著名设计家竹内敏雄所认为："技术加工的劳动，是唤醒在材料自身之中处于休眠状态的自然之美，把它从潜在形态引向显性形态。"因此，对应用于书籍的材料进行形态上的工艺加工，也就是材料造型，就有着特殊的意义。材料的造型练习，是针对材料的各种性能特点而进行的书籍成型练习，目的是在对材料的设计和加工过程中，正确合理地利用现成的或创造性的方法，将材料的形式语意和价值功能充分体现出来（如图4-50、4-51）。

图4-50 《Spoon》 设计：Mark Diaper
这是一本设计师的作品集，书的封面和封底被加工成波浪形，在书籍三维空间的造型上充满了想象力。

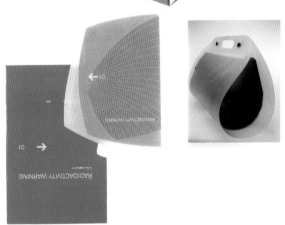

图4-51 《一个女人的衣服》 设计：艾瑞（英国）
书的主要材料选择了有韧性的PVC塑料，对折扣牢后形成一个手提包的造型。

1.纸张的立体造型

纸张的立体造型是指改变纸张原有的平面特性，使其具有立体的三维形态。其实质就是对书籍材料进行的一种变形处理。目的是通过对纸张形态的改造，使书籍具有更高的欣赏价值，从而提高读者的阅读兴趣。

纸是最具代表性的书籍材料，它最主要的性能特点是适合印刷、装订；可以折叠、切割；容易与其他材料组合等。因此，无论从造型加工的技术要求还是从实际的材料成本出发，纸都是最适合进行造型活动的书籍材料（如图4-52~4-54）。

纸张的立体造型练习，是通过对纸张进行不同方法的变形处理，重新塑造纸张形态。通过对纸张进行二维到三维的转变过程练习，丰富我们对材料空间塑造的想象力，掌握切合实际的书籍造型技能。

纸的种类繁多，其性能特点也有很大的差异，必须根据纸的特点采用不同的造型方法。例如，太厚的纸不适合折叠，太薄、太软的则不适合形的固定。针对不同纸张的性能差异，进行合理化的形态创造，是纸张造型练习的基本要求。

纸张的立体造型方法，主要是通过对纸张进行模切，再利用折叠、穿插、粘连等手段进行造型。在这个过程中，模切是关键。一般来说，模切可以有三种切痕：实线（切口完全断开）、齿线（间隔切断）、压痕。通过三种不同切口的组合，可以塑造出纸张丰富的立体形态。

图4-53 《真实与虚构》 学生训练习作

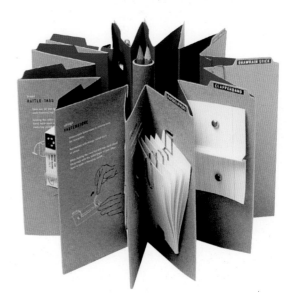

图4-54 《真实与虚构》 学生训练习作

图4-52 《真实与虚构》 学生训练习作

在学生的作业练习中，他们用不同方式塑造有趣的纸张立体形态，充满想象力。虽然在形式与功能的合理性上有所欠缺，但这种能力的培养，对今后实际的书籍设计思维是非常有益的（如图4-55）。

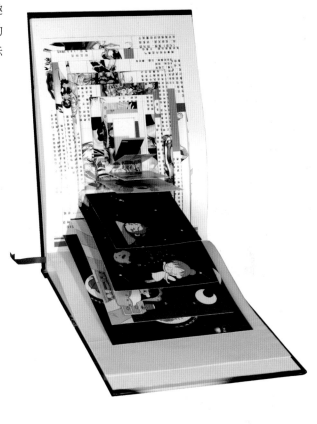

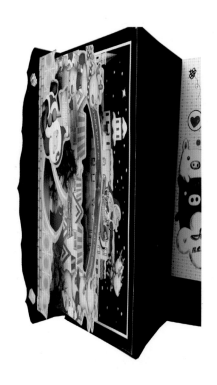

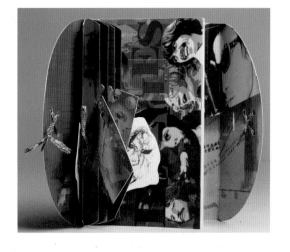

图4-55

针对儿童阅读书籍的心理特征，在书籍的立体造型上做一些尝试是十分必要的，图4-56这几本书充分展现了纸张立体造型的魅力。

图4-56

2.材料的类型组合

材料的类型组合是利用不同材料的质感、肌理、色彩、透明度等特点，进行材料的多样化组合。

材料的类型组合，不是简单的材料堆积，而是在书籍的翻阅过程中，通过材料的视觉与触觉变化，提升书籍设计的形式意味，增加阅读兴趣与感受。

采用材料的类型组合，目的主要有两种。一种是被动的组合，例如书写纸成本低廉，也适合文字的印刷表现，但对于图形，特别是高质量的彩色图片，其表现力较弱。于是在同一本书中，文字部分用较廉价的纸张，而图片则采用较高级的其他纸张。这完全是从经济性的角度来考虑的一种组合。而我们所要练习的另一种组合，则是从艺术审美和人性化的角度进行有意识的组合设计。目的是通过不同材料的组合，使人们在阅读时可以不断地触摸到不同质感和肌理的材料，并且利用不同材料对文字、图形等所表现出的特殊视觉效果，增加信息传递的丰富性与实效性。在触觉和视觉感受的不断变化中，无疑使读者的好奇感和新鲜感得到更多的满足，从而增加阅读的兴趣，提升书籍的信息内涵（如图4-57、4-58）。

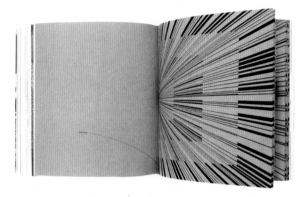

图4-57 《Maeda Media》 设计：John Maeda
整本书选用了各种铜版和胶版纸以及棕色的牛皮纸进行不同厚度的组合，成型后，在书的外切口产生不同纸张的色彩和质感效果。

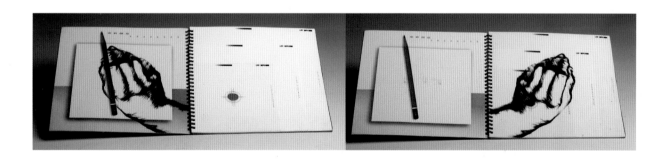

图4-58 企业宣传册 设计：毕学峰
书由不同的特种纸和透明薄膜草料组合而成，薄膜上手的图形通过前后翻动，会变化出不同的画面效果。

图4-59 《Avenger Photographers》 设计：Projekttriangle

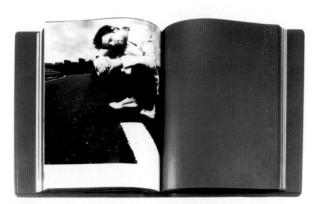

图4-60 《Avenger Photographers》 设计：Projekttriangle

图4-61 《Avenger Photographers》 设计：Projekttriangle

材料的类型组合练习，最重要的是材料的选择。其前提是不同材料在物质上与视觉上必须具有结合为整体的可能性。因此，合理的组合，首先要从加工工艺的角度出发，考虑材料的选择是否可以满足信息呈现和组合装订的要求；其次，要在艺术表现的角度，考虑材料在视觉和触觉上与书籍内容是否和谐，是否符合书籍整体的审美要求（如图4-59~4-61）。

第三节 ///// 装订造型训练

"装"是将分散的书籍材料进行组合装配，如折页、配页等。"订"是利用各种连接材料，通过订、缝、粘、夹等方法，将组合后的书籍材料连接成册。因此，装订成型就是将构成一本书籍的所有材料，按照开本要求，组合、连接成册的书籍形态加工过程。其本质意义在于，使书籍的内容成为可翻阅并方便整体保存的技术手段。

装订造型训练是按照书籍的开本、材料要求，设计、创造不同的"装"与"订"的组合方式，最终形成完美的书籍形态。

科学与技术的发展，使书籍装订由传统的手工操作发展到当代普遍的机械化操作；艺术性与个性化的审美需求，又促使当代许多书籍热衷于采用手工或传统方式尝试装订的革新。当代书籍装订，走的就是手工与机械、常规与革新并存的多样化发展道路。因此，装订造型训练的实质就是对装订方法的继承与发展的探索过程。目的是为满足各种需求，设计、创造出更多的书籍装订形态（如图4-62～4-70）。

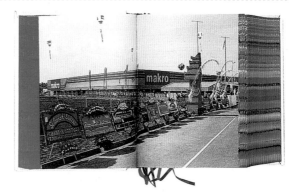

图4-63 《SHV沉思录》 设计：艾尔玛·布姆

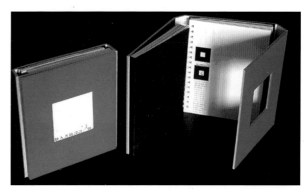

图4-64

图4-62 《2000年春季李维斯经典服装》 设计：Olly.uk.com
书被放进牛仔服面料缝合成的封套里，外形与内容自然而协调。

图4-65 《竹石图解》 学生训练习作

图4-66 《三晋古建筑》 学生训练习作

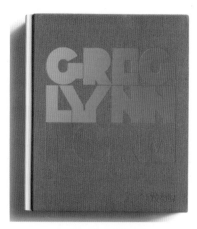

图3-69 《当代建筑师》 Greg Lynn

图4-67 《三晋古建筑》 学生训练习作

图4-68

图4-70

一、借鉴传统装订方法

传统是人们对某种事物的价值进行充分理解后，被继承并再现的东西。实际上，当代书籍的形态与传统书籍形态，从来就没有过脱节。对传统的吸收与发展，是当代书籍设计方法的重要途径。因此，借鉴传统的装订方法，也是我们进行装订成型训练的首要内容。

我国传统的书籍装订形式丰富多彩，其中经折装、蝴蝶装、线装是最具代表性的，它们对书籍形态的发展演变起到了革命性的推动作用：经折装是第一次使书籍成型有了"折"的概念；蝴蝶装标志着我国书籍的装订形式进入了"册页装"阶段；而线装则使我国传统书籍形态达到了最完美的高度。

借鉴传统装订方法的练习就是以某种传统装订形式为原型，利用现代材料和技术手段，通过对材料、组合方式等的改进，塑造出新的、符合功能与审美价值书籍形态。

借鉴的目的不是简单的复制，而是一种进化。因此，传统装订方法练习的目的，是了解传统书籍的结构特征，并掌握这种形态结构的塑造方法，从而能将传统的装订特质与文化价值，体现到某些现代书籍形式中（如图4-71～4-76）。

图4-71 《明清家具》 学生训练习作

图4-72 《非物质文化遗产系列》 学生训练习作

图4-73 《民间剪纸》 学生训练习作

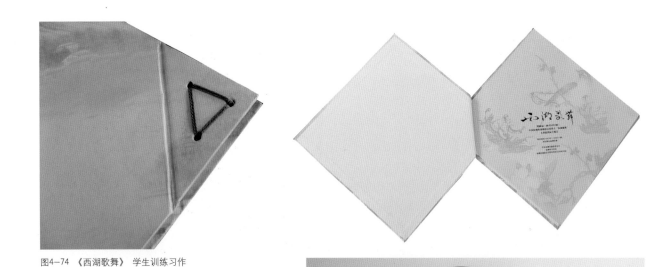

图4-74　《西湖歌舞》　学生训练习作

图4-75　学生训练习作

这本书采用传统的"包背装"形式，即书页沿中缝折叠，折缝朝外，而将切口边裁切后作为书背再粘上书皮。但与传统方式不同的是，在书页的正反面都巧妙地印有图文，使半透明纸张材料的内外页图文相互映衬，生动而富有情趣。

图4—76

二、选择新的订联材料

新的订联材料，是指区别于书籍装订加工中常规的订联材料，而具有某种新的功能与形式。常规的订联材料，主要包括各种胶粘剂、纤维丝、金属丝、金属圈等。当这些专用的材料已完全成熟并被广泛应用之后，新的订联材料开始层出不穷。因为订联材料不仅决定了装订形式，同时其本身也成为书籍整体形式美的重要组成部分。对订联材料的应用与更新，成为当代书籍装订形式发展的重要特征。

传统的订联材料，主要是为满足材料在订联过程中的功能作用。而当代书籍的设计，已越来越重视订联材料在书籍整体设计中的形式效果。不仅要满足基本的功能价值，也要使其能融入整体设计元素之中。

选择新的订联材料进行装订练习，一方面要符合功能与形式的要求，同时也要考虑其加工工艺的可行性。缺乏合理的装订工艺，将无法成为一件合格的产品。

订联材料的范围很广，包括金属、纤维、塑料、各种胶粘剂等多种材料。正确选用订联材料，是体现书籍成型效果的关键之一。选用订联材料，应根据书籍的开本、材料、形式等要求来决定，不能一味追求价格的高低，应立足于使用恰当，被使用的材料一定要与所设计书籍的类型、档次相匹配（如图4-77～4-83）。

图4—77

图4—78 《The spirit of re》 Eddy Yu，Huang Lam，Sunny Wong，Alander Wong

图4—79 《The spirit of re》 Eddy Yu，Huang Lam，Sunny Wong，Alander Wong

图4—80 Ravensbourne 设计与传播大学微型策划书 Made Thought

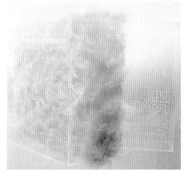

图4—81 结婚纪念册 朱汉祥

图4-82

图4-83 2000年秋冬服装精品画册 Made Thought

小结

开本、材料、装订方式，构成书籍成型的三个基本要素。既有相对的独立性，又要把握三者之间的密切关联。开本是造型的基础，材料是对感官感受的进一步深化，装订方式则决定了最终造型与使用效果。书籍成型训练，是结合前三个单元所掌握的基本知识，进行完整的书籍成型练习，是对成型工艺与图文设计的综合应用能力的一次检验。

[复习参考题]

◎ 分析材料造型与装订造型之间的关系。

◎ 思考"天有时，地有气，材有美，工有巧，合此四者，然后可以为良。"这段话在书籍造型中的现实意义。

◎ 在当代书籍中寻找有特色的造型，分析它的优劣。

◎ 如何把握书籍造型的形式与功能之间的关系。

[练习题]

◎ 儿童书籍的造型。

提示：充分考虑儿童的阅读心理与习惯，注重趣味性的体现。开本不宜过大，要考虑材料的安全性。

◎ 艺术类书籍的造型。

提示：利用开本、材料、装订的视觉语言，充分体现艺术的造型特色。

要求：工艺、材料、工具不限；以书籍的形体塑造为主，对具体内容、图形文字的编排等不作具体要求。

02

夏兵 等 编著

编排与
设计

目录 contents

序

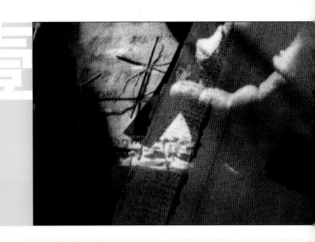

第一章
编排设计发展史略

第一节 编排设计发展概况

第二节 编排设计的发展趋势

导言

本章第一节主要介绍编排设计的发展历程，重点讲述19世纪末以来现代编排设计的发展溯源、主要流派及其风格特征。第二节讲解编排设计的发展趋势，介绍编排设计领域未来发展的可能方向。

在本章的教学过程中，重点要求学生进一步明确编排设计概念，深入了解编排设计发展历程中不同风格的设计流派，学习这些流派代表性的设计思想和表现语言，为日后掌握丰富多样的表现技能打好基础。

由于对编排设计整体概念的模糊以及实践环节的缺乏，学生在初期对编排设计发展趋向的理解是有一定难度的，这就要求在教学中通过展示大量优秀的案例进行分析讲解，学生可以通过草稿练习深化理解。

建议学时
8课时

第一章　编排设计发展史略

第一节 ///// 编排设计发展概况

一、编排设计溯源

编排设计伴随人类的文明进程产生并发展。当人类从蒙昧中觉醒并学会思考时，就面临着如何让思想能够像物质一样以有形的方式存在并流传的问题。人类为了沟通思想、传递信息，产生了语言。为了记载语言，又产生了原始的象形文字。这些象形文字经过漫长的历史演变，最终成为我们今天所使用的现代文字。与此同时，除了以语言或文字传达信息，远古的人类已经在使用图形和图像进行表达和记录。在这一过程中，人类开始有意识地在一张画面上安排象征图形，这样就形成了最早的编排设计作品。从此以后，人类以视觉形式储存信息，且为信息带来秩序性和清晰性，把计划、构思、设想、方案等利用图形和图像传达出来。

一般而言，客观的思想适合用文字来记录，而情绪化、主观性的意象只有采用图形、图像的语言方式进行传达，才能表现无法用语言文字表达的内容，信息传递的多元要求则使两者复杂地纠缠在一起。毋庸置疑，不论是原始时期人类在岩洞上涂抹出的简单图形和象形文字，还是今天职业设计师用计算机进行的复杂的平面设计，都有着编排方面的考虑。一项有意义的视觉活动必须依靠人类的视觉阐释能力来解释事物形象之间的安排，编排设计正是为解决这种相互关系而产生的。

我们可以在远古岩画中看到编排设计的最初萌芽，自文字（包括象形文字及象形文字之前的象形图形）的产生对文化的传播与发展形成依据后，就初步

确立了一定范围内编排设计的最初形式。印刷术的发明、传播与广泛使用将编排设计引入了一个完整的概念中，而真正对现代编排设计起决定性作用的，则是始于20世纪的现代艺术革命。

20世纪初，现代技术对生活方式的巨大冲击，以及各种层出不穷的思想、政治生活的复杂化等这些前所未有的精神文明和物质文明的因素，都带给新艺术强烈的刺激。在欧洲开始的一系列如火如荼的艺术改革运动的核心，就是对以往艺术内容以及传统艺术的思想方法、表现形式、创作手法、传达媒介的革新。

这一阶段源自19世纪末20世纪初的欧洲，在设计师对艺术新风格孜孜不倦的努力探索下，现代编排设计的理论体系初步形成。英国"工艺美术"运动的领袖人物威廉·莫里斯不仅在建筑设计领域卓有成就，在编排设计上的贡献也尤为突出。他的版面编排较为紧凑，通常采取标题与插图的对称结构，并利用流畅的缠枝花草图案、极为精细的叙事性插图以及用首写字母与植物纹样相结合的装饰方式，将装饰性视觉语言融入版面设计之中，形成了对中世纪"哥特风格"特征的缅怀（图1-1）。莫里斯的严谨、朴素、庄重的古典主义设计风格，开创了现代编排设计的先河，直至今日仍然对编排设计领域有着深远的影响。

除此以外，19世纪末20世纪初对欧洲和美国产生极大影响的"新艺术"运动也在一定程度上推动了现代编排设计的发展。法国"新艺术"运动从大自然和东方艺术中汲取创作的营养，反对直线应用，以表现曲线和有机形态为中心，强调编排设计中的装饰性和象征性。版面编排糅合了鲜明色块轮廓与几何装饰，充满了自然的优美曲线、装饰元素及和谐色调形式高

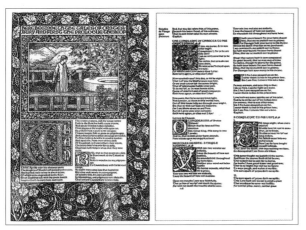

图1-1 《乔叟集》 威廉·莫里斯 1896年

《乔叟集》共550页，英国克姆斯各特出版公司出版。全书的编排设计全部由英国"工艺美术"运动大师威廉·莫里斯完成，书中87幅木刻插图由艺术家伯恩斯·琼斯绘制。它从设计到印刷完成共耗时4年，是集"工艺美术"运动风格编排设计之大成的作品。《乔叟集》编排极其紧凑，版面中大量的缠枝花草图案、精雅细致的插图和装饰华丽的首写字母，均鲜明地体现出强烈的"哥特"风格。

度的装饰化，体现出动感、简单明快的艺术表现和非同一般的平面效果（图1-2）。特别值得注意的是，法国"新艺术"运动时期的设计师在编排设计的过程中已经注意到字体与画面的密切关联，能够将字体、版面、插图融为一体，使整体风格高度地统一（图1-3）。

作为一场国际设计运动，在世界范围内，"新艺术"运动并没有完全统一的风格，虽然各国设计师在广泛采用有机形态和曲线上有类似的认同，但国与国之间的设计风格，特别是在设计细节方面仍存在很大的差异。作为"新艺术"运动分支的"格拉斯哥"学派、维也纳"分离派"、德国"青年风格"运动均成功地探索了功能化的编排设计以及简单直线在设计上的运用，为现代编排设计的发展奠定了基础。

现代编排设计的发展大致经历了四个阶段。

第一个阶段为20世纪初。现代编排设计在不断探索性试验的基础上逐渐形成体系，主要以"格拉斯

哥"学派、维也纳"分离派"、德国"青年风格"运动以及"装饰艺术"运动为代表。其中，立体主义、未来主义、达达主义等20世纪现代艺术对编排设计发展的影响也不容忽视。

"格拉斯哥"学派是英国19世纪末20世纪初以查尔斯·R·麦金托什为核心的"格拉斯哥"四人小组所创立的设计学派，麦金托什作为"格拉斯哥"学派的核心人物，其设计除承袭了英国"工艺美术"运动的风格特征外，还受到法国"新艺术"运动的影响。麦金托什借鉴日本传统绘画中直线的使用方式，采用对称的基本布局形式，将"新艺术"运动中自然主义风格的曲线装饰与简单的直线几何图形设计框架紧密地结合起来，形成了在功能性和理性化基础上，还兼

图1-2 "JOB"香烟海报 阿尔方斯·穆卡 1898年

阿尔方斯·穆卡作为代表"新艺术"运动编排设计风格的核心人物，他的设计具有极为明显的装饰性特征。在"JOB"香烟海报的编排中，他从拜占庭的陶瓷镶嵌中吸取设计动机，采用单线平涂的设计方法，集中运用曲线为设计的手段，尽量避免采用任何直线，勾勒出具有理性化特征的女性形象。

图1-3 "红磨坊"海报 图卢兹·劳特累克 1891年
劳特累克一生仅设计过32幅彩色石版海报，"红磨坊"海报是他创作的起始，劳特累克采用流畅灵动的线条和平涂的色彩，创造出绅士、舞女和观众三个简单的画面层次，同时也凸显出生动的风尘女子形象，文字占据了画面近三分之一部分，设计师通过对文字有意味的重复及将文字的色彩与画面中舞女的上衣相协调，使文字既点明了海报的主题，又与插图共同融合于海报的整体版面之中。

具肃穆和严峻的宗教象征性装饰动机的设计风格（图1-4）。在色彩编排中，他大胆地采用了黑、白等中性色彩计划，突破了"新艺术"运动的色彩局限（图1-5）。麦金托什与"格拉斯哥"学派在编排设计上的一系列探索，为编排设计向现代主义方向发展起到了重要的启迪作用。

维也纳"分离派"是1897年4月3日在奥地利维也纳由一群先锋艺术家、建筑师和设计师组成的艺术团体，因他们标榜与传统的美学观决裂、与正统的学

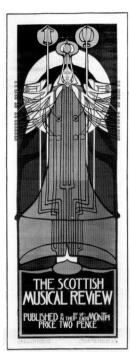

图1-4 "苏格兰音乐节"海报
查尔斯·麦金托什 1896年
麦金托什在海报的编排上受到日本浮世绘的深刻影响，他将花卉、禽鸟、人物以直、曲线交替应用的方式巧妙地组合在一起，并将其纳入对称布局之中，从而强调了纵横直线的布局结构。整个画面的编排呈现出平稳、肃穆的宗教感。

图1-5 "格拉斯哥艺术学院"海报
查尔斯·麦金托什 1896年
"格拉斯哥艺术学院"海报以大面积的黑色为主要的色彩基础，加之部分中性色——白色，使海报的色彩编排更加沉稳鲜明，突破了"新艺术"运动对于机械色彩使用的束缚。

院派艺术分道扬镳，故自称"分离派"。在编排设计方面，维也纳"分离派"主张创新，开始摒弃"新艺术"运动风格自然主义的曲线，在几何形式与有机形式相结合的造型和装饰基础上，着手将有机形态逐渐归纳成为几何图形，并采用强烈的黑白对比，形成非常自然、明快的装饰效果，使编排设计具有功能和装饰高度吻合的特点，呈现出使人耳目一新的设计方式（图1-6、图1-7）。"分离派"的发展是从"格拉斯哥"学派的风格中得到启发和借鉴，因此这两个设计运动颇有相似之处。

图1-6 第一届"分离派展览"海报 古斯塔夫·克里姆特 1898年
海报表现了古希腊艺术女神雅典娜观看特修斯杀死怪兽米诺陶的情景，用以象征"分离派"征服保守的传统派。克里姆特借助古希腊故事的同时，还采用了古希腊式的装饰动机，以富丽的色彩、简单的几何图形布局，表现出融东方情趣与欧洲传统为一体的探索，具有"新艺术"运动和"分离派"设计的双重特点。

图1-7 "分离派十三次展览"海报 科洛曼·莫泽 1902年
莫泽以独特的垂直版式为"分离派第十三次展览"设计了这张备受赞誉的海报，在画面中，莫泽将三个抽象几何化的女性图形以金字塔造型排列，形成海报稳重典雅的整体感觉。此外，文字与几何图形的穿插排列也完美地体现出"分离派"编排设计的装饰性与功能性和谐统一的风格特征。

德国"青年风格"运动最重要的设计师为彼得·贝伦斯，他于1893年成立了德国"青年风格"这个前卫设计团体，被称为德国现代设计的奠基人。具体到编排设计方面，他倾向于理性化的艺术语言，使用极为朴素的且具有标准化特征的方格网络的版面编排方式。贝伦斯将无装饰线字体、严谨的写实图形和直线装饰图案工整地归纳在方格网络之中，使版面一目了然，清晰易读，体现出简洁、平衡、稳定和高度功能化的风格（图1-8）。

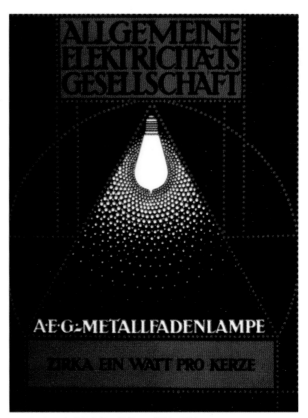

图1-8 "AEG灯泡"海报 彼得·贝伦斯 1908年
贝伦斯的编排设计具有很清晰的个人特征，他为德国电器公司设计的一系列平面作品，均严格地将图形、字体、装饰图案等采用标准的方格网络排列，清晰易读。"AEG灯泡"海报布局对称，点作为画面中最主要的设计元素，不但连接组成线将画面进行划分，而且以渐变的方式围绕在画面中以平面表现的灯泡周围，使人联想到灯光，简洁的编排不仅使信息传达十分准确，而且扣人心弦。

此外，20世纪初在欧洲和美国相继出现的一系列现代艺术运动，无论从思想方法、表现形式，还是从创作手段或表达媒介上均对人类自古典文明以来的传统艺术进行了全面和彻底的颠覆。这些为数众多的现代艺术或是从意识形态上为编排设计提供了营养，或是在设计形式上提供了改革的借鉴，对编排设计具有相当重要的促进作用。其中，以立体主义、未来主义和达达主义的影响最为显著。

立体主义起源于法国印象派大师保罗·赛尚对绘画的探索，以1907年西班牙画家毕加索的作品《亚维农少女》（图1-9）的绘制完成为标志展开。立体主义主张完全不模仿客观对象，重视艺术家自我的理解和表现。作为一个运动，立体主义运动从1908年开始，一直延续到20世纪20年代中期，它直接导致了达达主义、未来主义等形式的抽象艺术的诞生，是20世纪初期现代艺术运动的核心和源泉。立体主义的中心形式是对客观对象的理性分析和重新综合构造，具有一定程度的理性化特征，这为编排设计提供了新世纪艺术形式语言的借鉴基础，由此致使设计师开始强调纵横的结合秩序，强调理性在编排设计中的关键性作用，并有规律地对版面的结构进行分析和重组的探索。

未来主义反对任何传统的艺术形式，以表现对象的速度和运动，歌颂技术之美和速度之美为根本出发点（图1-10）。未来主义形式上的特殊性以及与传统势不两立的态度，为设计提供了高度自由的借鉴。未来主义的编排设计主张以完全自由的方式取代传统的编排方式，将文字从表达内容的桎梏中完全摆脱出来，将各式各样、大小不一的文字如同绘画的笔触一样视为视觉的基本因素，不受任何固有的原则限制的自由安排、布局，形成了混乱、杂乱无章、高低错落的版面形式（图1-11），诠释出韵律感和强烈的视觉冲击力，从而表现出反理性和规律性的编排设计风格（图1-12）。

图1-9 亚维农少女 毕加索 1907年 油画
现藏于纽约现代艺术博物馆

图1-10 被拴住的狗的动态 巴拉 1912年 布上油画
现藏于纽约现代艺术馆

达达主义强调自我、荒谬、怪诞、杂乱无章和混乱，它对编排设计最大的影响在于利用拼贴方法设计版面（图1-13）以及版面编排上的无规律和自由化。达达主义把文字、插图等版面视觉因素进行非常随意的近乎游戏般的编排，将追求视觉效果完全凌驾于表达实质意义之上，甚至造成大部分版面都难以通读（图1-14）。但是，达达主义对于偶然性、机会性在编排设计中的强调，对于传统版面设计原则的革命性突破均对后来的编排设计具有重大影响。

"装饰艺术"运动以立体主义绘画为核心，综合了各种现代艺术流派（图1-15），将装饰图形进行几何化和平面化处理，并大量采用曲折线、呈棱角的面和抽象的色彩构成，由此产生了高度装饰的效果，发展出色彩明快、线条清晰且具有装饰意味的编排设计

风格（图1-16）。同时，"装饰艺术"运动的编排设计在构图布局上更趋于宽松，优雅匀称的均衡式构图逐渐代替了对称式的构图（图1-17），使画面整体更为明快和简练。

第二个阶段以第一次世界大战后兴起的俄国"构成主义"、荷兰"风格派"和德国"包豪斯"为核心。

俄国"构成主义"是俄国十月革命胜利前后在一小批先进的知识分子当中产生的前卫设计运动。在版面编排形式上，它受到西方的立体主义和未来主义的综合影响，一方面，利用立体主义的结构组合进行创作，使简单的几何形式和鲜明的色彩形成强烈对比（图1-18）；另一方面，也吸收未来主义和未来主义杂乱无章的编排方式，使行句高低错落、字体大小

图1-11 诗歌《书法》的版面设计 贵拉姆·阿波里涅 1900年
法国诗人阿波里涅为自己的诗歌《书法》设计的版面中，编排混乱，充满了毫无意义的单词组合，文字本身在版面中没有任何意义，仅如绘画的笔触一般，或组合成下雨的线条，或组成喷泉的形状，或组成老鹰的外形，成为视觉结构的基本元素，强调了规律和视觉的强烈感。

图1-12 《8 Anime in una Bomba》书籍封面 菲利波·托马索·马里内蒂 1919年
"未来主义"创始人马里内蒂发表了《8 Anime in una Bomba》这本"爆炸性"的书籍，并同时自己进行了书籍封面的编排。在封面中，他用不同的字体表现不同的感情变化，甚至于描绘暴动的声音。马里内蒂曾说："我希望通过这些版式的变化和字体色彩的多元化来加倍地增强文字的表现力。"

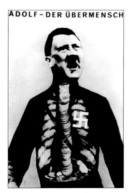

图1-13 反纳粹政治海报"希特勒——一个吞入金钱吐出垃圾的家伙" 约翰·阿特菲尔德 1935年
德国达达主义艺术家将对达达风格的探索运用于政治活动之中，阿特菲尔德利用照片的拼贴手段，以X光透视的角度，描绘了正在狂热演讲中的希特勒胸中布满金币而带给人民的却是死亡、战争和恐怖，用达达主义的戏剧化方式揭露纳粹党军国主义的实质。

图1-14 儿童读物《稻草人进行曲》的版面设计 库特·施威特、杜斯伯格、凯特·斯坦尼兹 1922年
《稻草人进行曲》的版面设计把文字进行游戏化的编排，字体大小排列组合，形成人物或传达出一种动势，由此造成的视觉效果十分独特有趣，但整部作品难以阅读。

图1-15 电影"大都会"海报设计 舒尔兹·纽达姆 1926年
电影"大都会"海报具有强烈的立体主义、未来主义艺术的影响痕迹,画面中的摩天大楼完全抽象成几何形体,主要人物也是以机器人的形象出现,充满了对未来世界的幻想。

图1-16 "铁路公司巴黎—布鲁塞尔—阿姆斯特丹路线"海报 A·M·卡桑德拉 1927年
生于法国的卡桑德拉是"图画现代主义"运动的代表人物,他的作品通常将轮廓鲜明的视觉形象与简单的粗字体结合,突出了画面的概括性。"铁路公司巴黎—布鲁塞尔—阿姆斯特丹路线"海报是其设计的经典作品,海报利用铁路的透视和道岔的交错组成几何图形,铁路延伸的尽头出现一颗星星,具有强烈的现代感,画面轮廓处的文字既具有信息传达的作用,还为海报增添了细节变化。许多海报客户都将其设计使用了20年以上,足见卡桑德拉海报设计的魅力。

图1-17《每日论坛报》海报 科夫 1918年
欧洲"装饰艺术"运动著名设计师科夫为英国重要的报纸《每日论坛报》设计的海报。海报呈直立的长方形格局,黄色底色上面飞翔着一群黑白色交叉由平面构成的象征性的鸟,海报的下方是报纸的名称。海报整体色彩简洁,信息传达极为简明扼要,主题鲜明。

参差,插图也具有强烈的现代艺术特征,表达出与传统、典雅、有条不紊的版面编排彻底决裂的设计态度(图1-19)。通过把字体构成各种有意味的几何图形,将传统的由左至右的文字编排方式打破,将文字的排列根据语言的语音及其内容的节奏而自由展开等尝试,"俄国构成主义"设计师创造出以抽象的手法组织视觉规律的设计新语言,实现了字体的语义内容和视觉形象的统一。

图1-18 "至上派构成" 卡西米尔·马列维奇 1915年
"至上派构成"是俄国"构成主义"大师马列维奇利用立体主义的结构组合创作的开始阶段的作品,作品中的视觉形式成为编排的全部内容,从根本上改变了"内容决定形式"的视觉原则。

图1-19《属于基沙诺夫的世界》书籍封面 索罗门·特林加特 1930年
《属于基沙诺夫的世界》书籍封面是俄国构成主义受到达达主义风格影响的具体体现。

图1-20 马雅科夫斯基诗选《呐喊》书籍编排 弗拉基米尔·李西兹基 1923年
李西兹基是俄国构成主义的核心人物。他的设计简单明确，以纵横排版为基础，字体全部使用无装饰线字体。他在编排马雅科夫斯基诗选《呐喊》时，对平面的结构进行了调整和设计。每页上端均有章节名称和相对应的表示符号，便于读者阅读索引。

图1-21《左翼》杂志封面 亚历山大·罗德茨科
1923年
罗德茨科为《左翼》杂志进行的编排设计整体风格强悍有力，毫无矫揉造作之感。《左翼》第三期封面，罗德茨科利用照片拼贴手段创造出极富戏剧感的封面插图，与粗壮有力的无装饰线字体相搭配，形成极强的形式对比。

俄国"构成主义"代表人物李西斯基的编排设计简单明确，讲究理性规则，仅以简单的几何图形和纵横结构组成版面装饰的基础，字体全部为无装饰线体，从形式到内容均紧紧围绕革命，主题鲜明突出（图1-20）。亚历山大·罗德钦科也是俄国"构成主义"的积极倡导者，他在版面编排设计上进行了大规模的探索和试验，他的编排设计突出对角线，特别强调粗壮厚实的字体和强有力的几何图形线条，具有强烈的色彩和形式对比，整体风格强悍而有力，没有任何矫揉造作的成分（图1-21）。

荷兰"风格派"是与俄国"构成主义"并驾齐驱的重要现代主义设计流派之一。它形成于1917年，是由荷兰的一些画家、设计家、建筑师成立的较为松散的设计组织，不具有完整的结构和宣言。"风格派"的思想和形式均源于蒙德里安在绘画方面的探索。由主要发起人和精神领袖杜斯伯格编辑的《风格》杂志

（图1-22）集荷兰"风格派"编排设计特征之大成。它将视觉因素降低到最低水平，版面上运用非对称和纵横直线的编排方式，追求非对称之中的视觉平衡。单纯的黑白色几何结构与无装饰线字体形成版面中最基本的也是全部的视觉内容，并对版面进行合理和有效的分割与群组，达到了登峰造极的理性化程度，具有高度的视觉传达的特点。

德国"包豪斯"是1919年在德国魏玛成立的以建筑为主，包括纺织、陶瓷、金工、玻璃、印刷、舞台美术及壁画等众多专业在内的现代设计学院，其创始人是著名的建筑设计师格罗佩斯。"包豪斯"作为世界公认的现代设计教育发源地，在其14年的发展历程中，集中了20世纪初以荷兰"风格派"运动、俄国"构成主义"运动为代表的欧洲各国对于设计的新探索与试验成果，并加以综合发展和逐步完善，把欧洲的现代主义设计运动推到了一个空前的高度，同时也

成为现代编排设计史上的一座里程碑。

"包豪斯"在现代设计史上的伟大意义首先在于对设计教育的不断探索和实践，它首创了通过训练建立理性视觉规律的"基础课"，把对平面和立体的构成研究（图1-23）、材料研究（图1-24）和色彩研究（图1-25）三方面独立起来，使之更加科学化、系统化，并在此基础上建立起一整套现代设计教学方法和教学体系，奠定了现代设计教育的结构基础。

"包豪斯"的编排设计基本上是在荷兰风格派和俄国构成主义双方面的影响下形成的，因此具有高度理性化、功能化、简单化和几何形式化的特点，其中以莫霍利·纳吉和赫伯特·拜耶在编排设计方面的成就最为卓著。莫霍利·纳吉的编排设计显示了他对传统排版模式的一贯排斥和基于构成主义的角度对视觉元素的重新组合。他最大限度地开发了包括空白背景在内的几何图形的全部潜质，以略带图解的方法，

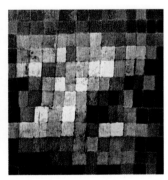

图1-22 《风格派》杂志封面
西奥·范·杜斯伯格、威尔莫斯·胡萨 1917年
《风格派》杂志是"风格派"编排设计的集中体现，"风格派"也由此得名。《风格》杂志不仅传达出艺术家、设计师在艺术和设计上的最新探索，还为他们提供了一个自由发表观点的言论阵地。

图1-23 三维图形的研究 选自伊顿的初步课程练习

图1-24 材料的研究 选自伊顿的初步课程练习 文森特·韦伯1920—1921年

图1-25 色彩练习 选自克利课程 水彩

阐释出形式抽象、结构严谨和图形几何化的视觉语言（图1-26）。此外，莫霍利·纳吉还将或从显微、鸟瞰等特殊的角度，或采用放大、变形、剪接、两次曝光和蒙太奇等技术获取到的主要为黑白灰色调的摄影造型与编排设计结合起来（图1-27、图1-28），为版面编排提供了新的视觉表现语汇，实现了字体、摄影和设计元素相统一的编排设计。

图1-27 《绘画·摄影·电影》封面 拉兹洛·莫霍利·纳吉 1929年
《绘画·摄影·电影》封面出自拉兹洛·莫霍利—纳吉局部放大的一张黑白照片。

图1-26 《魏玛政府包豪斯1919—1923年》扉页 拉兹洛·莫霍利·纳吉 1923年
纳吉创作了一系列"包豪斯"的平面设计，其中包括"包豪斯"的信纸页面、1923年展览会的海报，等等。他为魏玛"包豪斯"设计的扉页用充分融合的图形语言注释出视觉的论述，其中包括"现代"的印刷版面、几何图形、规则的线条、有限的方块和"积极的"而非消极的空间。

图1-28 《包豪斯丛书14》封面 拉兹洛·莫霍利·纳吉 1927年
"包豪斯"出版了一系列介绍其教师艺术及设计观点的书籍，本书即是这一系列的第14本。《包豪斯丛书14》的封面在摄影技术的帮助下将活字变形、逆向剪接，从而形成了画面主体中灰白色调的图形。

赫伯特·拜耶受到荷兰"风格派"和老师纳吉的影响，习惯于在版面设计上采用无装饰线字体以及非对称的处理方法。他在编排设计中摒弃了当时德国流行的古老且功能性极差的"哥特式"体，代之以无饰线、小写字母为中心的通用体（图1-29）、拜耶体等新字体系列，使编排更加简洁易识别，达到了最佳传达效果。此外，赫伯特·拜耶还试验了左对齐的排版方式，在不调整字距的情况下，仅通过字体大小和笔画粗细区分版面的重要信息和附属细节，并利用短粗线、细线、圆点和方块分割空间，组织版面（图1-30）。

图1-29 "通用体"字体样本 赫伯特·拜耶 1926年拜耶有感于德国当时流行的"哥特体"古老、烦琐、功能性差的弊端,因而创造了大小写统一且无装饰线的"通用体"新字体系列,"通用体"融会了直线、圆和四十五度角,字形简洁,便于信息传播,取消了大写,更加有利于国际沟通。此后,拜耶在通用体的基础上创造了更加简练的无装饰线的"拜耶体"。

图1-30 康定斯基60岁展览海报 赫伯特·拜耶 1926年
这张海报中,拜耶使用了他所设计的简洁字体,这些呈几何造型的字体与横穿表面的规则布局、协调的画面质感一起共同强调了字面内容的整齐划一以及设计中的理性主义原则,突出了"现代主义"平面设计主题的功能特点和平面构成因素。此外,在编排中,拜耶还融入了自己对著名抽象主义画家康定斯基艺术风格的尊重。

第三个阶段为第二次世界大战后,即20世纪50年代到70年代,"国际主义"平面设计风格风靡全球。

20世纪30年代,法西斯在欧洲的肆虐使欧洲的现代主义设计探索停滞不前,大批欧洲的设计师为躲避战火,纷纷逃亡到美国、瑞士等国的同时,也将最新的设计思想和手段传播到这些国家。战后,现代设计随着西欧部分国家经济的迅速恢复而再一次发展。到20世纪50年代,瑞士与联邦德国在"包豪斯"现代主义设计实践的基础上,形成了简单明确、传达功能准确的"国际主义"设计风格。这种设计风格很快流行全世界,成为"二战"后影响时间最长、范围最大的一种编排设计风格。直至今日,"国际主义"设计风格的影响依然长久不衰,仍是当代平面设计中最重要的设计风格之一。

"国际主义"设计风格力图通过规整的网格结构和近乎标准化的版面公式,有效地对字体、插图、照片等平面视觉因素进行编排,使之达到设计的视觉统一(图1-31)。无饰线字体和非对称式的排版方式形成了国际主义编排设计标准化、规范化和程式化的设计效果,凸显出机械时代的高度理性、简约的视觉特点(图1-32)。

作为第二次世界大战后最强大的经济大国,美国的大企业早在20世纪50年代就开始向全球实行经济扩张。恰在此时,"国际主义"设计风格以有效促进国际交流的特点满足了美国企业的要求,因而在美国被极其广泛地推广。"国际主义"设计风格普及到美国后,其高度功能主义的立场和追求设计完美的趋向并没有改变。美国设计师把复杂的视觉资料通过"国际主义"设计方式编排为简单、明确、通俗易懂的平面设计作品,极大地提高了美国科学技术出版物的普及和推广程度,对美国的科学技术和工业生产产生了积极的促进作用。

虽然"国际主义"风格强调功能,主张高度次序

图1-31 "美国建筑设计展览"海报
马克斯·比尔 1945年

马克斯·比尔是"国际主义"平面设计的奠基人之一。他在编排设计中较为注意空间的运用和安排。"美国建筑设计展览"海报编排中，马克斯·比尔运用美国国旗的颜色并通过将建筑物照片以菱形的方式纳入方格网格，致使照片本身也具有指向性，创造出简明有力的动态化视觉效果。

图1-32 "瑞士绘画与雕塑中的时间问题"展览海报 马克斯·比尔 1936年

马克斯·比尔这张为苏黎世市立美术馆"瑞士绘画与雕塑中的时间问题"展览设计的海报利用强烈的黑白对比，无装饰线字体和非对称的编排方式将"国际主义"平面设计风格的现代感和简约化的特征发挥到极致。

化，提倡准确的视觉传达，具有高度的标准化和理性化的设计特点，但也因此千篇一律，流于程式化，设计特征刻板、单调、缺乏个性。

第四个阶段为从20世纪70年代开始并延续至今的"后现代主义"设计风格阶段。

20世纪60年代末70年代初，随着战后各国经济、科技的全面进步，人们物质生活的充分满足，社会生活与文化呈现出多元化趋势，风靡全球的"国际主义"设计风格赖以存在的社会经济条件逐渐被取代，"国际主义"日益凸显的单调、缺乏人情味、冷漠、刻板的特质已不能满足人们对于审美价值和文化价值的诉求，由此导致"国际主义"风格日渐式微。计算机的飞速发展与普及使编排设计从传统印刷制版的技术束缚中彻底解放出来，也进一步加快了国际主义大一统的设计格局的瓦解，西方设计经历了从"现代主

义"到"后现代主义"的历史性转变。在某种意义上说，"后现代主义"是"现代主义"、"国际主义"设计的一种改良，其受到了人文主义、解构主义、新历史主义等艺术思潮的影响，呈现出纷繁复杂的设计面貌。"后现代主义"设计反对"少就是多"的减少主义风格，主张以装饰手法达到视觉上的丰富，以满足多样化的市场需求。在编排设计中，"后现代主义"强调设计的历史延续性，通过挖掘电脑技术的潜能，开发创新的造型手法，在讲究人情味以及追求个性化的同时，将各种历史装饰与现代的符号加以折中处理，即采用非传统的混合、叠加、错位、裂变等造型语汇及象征、隐喻等设计手段，以期创造一种融感性与理性，集传统与现代于一身的设计风格。

"后现代主义"编排设计可以较为笼统地分为"新浪潮"设计、意大利"孟菲斯"设计和美国"里特罗"设计等设计类型，它们虽同属于"后现代主义"设计范畴，但在具体设计手段、表现手法和版面效果上，不甚相同。

"新浪潮"设计依靠"国际主义"构成布局，遵照基本的平面编排原则，但是对版面所有的视觉元素，无论字体、插图还是文章本身，均进行形式主义的结构上的切割、打碎、分解、重构等处理，并通过空间布局达到强烈的视觉效果，把视觉美感和视觉传达功能双重性混合起来，增添了平面的趣味性和纷乱、生动、活跃的特点（图1-33）。有时，"新浪潮"的编排设计还利用各种重叠的几何图形和具有指示性的标记线条来产生强烈的透视感和立体效果，以设法达到三维的深度错视，使设计的版面充满活力（图1-34）。

以意大利设计大师索特萨斯代表的"孟菲斯"设计风格作为当时重要的设计风格也促进了"后现代主

图1-33 "艺术展览"海报 沃尔根·魏纳特 1982年
魏纳特是"新浪潮"派的代表人物,他在70年代中期后,最大限度地运用摄影技术这个新的设计因素,通过变形、歪曲处理已完成的版面,使版面摆脱刻板,达到五光十色,扑朔迷离的整体感觉。

图1-34 "加州艺术学院"海报 奥普里尔·格莱曼 1978年
格莱曼利用各种图像的重叠、带有指示性的人物图形的运用等编排技巧,设法使海报这种二维载体达到三维效果,版面灵动,具有很强的立体感和空间感。

义"编排设计的发展。"孟菲斯"设计反对一切固有观念,开创了开放性的设计模式,其设计尽力去表现各种富于个性的文化意义,表达了从天真、滑稽直到怪诞、离奇的不同情趣,形成了一系列关于装饰和色彩的独特观念。"孟菲斯"设计对于通俗文化、大众文化、古代文化的装饰采取认同态度,因此大量运用各种样式复杂、色彩鲜艳的图案、纹样和肌理,编排大胆狂放,甚至流于艳俗,设计形式充满了不实际的幻想和浪漫的细节(图1-35)。"孟菲斯"编排设计的形式往往大于功能性,与其说它的编排目的是视觉信息的传达,不如说是设计师个人艺术观点和文化观点的宣泄。

图1-35 "后现代主义建筑师麦克·格利菲斯展览"海报 朗豪斯 1983年
朗豪斯依靠现代主义、国际主义的方格网格形式,把英语的"麦克"几个字母组成了色彩丰富的背景,加上复杂的、装饰性的色彩处理,从根本上改变了国际主义的呆板、冷漠的整体感觉,形成一种新的设计面貌。

　　与"后现代主义"密切相关的纽约"里特罗"风格编排设计是更加注重历史因素、强调历史风格,以复古为核心的装饰方式。"里特罗"风格放弃了现代主义的设计原则,汲取"维多利亚"风格、"新艺术"运动风格、"装饰艺术"运动等设计风格装饰化的营养。许多"里特罗"的设计摆脱了以往过分依赖插图和摄影的编排方式,使版面编排不仅仅作为服务主题、突出插图和照片的辅助手段,而成为设计的主体核心,具有主体性、描绘性、表现性(图1-36)。

图1-36 哥伦比亚广播系统唱片公司爵士乐唱片封套 彼拉·谢尔 1979年
谢尔为哥伦比亚广播系统唱片公司设计的爵士乐唱片封套以俄国"构成"主义和装饰艺术运动风格特点为参考的依据,采用无装饰线字体和装饰性色彩,依靠版面编排为核心,在画面中创造了非常饱满的实的形体,使海报具有稳定的整体效果,并充满了对20世纪20年代设计风格的怀旧情怀。

"里特罗"编排设计依靠这种本末倒置的处理手法，挑战了刻板的"国际主义"风格，进一步丰富了世界平面设计的面貌。

二、数字技术对编排设计的影响

数码技术的迅速发展对编排设计产生了巨大而深远的影响，这种影响不仅体现在设计的表现技法层面，同时也表现为设计创作观念的一次升华和洗礼。

电脑带给了平面设计师更高的工作效率、更精良的表现效果以及更广阔的创意空间。传统工艺背景下的艺人耗费大量的时间和精力书写文字、绘制插图，这些工作现在只需在电脑键盘上轻轻敲击即可完成（图1-37）。设计师借助电脑工作的效率大大提高，他们能够在极短的时间内实现设计构想并迅速制版印刷。电脑编排设计作品不仅出稿快速、修改方便，而且通过设计和制作方面的标准化处理，全球领域的设计作品制作和存储格式已经达成共识，这对全球人类文明的重大影响是显而易见的。

图1-37 《光线枪》杂志封面 大卫·卡森 20世纪90年代
数码技术在设计上的使用使编排的设计、制作过程大大简化。依靠数码技术，编排设计也呈现出前所未有的新的设计风格。大卫·卡森是数码设计的先驱人物。他奉油印的残缺美为自己的创作灵感，把残缺的字母、油墨的污迹和滚筒的线痕作为页面的装饰元素进行编排设计，而数码技术又将这些油印"错误"逼真地毫无人为制作痕迹地整合在一起。

除此之外，数字技术带来的Internet，为设计师提供了一个受众广泛、廉价快捷的传播平台。一位不知名的设计师能够在一分钟后让全世界看到他的作品，传播的低成本帮助设计师以更轻松和自由的态度面对视觉设计作品，这对新的视觉语言的实验与产生、设计师观念的自由表达以及全球设计资源的共享与整合产生了极其重要的影响。

当然，我们还应该看到，任何事物都有双面性，数字技术除了带来对编排设计的正面影响，它也引起一些值得我们思考的问题。对数字技术的过分依赖，导致基于手绘的、个性的、偶然的视觉语言越来越匮乏，这在某种程度上影响了我们对创新精神的重视；网络带来了信息的快速传播，让我们在世界各地分享着最新的信息，但是，网络也带来了强势文化对地方文化的广泛而深层的侵蚀，民族的、传统的文化遗产会被漠视，并在当前快速的历史进程中迅速消失；借助数字技术，视觉艺术行业的准入平台大大降低，从而导致行业水平良莠不齐，市场竞争极不规范，进而削弱了社会对设计行业的整体认可并最终会影响行业的发展前景，这些都将对视觉设计艺术的发展产生深刻而强烈的影响。

身处日新月异的数字时代，作为设计师，既要能够搭乘时代的快车，掌握必需的技术为创造优秀的设计作品服务，又需要理性地思考科学与艺术、技能与思想的相互关系，强调通过不断的艺术积累，提高艺术素养，赋予设计作品灵魂与思想。

三、读图时代的编排设计

20世纪科学技术的急速发展，信息的高度膨胀，电影、电视、网络等突破纸质局限的视觉新媒介的纷繁频出，带动了视觉文化的发展，也促进了以视觉阅读为主要诉求点的"读图时代"的到来。以前获取知识的方式主要依赖于文字，现在图像和符号彻底改变了人们的社会生活和思维方式，图像已经成为人们感知事物和认识事物的常见方式（图1-38）。图片相对于文字，不仅极具视觉艺术的魅力和表现的张力，更以其直观、易懂、视觉冲击力强、可超越语言阅读障碍的特点，吸引着观者的视线，刺激读者的阅读欲望（图1-39）。不断加速的现代社会生活节奏造成人们的身体和心理疲劳程度逐渐加大，因此，人们更愿意选择摄取直观、简单、形象的信息，图片和图像以其快速读取、快速传播的优势理所当然地受到了人们的欢迎。此外，在"读图时代"，图片实现了视觉的真实延伸，在传播信息的同时还能唤起读者的情感共鸣，具有强大的感染力和独特的传播功能（图1-40）。而今，绝大部分的信息是通过图形的帮助被人们获取并记忆的，实验证明，人类储存的信息中70%经由读取图片获得。由此可见，在图片中融入信息，能够潜移默化地影响观者并使之接受，避免了文

字传达的被动与消极，这正是编排设计在当前信息传达环境下的重要性的体现。

重视图片在版面中的作用，增加图像元素的比重，采用图片作为重要的信息载体，是读图时代颇具代表性的编排特质。随着以图片为主的编排格局的出现，注重图片与文字的配合与优势互补，发掘图文之间的内在逻辑关系，将版面编排得更适于阅读，实现信息的最佳传递，这些已成为读图时代的编排设计亟待解决的重要问题。

虽然充分发挥图片的视觉优势是读图时代版面革新的要求，但也预示了设计师应以更加严肃和审慎的态度处理画面中的图片，有效把握图片运用的尺度，既不能盲目追求图片的视觉冲击，片面夸大图片的作用从而造成过度夸张的使用，致使表现形式与表达内容的价值不相称，也不能忽视图片作为版面上的一种信息载体，有效传播信息的功能。只有图片与文字相得益彰，才能使阅读成为一种美妙的体验。

读图时代的编排设计在满足图形要素丰富的特点

图1-38 《头版新闻：南希·丘恩》书籍封面 丽莎·费尔德曼 1997年
图，图，还是图！图片、图像充斥在整个编排设计之中，图说明一切，解释一切！

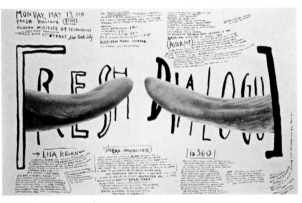

图1-39 "神奇的对话"海报 斯泰方·萨格梅斯特 1996年
两个伸长的牛舌占据了海报最重要也是最醒目的位置，海报以充满视觉冲击力的图形吸引观者的视线，刺激观者一探究竟。

图1-40 "因此，差异是什么呢？"（选自《色彩》）杂志封面和展开页 迪蒂伯·卡尔曼 1993年
生动的图像使编排更加丰富，也更加充满魅力！它既作为图形参与编排，更作为文字的补充，起到极佳的说明作用。

外，还需进一步增强编排的导向性作用，厘清版面元素，避免设计上的视觉轰炸，切勿使版面成为电脑技术和编排设计手段的展示。此外，在编排时加入更多的空白、相应减少色彩版面的色彩种类等设计手段也体现出读图时代追求简约化、注重整体性、呈现秩序感的版面美学新追求。

第二节 ///// 编排设计的发展趋势

生活方式和审美价值取向深刻地影响着编排设计的发展趋势，无论何种流派，都被一定的时代美学观念影响着。编排设计作品具有直接性和短暂性的特征，并结合社会文化、政治和经济生活的联系，使其成为时代精神的反映。历史的发展促使视觉语言的风格更新和进化，在编排设计的历史中，每一次运动对视觉语言的锤炼，都把形式从传统的定格中解放出来，这必然会对人们的认知造成前所未有的冲击。对不同时期、不同流派认知对象的形式生成机制和原理进行研究和探讨，无疑给编排设计提供了客观的评估体系以及现实的操作参考体系。

立足当前的社会现实，对设计美学进行审时度势，预想编排设计未来的发展走向，是一件很有风险但意义重大的事情。艺术设计当前所展现的面貌，已经初步显现出未来的发展走向，可以从以下几个方面进行思考。

一、风格的多元化趋势

国际主义风格在世界范围内建立了一种艺术设计的标准化模式，为艺术设计作出重要贡献的同时，也因为作品视觉形式千篇一律的程式化和忽视使用者的人性化需求而引起越来越多设计师的不满。信息时代数字化的生存方式使人类进入了一个前所未有的生存状态，设计已成为连接技术和艺术的桥梁。受高科技发展和后现代主义设计理念的影响，设计师开始根据不同设计主题因地制宜地选择不同的设计风格，未来主义、达达主义等原有设计风格重新得到设计界的重视，并被再次使用，从而取代了国际主义以不变应万变的设计方法。越来越多的设计呈现出迥然不同的设计风貌，从根本上动摇了统治设计领域长达几十年之久的国际主义风格。

从流派繁多、风格各异的现代主义之后的世界设计领域现状来看，设计师个人的设计风格并没有因国际交流的频繁增加而衰弱或消失，相反，文化多样性和人性多元化的回归成为艺术设计发展的趋势所在。具体来讲，这种观念和风格的多元化既包括设计形式上的更新，也包括设计手段甚至是设计动机上的变革。20世纪七八十年代，由于照相制版的广泛运用以及后来电脑制版的发展，导致手工制版工艺完全消失，而在"里特罗"风格的编排设计中重新出现了手工印刷的痕迹，木刻字体和版面充实了设计的丰富性，怀旧意味十足（图1-41）。而20世纪50年代产生的波普设计则利用现实生活中的任何视觉源泉，如最常见的工业产品和生活垃圾等作为设计的素材和模仿的形式，将夸张、变形的拼贴手法运用到编排设计中（图1-42）。美国明尼苏达的"杜菲"设计集团的设计动机来自美国40年代火柴盒包装、路牌广告、小杂货店招牌等，具有浓厚的美国乡土气息。

可以肯定的是，这种设计风格的多元化现象势必为艺术设计注入更多的新鲜血液，从而推动艺术设计的不断发展。

图1-41《情人》书籍封面 菲利 1985年
书籍封面具有极为浓厚的20世纪初怀旧情怀。

图1-42《是什么使我们的家庭如此不同？如此有吸引力？》理查德·汉密尔顿 1956年

1956年理查德·汉密尔顿利用电影明显玛丽莲·梦露肖像、电视机、录音机、通俗海报、美国家具、起居室、健美先生、网球拍等反映美国大众文化的照片整合成为拼贴画《是什么使我们的家庭如此不同？如此有吸引力？》。整幅画像一个展览橱窗，充满夸张漂亮的外表，却似乎内含着现代人生活中普遍存在的精神空虚的预感。理查德·汉密尔顿认为波普艺术是流行的、短暂的、可丢弃的、低成本的、批量生产的、年轻的、诙谐的、性感的、富有魅力和垄断大企业的。

二、自由版式设计趋势

自由版式编排方式的提出是相对于"古典主义"和"国际主义"的编排设计而言的，它脱离了网格编排带来的僵硬束缚，弥补了"国际主义"单一、呆板、冷漠的视觉感受缺陷，使编排朝着自由洒脱的方向发展。今天，自由版式设计在现代排版技术不断发展的物质、技术保障下，已经走向成熟，成为编排设计领域不可阻挡的强劲趋势。

溯本求源，自由版式设计最早起源于20世纪初的未来主义设计风格。未来主义打破传统的设计作风，直接影响了自由版式的创作态度，杂乱无章、大小不一的字体设置，纵横交错、文法不通的语句编排，这些未来主义版面随心所欲、一反常规的排列组合为自由版式设计提供了实践经验。而达达主义结合摄影照片进行拼贴的创作手法更为自由版式设计奉献了一种编排的绝好方式。

在此后很长的一段时间内，自由版式的设计趋向淹没于纷繁复杂的各种设计潮流之中，仅有荷兰设计大师彼得·施瓦特和20世纪60年代的法国青年设计师罗伯特·马辛曾致力于对自由版式方面的设计进行不懈的探索。彼得·施瓦特利用达达主义式的照片拼贴与构成主义版面编排相结合，大小交错、倾斜跳跃的文字编排也非常灵活（图1-43）。在罗伯特·马辛的编排设计作品中，文字被赋予图形的功能，作为画面的构成因素和视觉形象参与到画面之中，随着文本内容的语义或改变大小，或起伏流动，形成跳跃的韵律感。文字与黑白摄影插图的安排也别有情趣（图1-44）。

第二次世界大战后，随着信息产业化的飞速发展，设计、排版、印刷等与平面设计紧密相连的环节迅速电子化，设计师摆脱了排版技术、编排成本等问题的困扰，从真正意义上开始了自由版面设计的实践。

分析自由版面设计的发展轨迹，我们不难发现，自由版式突破了传统版面天头、地脚、由左及右、内外白边的以功能为根本出发点的严谨的编排方式，代之以在

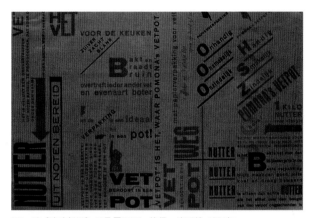

图1-43 《喃喃低语》目录展开页 彼得·施瓦特 1924年

《喃喃低语》目录展开页受到达达主义和荷兰"风格派"的双重影响，施瓦特以不同大小的无装饰线字体和倾斜、垂直等编排方式在稳健的编排中寻找活泼的因素。

图1-44 《勇敢的女高音》书籍封面及展开页 罗伯特·马辛 1964年

马辛运用木刻黑白版画式的人物照片插图作为画面上最重要的视觉符号，并将人物的语言文字编排于人物面前，形成类似连环画的编排形式，增强了画面的艺术表现力。

一定形式规律下的随心所欲的自由编排。各种类型的字体成为图形种类中的一分子，或在版面编排中与其他物体图形紧密结合，产生一定的关联关系；或与其他图形任意叠加、重合，增加了版面层次。此外，文字还常常冲出画面区域，给予读者丰富的想象空间。

不过，长期以来，相对零乱烦琐的视觉形态使自由版面设计在功能性上始终有所欠缺，这既是自由版面设计的理念之所在，又成为在当今商业社会中自由版面设计发展难以解决的问题。如何解决形式与功能之间的矛盾，如何在自由编排与准确信息传达之间建立平衡，是自由版面设计留给当今设计师们的一道值得为之不懈努力的课题。

三、多学科的融合趋势

随着自然科学和社会科学各领域以前所未有的速度发展，人类知识总量的日新月异，编排设计原有内涵的广度不断扩大与发展，深度逐渐纵深与加强。在当今新技术、新媒介、新理念的要求下，编排设计已从传统意义上的静态表现转向动态传达；从单一媒体向多媒体跨越；从二维平面向三维空间甚至是多维的立体和空间延展；从传统的纸质印刷品向虚拟信息形象演进（图1-45）。这一切改变均要求编排设计表现与传达出不同以往的更为深邃的内涵。新兴科学丰富和发展了编排设计，同时也使其愈加广泛地与其他学科交叉互融。

不论是在宇宙学的背景下产生的宏观艺术，还是在纳米技术背景下产生的微观艺术，不论是自然、技术学科，还是人文和社会学科，编排设计由于其自身设计元素、设计形式和表现手法的多样性，与其他学科、艺术形式相互沟通、相互影响、相互促进的过程并不可能一蹴而就，而是一个由"量的积累"到"质的变化"的过程。

图1-45 《7》电影标题 齐莱·库珀 1995年
从20世纪60年代美国著名设计师索尔·巴斯韦为电影设计标题开始，编排设计就在电影影像中广泛地应用。

现在，编排设计在研究视觉造型、美学、艺术传播学的基础上，还融入了语言学、社会学、市场学、心理学、经济学、哲学等诸多学科的探索。在电脑和其他现代设备简化了设计流程之后，观念的形成、市场的调查、受众视觉感受的组织等就成为设计师面临的主要问题。设计与其他学科的融会贯通将不拘泥于形式，而是思维上的互补，在更高层次的理念上完整地交流与融合。

在这种情况下，作为一个新时代的艺术设计工作者，必须要对不同领域的新知识保持足够的敏感，以饱满的热情和积极的态度不断弥补自身的不足，迅速掌握设计主题所属领域的核心知识与内容，只有这样，才能够完成有效的艺术设计作品。

四、民族主义和地方主义的发展趋势

民族是在历史上长期形成的具有共同语言、共同地域、共同经济生活以及表现于共同文化方面的共同心理特征的稳定的共同体。正是由于内部共同的文化体系和心理特征，从宏观上看一个民族在艺术表现形式上高度统一、一致的民族审美意识则是这种统一形成的基础。如何在艺术设计中融合本民族的优秀文化遗产，进而形成本民族独特、稳定的艺术设计风格，成为当前各国设计师致力解决的重要课题。

民族风格指导着整个艺术设计的发展方向，不论是视觉传达设计、建筑设计、产品设计或是服装设计，表现目标均着重于传扬民族风采、彰显民族特性，作为视觉设计基础的编排设计自然也不能脱离大环境的影响。同时，由于编排设计作品具有创作周期短、实现成本低、传播领域广等特点，使编排设计成为了艺术设计新思想、新语言的试验地。这种试验往往在一个民族内形成了某种共同性的创作思想和表现语言，在一定的发展阶段，这种艺术成果还能够影响其他民族，形成更大范围内的流行形式。

第二次世界大战后，善于学习的日本借鉴了西方发达国家的经济发展经验，重视对艺术设计的扶持和发展，日本设计师从本民族的传统文化中汲取营养，创造性地继承和改造了中世纪的浮世绘等木版技巧所呈现的视觉形态，并结合西方在20世纪60年代广泛流行的减少主义等设计风潮，创造了具有鲜明民族个性的地方风格（图1-46），有力地促进了本国经济的发展。随着世界各国的不断崛起，这样的事例将在未来不断涌现。

图1-46《太阳神石神吉增刚造》书籍护封和封面 菊地信义
菊地信义运用日本传统图案和对称式构图，设计了简洁，内敛的具有日本民族风格特征的书籍封面。

现代主义之后的设计强调从历史文化中寻求设计营养，表达自身独特的气质，从而催生了编排设计民族主义发展趋势的萌芽。世界范围内不同国家和民族的优秀文化遗产是艺术设计的审美根源和永恒的创作土壤，带有强烈的文化和审美共性，提供设计师寻求共性审美永不枯竭的灵感源泉。

通过艺术设计发扬本地区、本民族和本国家的历史文化，在国际舞台上可以形成个性化的产品形象，从而提高产品的竞争力。同时，民族化也是谋求国际文化强势地位的需要，伴随政治、经济和文化的发展，国家需要谋求国际舞台上的认同，艺术设计在经济活动中扮演着文化使者的角色，帮助国家增强本土文化的国际影响力，提升国家的综合软实力。随着地区的发展，设计师群体的民族自豪感不断增强，他们也会在作品中有意识地加强本土文化符号和美学思想的表达，这也进一步加速了地方主义的蓬勃兴起。

思考与练习

1. 现代编排设计共经历了哪几个历史阶段？每个阶段的主要流派有哪些？简要分析各个流派的风格特点。

2. 立体主义、未来主义、达达主义等20世纪现代艺术对现代编排设计产生了哪些影响？请从思想方法、创作形式和表现手段三个方面具体论述。

3. 德国"包豪斯"无论在现代设计史上还是在现代编排设计史上都占据着举足轻重的位置。"包豪斯"编排设计受到哪些设计流派的影响？并举例说明"包豪斯"编排设计的风格特点。

4. 结合"二战"后社会经济特点，分析"国际主义"在国际范围内产生重要影响并至今长久不衰的原因。

5. "后现代主义"可分为几个主要设计类型？为什么它能够取代"国际主义"成为当今世界最主要的设计流派？

6. 深刻思考数码技术与编排设计之间的有机联系，谈谈如何能够借助数码技术辅助设计，而不是被其负累。

7. 简述图片在"读图时代"的编排设计中的重要作用以及如何合理地运用图片。

8. 通过阅读本章第二节，阐述你对当前编排设计发展趋势的理解，并分析如何在具体的编排设计过程中顺应设计趋势。

9. 通过学习现代编排设计发展史略，思考中国现代编排设计的发展方向。

10. 选择任何一种设计流派，借鉴其设计理念和手法，设计一幅具有该流派特征的编排作品。

贰

导言

本章的教学目的在于从培养和训练学生的设计思维方法和流程方面，保证在创作过程中正确理解设计要求，明确设计目的。第一节主要介绍了编排设计的思维方法，帮助学生了解影响编排设计创造性思维的重要因素。第二节讲述编排设计的创作原则，重点介绍了实现审美性原则、实现功能性原则以及主题与形式相统一的原则。

本章的教学，重点在于培养学生正确有效的创作思维习惯，并深入了解编排设计作品的创作原则。编排设计的应用对象一部分是文化性的或者是个人的充满自由创作精神的设计作品，此时创作空间的灵活性较大，但商业设计是编排设计另一个重要的应用对象，此时的编排设计却是有着复杂多重的影响因素，如何培养学生掌握针对不同应用对象进行不同形式创作的思维习惯，并适应不同的创作原则是教学的难点。

建议学时
8课时

第二章
编排设计的原理

第一节 学会思考和分析

第二节 编排设计的原则

第二章　编排设计的原理

在从事具体的编排设计工作之前，我们只有努力培养对思维方法和设计流程等方面的正确认识，进一步明确要求，才能确保设计工作预期目标的达成。

在编排设计活动中，作品表现出的审美性要求尊重原创性和试验精神，作品表现出的功能性要求尊重理性思考和逻辑分析，勇于实验的自由突破与克制律己的功能保证在编排设计中是同样重要的，同时，这也许是伴随视觉设计师整个职业生命的双重要求，从某种意义上来说这是无法否认的事实，初学者一定要深刻理解这一对看似矛盾的要求对编排设计工作的影响。从作品的审美性来说，作品的构思与表现需要一个长期的否定之否定的过程，一个在不断批判中前进的过程；从功能性方面来说，编排设计作品需要的却是效率与实用。下面我们从实用性方面出发，看看怎样保证设计思维的清晰有效（图2-1、图2-2）。

奥卡姆剃刀定律认为，认识事物和处理事物的办法越简单越好。这一定律在编排设计中同样适用。当我们开展编排设计工作时需要正确认识和处理诸如设计主题与表现形式、设计师个性表现与信息接受者的识别性、经济性与良好的视觉效果等多方面的问题。对上述问题的混淆极易使设计师陷入混乱的逻辑关系中，因此，设计师需要具有抽丝剥茧找到问题本质的能力。把简单的事情变复杂比较容易，但把复杂的事情变简单却很困难。这要求在处理事情时，把握事情的本质，解决最根本的问题，切勿把事情人为地复杂化（图2-3～图2-5）。

不论你面临什么问题或困难，或者正在努力实现什么目标，都应当思考这样一个问题："什么是解决这个问题或实现这个目标的最简单、最直接的方法？"你可能会发现一个简便的方法，为你实现同一目标节约大量的时间成本和物质成本。

图2-1　画面仅仅通过字体的变化寻求视觉趣味性，保证了信息传达的准确有效，通过文字表达作品信息是常见的编排设计手段。

图2-2　即便是相同命题的设计对象，也会因为所包含的问题不同而呈现出不同的气质。

图2-3 黑人的手与漂亮的小花紧密结合,准确地表现了爵士音乐的内在精神。作品不仅准确传递了信息,同时表现出了设计师的个人风格。

图2-4

图2-5

图2-4、图2-5 商业设计中的编排明确目标是非常重要的,作品风格往往也是由目标引导的。

第一节 ///// 学会思考和分析

　　不是理论,也不是风格,而是问题决定了解决的办法。

　　　　　　　　　　——卡尔·格斯尼

　　一幅编排设计作品所表达的问题决定了它的形式,这是一个设计师必须要理解的一个根本问题。一个独立设计师在进行创作时侧重于自我意识的表达,但同时也要考虑到表现主题和表现形式之间的关系。在商业设计中这一问题则体现得更为清晰。它强调了设计艺术作品解决问题的重要功能,通过设计去解决有关功能、销售或者文化的问题,这是商业设计能够存在和发展并获得依赖和尊重的根本原因。不论是设计师自我观念的表达,还是按照一定要求所做的功能实现,设计师必须首先要针对作品的目的性进行思考和分析,保证设计工作的有效性(图2-6、图2-7)。

　　无论是独立设计师或是商业设计师,了解编排设计的基本规律都是必要的。平面设计的初学者,由于

对设计艺术没有准确的认识,在编排设计活动中往往容易犯以下两种错误。一是没有把编排设计视为一项异常严肃的工作,设计行为过于随意。编排设计的创造过程看上去是自由灵动充满变化的,但其目的性却时刻保持稳定,无视规则和约束的存在,或是不愿意在一定的规则和约束下进行创意思考,盲目夸大灵感在设计中的作用,这样就会影响设计活动的有效性。反之,过于依赖规则,缺乏探索创新的勇气可能只会断送一个设计师的未来。但是,过于随意也会导致发展方向的偏移,设计师需要的是在规则中寻求变化,在限定中获得突破。二是把编排设计作为单纯表现自我个性的舞台,忽视编排设计具有针对性这一客观现实。前者可能导致设计师在一个灵光闪耀的创意面前沾沾自喜,而忽略了设计解决问题这一最重要的功能性要求,同时也失去了评判创意的重要标准,后者强化了设计中的艺术成分,但忽略了其科学性与系统性,这些错误都可以轻易地搞砸一项设计项目,或是葬送一个优秀的创意。我们既要承认创作灵感在实现

图2-6

图2-7

图2-6、图2-7 不同的商品呈现着不同的设计风格，有些作品以设计师的个人风格为导向，但更多的则是以表现对象的要求作为风格确立的出发点。

图2-8

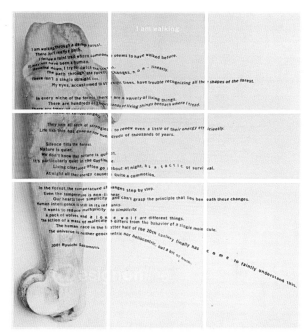

图2-9

图2-8、图2-9 俄罗斯设计师凡尔第米尔·柴卡和日本设计师中岛英树的作品，不同设计师风格迥异的表现手法构成了艺术设计多元化的存在状态。

设计作品中的重要作用，又要清醒地认识到，任何优秀的创意都要以解决问题作为衡量其有效性的重要标准（图2-8～图2-11）。

当然，这里谈到的编排设计的创作原则更多的是偏向于商业设计方向。不过，作为一个设计师，不论他是独立设计师还是商业设计师，面对编排设计作品具备正确的判断却是必要的。从设计工作最初的创意构思，到设计过程之中的表现实现，直至设计最终的调整完成，设计师必须自始至终清楚地知道，自己表达的目的是什么、需要解决的问题是什么，以此作为设计工作成功的保证。

以下是在编排设计中通常需要明确并加以解决的问题，在此提出以供思考。

2-10 瑞士设计师雷夫·斯拉沃格的作品

2-11 中国香港设计师区德诚的作品

一、明确设计目标

设计作品应该有明确的设计目标，这一点看起来容易，实际做到却要困难得多。同样的目的，设计师可以通过无以计数的方式去进行表达，也就是说，目的的单一性不是影响设计作品质量的因素，即便是为同一个命题去进行设计，也能够以多样的方式去呈现完美的作品。

设计作品的成功与否是可以衡量的。为一场音乐会设计的招贴，观众应该能够通过这幅作品了解到音乐的种类、音乐会的性质以及音乐会的整体气氛等方面的基本情况，否则我们就可以认为这张招贴是失败的；如果是设计一张商业招贴，作品本身就应该明确而快速地传递出提供商、品牌、产品等方面的有关信息，否则我们也可以视之为一件不成功的设计作品。

设计师在设计之初，应该通过调研、分析明确设计目标，并在整个创作过程中以实现设计目标作为表现的最高标准和时刻检验设计行为的重要依据。这一行为，甚至需要延续到设计作品的实现以及发布的整个环节。

二、把握设计要求

编排设计往往为某一个具体而明确的客体提供设计服务，是服务于付费方的广告行为。因此，了解设计的要求和需要是编排工作的第一步。编排设计作品是一架连接广告主与受众的桥梁，为了实现二者有效地交互信息并进一步促成受众对广告主的了解和接受，设计师必须有针对性地选择作品所要表达的信息，而这是建立在对二者进行了分析和了解的基础之上的。即便是相对自由的独立设计师在创作过程中也必须清晰地了解自己所处的创作环境，过于自由和随意的创作行为，已经脱离了我们在此讨论的存在背景。

制约一件编排设计工作的因素是多样的，设计师必须考虑设计工作服务对象的需要，而服务对象可以分为两大阵营，一方是设计行为的出资人，他们通过经济行为干预设计自然有其目的性，设计师需要将他们想要表达出来的信息传达出去；另一方是设计作品的信息接受者的要求，作为受众他们有选择的权利，能够主观封闭信息储存记忆的通道，因此，设计师必须主动了解他们的需要，诱导他们主动接受设计作品所传递的信息。

在帮助设计出资方表达他们的意图之前，设计师要借助自己的专业知识判断这一要求是否能够构建他们的核心竞争优势。一般来说，付费方总是试图将重要的信息在一张设计作品的有限空间中全部表达出来，但糟糕的是，画面庞杂的编排设计看似有效，似乎将需要说明的问题进行了全面传达，实际上却因为画面拥挤或是效果丑陋难以获得受众的认可。因此，设计师一定要依据专业的知识和经验，准确地把握目标受众群的需求，选择最为合适的信息进行明确表述，使作品呈现出简洁的形式，鲜明准确的目的。

设计师必须能够把握并传递受众最深层次的需要，借助编排设计手段将信息通过他们喜欢的形式加以传达，满足他们最根本的利益需要。了解受众的需求，可以通过制订调研计划，分析调研结果，并最终得到相关结论的方式。但是，市场调研需要大量的经费和时间，在大多数情况下，通过市场调研的方式分析出客户的喜好和需要对于很多设计任务来说是无法满足的条件。因此，设计师在日常生活中要多观察，勤思考，认真总结分析各种现象，多积累生活经验，这样才能在设计前期尽可能地通过预期的想象和直觉与潜在的受众进行沟通，借助审美心理中的"移情"原理来帮助完成设计工作。

了解这些问题是设计工作的重中之重，有时甚至比画面的视觉表现效果更为重要。但是编排设计主要的服务对象仍然是商业设计，下面进行介绍。

市场项目的实际操作中，广告主分为物的广告主（设计任务面对的产品）和人的广告主（设计决策者）两个方面。二者协调一致的情况下，决策者对产品和受众的了解是准确的，决策当然也是正确的；二者存在分歧甚至意见背道而驰的情况下，设计决策者对产品和受众的了解可能会出现问题，此时决策的正确性就有待探讨了。面对上述情况，设计师必须能够正确了解问题，找到解决问题的正确方法并适时提出建议，只有这样才能充分实现设计的价值。

设计教学中的一个普遍现象也说明了了解受众的重要性。初学设计者自认为视觉效果优秀的作品却得不到市场调查的认可，甚至得不到同学和老师的赞同。为什么？就是因为没有把自己融入到受众的角色之中，对上述问题认识不清，设计过程主观、随意，缺乏对设计普遍原则的把握以及对消费者洞察的主动思考的结果。设计师就像一位演员，在工作中应该具有角色感，能够通过虚拟的联想甚至是直觉进入角色的生活中，了解他们所想的，提供他们所需的，而这个角色就是目标受众。如果设计任务面对的产品是以40岁左右的男性为目标消费群，设计师就要以40岁左右的男性的思维去考虑问题，去找到他们的喜好和需要；如果设计任务面对的产品是以20岁左右的女性为目标消费群，设计师就要以20岁左右的女性的思维去思考问题，体会她们的生活细节，了解她们的需要，切身感受她们的烦恼……只有做到这一点，我们才能知道目标受众最想得到什么，并找到他们喜欢的表达方式。

三、了解所处的设计环境

一切的优势都是在比较中产生的。

为一个设计项目进行编排设计时，假若能够找到令受众为之折服的比较优势，作品得到受众的认同就指日可待了。只有比较才能产生优势，但与谁比较？比较的对象是多方面的，既可以与产品的销售竞争对手的编排设计作品进行比较，又可以与同一产品的前期作品进行比较。只有从产品功能、品质、价格、品牌认可、市场定位、销售服务等诸多方面进行比较，找到一个让受众购买的理由，并把这个理由以醒目的方式告诉受众，这才是设计的重要使命之所在。

四、了解媒介的特征

视觉传达设计必须借助媒介传播信息，媒体的不同特征对编排设计提出了不同的要求。

在编排设计之前，设计师一定要明确作品的发布媒介，是印刷品还是电脑喷绘作品，是电视广告还是户外广告，是多媒体光盘还是POP广告……不同的媒介，信息传播的方式不同，读者的阅读方式也不同，编排设计师在设计过程之中将这些不同要求区别对待，审慎处理。

编排作品实现工艺的不同也是设计师需要重点考虑的一个问题。是平版印刷还是丝网印刷，成像是光学原理还是物理呈色，设计师最好在设计之初就能够预先对实现工艺做出设想，并依据对实现工艺的预想有针对性地处理工艺形式，以增强作品的独特性和趣味性。这些问题在完成一个优秀作品的过程中同样重要（图2-12、图2-13）。

图2-12 文字与传统装饰元素的巧妙结合，体现了基于传统的创新精神。

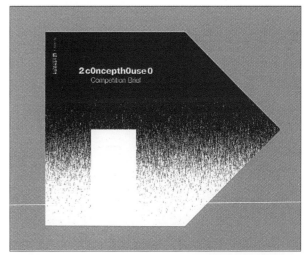

图2-13 这件设计作品运用创新的肌理给观看者带来了新的视觉体验。

第二节 ///// 编排设计的原则

一、审美性

编排设计作为一种艺术设计行为，审美性是其最显要的创造意义。从不同的方向来看一件编排设计作品会有不同意义的价值，画面传播的文化特征体现了作品的文化价值，通过编排设计作品为产品提供附加价值体现了其经济价值，读者接受了作品所传播的先进观念体现出社会价值，等等。就其作为一种艺术设计手段而言，审美性是编排设计作品最为表象的重要价值。

1.强调创新性

人类社会因为尊重创新精神而得到迅猛发展，追求创新同样也是艺术设计领域最基本的职业操守。作为一种视觉艺术的创造行为，提供新颖的、未曾相识的视觉体验是艺术设计最为表象的目标和贡献，编排设计应该尊重创新，将其视为艺术设计作品最为值得

遵循的标准。

在编排设计领域强调创新性，一方面表现为对原创精神的绝对尊重，提倡在设计活动中通过设计师的个人努力实现全新视觉效果的表现。但是不能否定的是，任何创新都是建立在一定的传承基础上的，没有积累，就不会有灵感的绽放。因此，创造性另一方面表现为对已有视觉营养的吸收和改造。创造出别人没有创造出的视觉语言是创新，在人人都熟悉、麻木的视觉语言基础上找到不同的表现形式同样也是一种创新（图2-14、图2-15）。

2.提倡实验性

实验往往会伴随失败的风险，但同时也是成功的必经之路。作为一个以创新为己任的视觉设计师不能遵循守旧，应该将突破创新视为自己的座右铭，不断尝试寻求新的视觉体验。特别是视觉艺术专业的初学者，作业过程中不仅需要把握住设计主题的基本要求，同时需要通过实验精神注入作品创新性，只有这

图2-14 这本书籍的设计有着明显的创新理念和强烈的实验精神，书脊部位十字架形的切口处理造型简洁而饱含意义，它代表一种专一的精神状态，连接着观众的内心与图册中的世界。

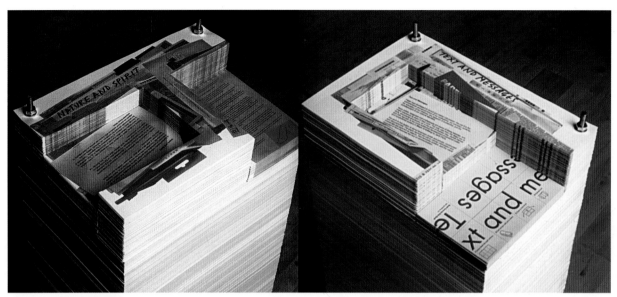

图2-15 只有熟悉印刷后期加工的设计师才能创造出这样令人精神为之一振的作品。这些矩形的切割都是精心考虑过的——要保证所切出的侧面同样具有生动的层次才不会显得呆板。

样才能培养出良好的艺术想象力和表现力，获得更为广阔的专业发展空间。

二、功能性

从审美性方面来说，编排设计作品的显要价值在于视觉效果的完善，但是从功能性方面来说，艺术设计作品的成功不仅源于审美价值竞争的胜出，同时也是作品的实用性得到了具体的表现。

根据命题引导设计

编排设计的功能不仅是为了塑造赏心悦目的视觉画面，更重要的是解决一些现实的问题。不同工作对象的编排设计作品需要解决的问题不同，因此也带有不同的设计命题，从下面所列的命题中可以发现编排设计作品在实际应用中复杂多样的命题要求。

设计这件作品是为了表现什么？

作品有着什么样的文化背景？

什么样的画面是适合设计委托方需要的？

……

如果是商业设计的话，我们还应该尽心竭力地去思考如下的一些问题：

设计作品是不是产品卖点的视觉化外延？

怎样通过设计形成一个整合并系统的产品形象？

怎样通过独特的包装形态塑造特有的产品印象？

怎样缩短阅读者搜寻所需信息的时间？

……

这些问题是依赖编排设计所要解决的一些常见问题，设计师需要树立明确的编排设计的目的——解决问题提供帮助，而非主观随意地创造自认为潇洒的画面，从而最大程度地实现了作品功能性的要求。

三、主题与形式相统一

如果一件设计作品的命题明确，那么设计主题与表现形式是否统一就成为评判作品优劣的重要依据。设计主题的功能如同写作中的中心思想，设计师在构思、选择素材、确定画面表现形式等方面都要以设计主题为判断依据，否则就会"跑题"，出现形式与主题不符的情况，从而导致整件作品的彻底失败。

形式与主题相统一的原则看起来非常浅显易懂，但初学者往往缺乏自由创作与严谨的逻辑思维的统一，进入创作阶段后，普遍出现信马由缰的现象。因此，设计师在创作过程中应该时刻以此原则进行自律（图2-16）。

图2-16 主题与形式完美统一，画面表现元素的选择与创造与主题紧密呼应。

强调可读性

编排设计通过视觉传播信息，沟通思想，确保编排设计作品的可读性是实现其功能的基本保证，因此设计师在设计行为中必须时刻以可读性来检验画面。编排设计作品的可读性主要体现在以下两个方面：

（1）信息清晰明确。编排设计是服务于某一设计作品的表现手段，因此在设计过程中必须以设计主题为中心思想，清晰地表达主题信息。一幅设计作品，画面的新颖独特是其表象的"美"。除此之外，我们还要表达作品的"善"，也就是它的目的性。因此，编排设计师应该通过理性的、合乎逻辑的分析处理，赋予画面合理的视觉流程和信息层次，有效而迅速地传递主题信息。

（2）视觉效果愉悦。信息传播在人类社会的发展趋势必将是没有节制的多元和膨胀，有效地接受信息将愈发困难。从人性化设计这一角度来说，只有保证设计作品的视觉愉悦才能有效地吸引读者的注意，并激发他们的阅读兴趣，保证信息传达的快速和有效。除此以外，编排设计作品自身的艺术特征也要求其必须具有愉悦的视觉效果。

现今，艺术设计水平已经成为衡量一个国家文化发展的重要指标。艺术设计作品作为传播新观念的重要媒介和手段，通过渗透受众的生活，逐渐改变受众的生活方式和观念，为了提高人民大众的生活水平和审美标准，艺术设计作品必须要具有较高的艺术审美标准，同时强调设计作品的审美性也是每一个设计师必须遵守的基本的职业道德准则。

思考与练习

1.认真思考编排设计中主题与形式、设计师个人风格与设计要求之间的紧密联系，理解归纳编排设计普遍适用的规律。

2.运用本章的知识培养对编排设计作品的鉴赏能力，收集优秀的设计作品并在班级中进行分析交流。

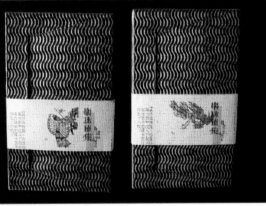

叁

导言

编排设计最终要落实到创作这一实践环节，了解编排设计中所要处理的对象，是创作出优秀作品的第一步。

基于编排设计作品具有的审美功能与信息传达功能两方面，本章将编排设计要素分为造型要素和信息要素两部分进行讲解，既有技法性的描述，也有基本的、理论性的分析，针对编排设计中重要的基础问题进行较为全面的讲解。

通过本章系统的学习，要求学生掌握基本的编排设计的表现形式，由于本章的知识点比较庞杂，学习的难度较大。本章的教学重点是对于编排设计中各要素在造型和信息两方面特性的全面理解，难点则是如何在编排设计实践创作环节中对各要素加以灵活有效的运用。

建议学时

20 课时

第三章
编排设计的要素

第一节　编排设计的造型要素

第二节　编排设计的信息要素

第三章　编排设计的要素

　　对于编排要素的认识是编排设计的基础，出于分析处理的需要，我们将编排设计中的要素从造型和信息两个方面来进行划分，将造型需要的编排要素称为编排设计中的造型要素，将信息传达所需要的编排要素称为编排设计的信息要素。二者紧密关联又能够相互转化，一个元素从不同的方面理解可以同时担任造型要素和信息要素两种角色，造型要素强调的是设计师的观察方式和习惯，以画面造型的判断需要为标准，将画面中的信息要素转换成为造型要素进行理解，提高设计师控制整体画面布局的造型能力；信息要素强调的是以信息传达的功能性来理解对象，提高设计师实现作品的传达功能为目的。

　　以文字为例，从造型方面来理解，文字可以被视作画面中的一个点，此时强调文字这个点在画面中的造型表现；但当我们转换角度，以信息传达的角度来看，又会更看重文字的信息传达功能，此时文字阅读的舒适性、清晰性等特性会更受到重视。同样的道理，图形作为信息要素时可以被视作传达作品内涵的重要工具，作为造型要素时却被视为点或是面（图3-1～3-6）。

图3-1

图3-2

图3-3

图3-1　文字排列的变化带给画面微妙的运动感。
图3-3　文字边缘的肌理化处理赋予了文字感性情感，画面生动活泼。
图3-4　大小有序变化的文字排列将画面中的信息层次划分得极为明显。
图3-5、图3-6　文字造型的表现空间具有无限的可能性。

图3-4

图3-5

图3-6

第一节 ///// 编排设计的造型要素

造型要素是编排设计作品中的视觉单位，就其特点而言，造型要素可以被认为是占据一定的空间，拥有色彩、肌理和外形的变化，能够为人的视觉所感知的要素，不可能有脱离这些要素的造型要素存在。造型要素同样是编排设计的基本语汇，它如同建筑中的砖瓦一样，是构成建筑体的最原始的单位，也如同文学作品中的词汇，是构成文章的基本单元。设计师在观察和理解画面的过程中，需要借助编排设计的基本形来概括画面，提高画面的表现及控制能力。编排设计实质上是对特定的视觉领域所做的空间分割，通过合理的空间利用来取得实用及艺术上的双赢。因此，在进行编排设计之前，必须要准确认识基本形的造型特征，对编排设计中所要面对的各视觉元素的空间特征也要有一个大体的认识（图3-7~图3-11）。

至上主义和构成主义为人们揭示了一个普遍规律：视觉艺术的某一要素，如点、线、面等都具有其自身的表现力。我们将编排设计中的要素归结为基本形，强调的是在编排设计的过程中带着对编排要素的视觉解析和形体抽象，自觉发挥其作为图形的传达功能，进而从容地控制其相互关系，设计作品通过合理编排画面中的各要素，最大限度地满足视觉与心理的需求，而不是背道而驰地出于装饰的需要在版面上堆砌基本几何形体，或是玩弄视觉效果。

一般来说，设计中都会把点、线、面作为通常意义上的基本视觉元素。这个概念并不是人的主观臆造，而是人们通过观察现实生活，从现实形体中归纳总结出来的。在编排设计当中把它们作为视觉元素的基础仍然是恰当的，或许我们对抽象的点、线、面的特性及构成规律有所认识，但是将它们转换为实际的编排要素后，有限的版面变得复杂起来，给设计师驾驭画面带来很大困难，设计师应该从分析它们的个性入手，深入了解它们在编排设计中的空间构架作用以及视觉形式特征。在编排设计中，通过对点、线、面视觉要素的形体特性与空间特性的认识开拓出新的视觉形象、造型观念及"审美趣味"（图3-12）。

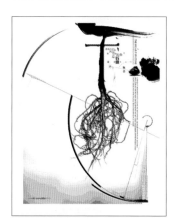

图3-7 线的表情丰富多样，不同的线条有着各异的特征。

图3-8

图3-9 点是相对自由的构成要素，在画面中的存在形式或有序组合，或随意散落。

图3-10

图3-12 自然界中的万事万物给予设计无尽的启发。

图3-11 单纯以点作为表现要素，通过图底巧妙空间关系塑造出耐人寻味的画面效果。

图3-13 纽扣在画面中成为自由组合的点，并带有造型的功能，这种将具象图形抽象运用的手法带给读者惊奇与刺激。从这幅作品还可以看到点的聚合与分离，以此感受点的力场关系。

一、点

点，在几何学的定义中只有位置而没有大小。但是，既然将点纳入视觉艺术的领域内进行讨论，必须要求它具有可视这一基本特征，也就是说，这里所说的点，必须具有明确可辨的物质形态。在视觉艺术领域中，点是一个相对的概念，是一个辩证的个体，只有在比较中才能产生点的概念。我们没有办法明确地界定出小于多少平方厘米的形状是点，如同无法界定出大于多少平方厘米的形状是面，当一大一小两个形状并置在同一个画面中，通过对比就能够产生点或是面的概念。除了对比，点这一概念的判断产生与观看者的视觉经验有关，曾经的视觉判断支持着观看者作

出点的认识与理解。当一个画面中点的概念模糊暧昧时，也就是说很难让观看者统一到底是点还是面的判断时，硬性地去界定一个概念是没有必要的，此时要做的是依据大的视觉环境，理解这一视觉形态在画面中的功能与性格（图3-13）。

点的存在形式丰富多样，画面功能灵活多变，是设计中最基本的语言。人类为了表达原始的图腾记号，往往把物象描绘成接近点状的符号，点在现代视觉语言中也被图形设计师巧妙地加以利用，构成不同的图形：等点图形、差点图形、网点图形等。各种点视图形形成丰富的视觉语言。很早以前欧洲的巧匠们就利用彩石或彩色玻璃镶嵌绘画，以修拉为代表的点

彩画派利用形态各异的色点造型，20世纪的光效应艺术更是大量应用网点构成物体形态来展示其观念。当然，在光效应艺术的作品中大多使用点、线作为造型要素，这是因为这些要素更有利于作用于人的视网膜（图3-14、图3-15）。

点是具有"力"的生命，视觉感孤立的点与空旷的画面空间形成明确的对比，存在感强烈而有力；群化集合的点，造型的能力丰富多样，既便于形成明朗有趣的空间关系，也可以通过有序排列构造具体的物象形态。点相对于背景而言，越小（必须是肉眼看得见的点）给人以点的感觉越强。从大的关系来说，点在空间中其力场是相对均匀分布的，在每个方向上的力度与指向性都比较平衡，这种空间力场的均衡也是构成点的必要条件。如果从点的形状来讲，外形的骨架趋向于圆形，边界流畅、少有起伏，看起来最具有点的特征，即使将它们放大到一定的倍数，仍能给人以点的感觉。相反，如果点的轮廓线曲折多变，则易成为面。当然，在实际的设计应用中，片面地强调点的单纯与明确是没有意义的，根据画面需要，点不仅可以是运动的且具方向感，也可以是三角形、五角星、花朵或是飞溅的墨迹等一切的形态（图3-16、图3-17）。

点具有复杂的视觉张力，这种张力给点带来丰富多样的特性。不同点的并置，距离远近的不同会产生不同的视觉心理感受：在版面上距离较近的几点，由于大小和位置的不同，相互间的空间紧张感便产生了，并具有相互吸引或者排斥的力量，距离越近，这种感受越强烈。孤立的点与空旷画面背景的鲜明对比，或是大量点的群化集中都能够轻而易举地形成画面的视觉焦点，成为画面中最重要的力场中心，这在编排设计中有着广泛的运用。点的分散会使版面产生动感，有相互排斥、分离的感觉，这种动势会使编排更加生动、活跃，并带来形式的变化和张力（图3-18~图3-21）。

点的缩小使背景的力场与点的空间力得到最大的对比，起到强调和引起注意的作用，给人以情感和心理上的量感。由于点的形状对载体而言相对偏小，视觉才有集中的可能，我们平时所说的"焦点"其实就意味着视觉注意力的聚焦以点为其最佳形态，所以在现代编排设计当中，经常将点作为视觉中心或视觉起点来处理，比如将行首放大，起着引导、强调、活泼版面和成为视觉焦点的作用。

点在画面中的造型能力是通过点本身的位置、造型、关系等因素决定的。

图3-14 修拉的点彩画运用点表现出丰富的色彩关系。

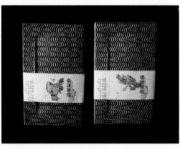

图3-15 材料的纹理表现出近似光效应艺术的视觉体验。

图3-16 散落在主体造型旁边的小色点构成了点的认知，可以感觉到它们在向主体图像靠拢。

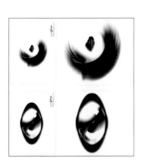

图3-17 物象以点的造型成为画面中的焦点。

图3-18 拥挤的点构成了面。

图3-19 大小不同的点丰富了画面的形式感。

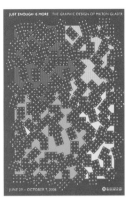

图3-20 字母如同漫天的星星一般有序地排列在画面中，不仅有方向，同时带来一定的空间幻象。

3-21 左右并置的两个点由于位置和细节的稍有不同带给画面微妙的动态关系。

1. 实点与虚点

当我们用钢笔在纸上画出一个墨迹，此时创造出的是一个实点，这个点所具有的轮廓是观看者视线的约束领域。一般情况下，观看者不会过于关注存在于点周遭的空白空间，而会把更多的注意力投放到点本身的造型特征。

使用图形与文字进行编排设计，所形成的可以辨识的呈现图底关系的点的造型，称为虚点。中文段落中的标点符号、切断线条所形成的缺口，或是拿铅笔在纸上戳出的一个小窟窿，都可以称为虚点。

实点在画面中的存在是明确的，因而表现出的空间关系也更为肯定。虚点由于特有的图底关系，因此带有更为弹性的空间感，有时虚点本身就是一个有趣的图底空间转换关系，在设计中会形成有趣的视觉效果（图3-22～图3-25）。

图3-22 不规则的点分布在画面中形成活泼但略显紧张的画面气质。

图3-23

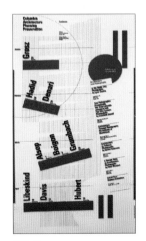

图3-24 点的规则分布带给画面理性冷静的视觉感。

图3-25

2．点的线化与面化

连续运动的点的轨迹形成线。我们可以将一行文字视为由文字这些点所形成的线，点与点之间的距离远，形成的就是虚线，点与点之间的距离近，形成的就是实线。我们将这一认识方法推延开来，点所做的聚集又会形成面，在设计中合理地运用点的线化及面化功能，能够给画面带来有趣的视觉效果（图3-26）。

3．点的造型与空间

当我们使用放大镜去仔细观察报纸上的图像时，会发现这些真实细腻的图像竟然是由无数的点排列而成，这是点在发挥着造型的功能。事实上，胶版印刷借助的正是点的造型功能来实现成像的，点不仅可以描绘出人物形象，也可以塑造文字，运用得当，点甚至可以模拟光影等变化微妙的物像。艺术设计追求视觉语言的原创性，以点造型，是实现视觉语言原创性的手段之一。既然可以造型，点的空间塑造能力就不再是存在于空中楼阁的虚拟课题了。正如前述，这里的点是具有大小、方向等形态特征的造型对象，因

此，借助于点的造型特征、点的群化聚合或是点的动态趋势，点能够给观看者带来微妙的空间感，这也是设计师在画面中需要把握和利用的重要的画面塑造手段（图3-27）。

4．点在版面上的不同位置给人的心理感受

在不同的版面位置上，点能够引发观看者不同的心理感受，这也是与人们日积月累的生活体验相联系的。点的位置处于画面的几何中心，由于画面对称的结构呈现出张力均等，稳定端庄但处理不当可能略显呆板；点的位置处于画面的视觉中心，画面的视觉稳定性好，心理反应舒适；点的位置处于画面偏左或偏右的位置，视线被引导因而产生画面中心偏移的运动感，如果过于边置则会产生强烈的离心感；点的位置处于画面的上端会产生向上的升腾感，位置处于画面的底端则会给人带来消沉、坠落的心理感受。

二、线

从几何学的定义可以知道线是点移动的轨迹。不同于在几何学中的单调表现，如果点的这种移动在方

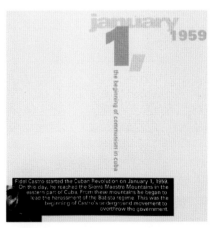

图3-26 连续排列的文字形成完整而明确的线，段落文字的有序编排则成为面，字体笔画粗壮，面的存在感就强，反之则弱。

图3-27 点的造型功能强大，因此自然就有了空间感。

图3-28 文字构成的虚线与白色的实线注入画面跳跃性的空间虚实关系。

图3-29 单个字母本身就有线的视觉感。

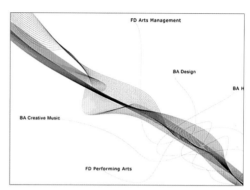

图3-30 文字的边缘形成负型线条，画面由此带来强烈的分割感。

图3-31 笔直刚硬的线条与柔韧多变的曲线在画面中形成截然不同的视觉心理反应。

图3-32

向、长度、宽窄上产生变化并固定下来，那么将造成各种实际的形态，线也会具有丰富而动态的表情特征。

视觉艺术中的线作为造型要素，我们必须要求线具有方向与宽窄等视觉形态。在视觉传达图形语言中，线会因方向、形态的不同而产生不同的视觉感受：垂直线给人以挺拔、平稳的感觉；倾斜线产生惊险、运动、不安定的效果；弧线能使人感觉到流畅；曲线能使人感觉到活跃、跳动。线的这种心理感受取决于其形态沿着其路径发射出来所散发的多变力场，而其所在的背景空间被划分开来，背景空间的连续性被打破，取代它的将是线所带来的挫折感与背景空间连续性的对比，线的形态虽然不能直接传达某种信息，但一经和其他文字与图形相结合，就会产生出丰富的视觉含义（图3-28~图3-32）。

线在编排中的构成形态复杂，有明确的实线、虚线，人对于线的注意力多停留于此，而对于空间的视觉流动线却不敏感，在视觉上它将是含混且容易被忽视的。实际上，在我们阅读一个版面时，视线是随各元素的运动流程而移动的，对这一过程人人都有体会，只是不习惯将这种造型消极的线加以明确。作为

设计师，对于版面中存在的线要有敏锐的感受和超强的控制能力，这对于信息的有效传达十分重要，这点将在视觉流程章节中作出详细讲解，在此不做赘述。在对线的认知过程中，目光是随着线的轨迹而移动，移动的流畅性取决于线条的完整性和紧凑性，作为视觉概念明确的线拥有确定的路径和延续性。由此可知，流畅的线会带给人舒适惬意的感觉，线的断裂则会形成视觉焦点，这一规律在有意识地塑造画面视觉中心方面功效显著（图3-33）。

1.理性的线与感性的线

作为视觉要素的线具有感性及理性等不同的情绪特征。使用钢笔沿着尺子画出一条笔直的线，审视它，贯穿线条的一致与刚硬表现出的是理性的情绪特征；使用毛笔随意地在宣纸上画出的线，线条富有变化的轮廓以及不一致的动态表现出的是随性和亲切，较之与钢笔画出的线条，感性的情绪特征跃然纸上。正确理解线条的情绪特征并合理加以应用，对于塑造画面的不同性格大有助益（图3-34、图3-35）。

2.线的空间分割

编排设计是对特定空间的有序分割，线是这种分

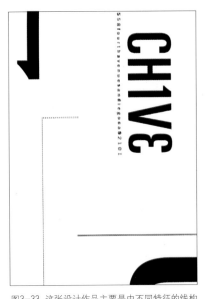

图3-33 这张设计作品主要是由不同特征的线构成，同样能够赋予作品丰富的变化。

图3-34 由点而成的线轻松随意，感性味道十足。

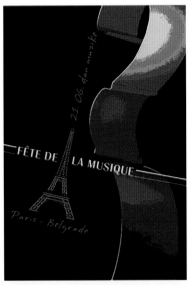

图3-35 理性的线条将画面生硬分割，肯定而明确。

割的重要工具。线对版面的划分，强调了设计者对空间的分割，对读者的阅读进行引导，使读者在有序的视觉流程中有效地将注意力集中于某一领域。具体地说，在文字和图形中插入直线或以线框进行分割和限定，被分割和限定的文字或图形的范围即产生紧张感并引起视觉注意，从而形成一种被称为"力场"的空间感应。这种手法，增强了版面各空间相互依存的关系而使之成为一个整体，使版面获得清晰、明快、条理、富于弹性的空间关系。线的虚实粗细决定了"力场"的强弱：线细或虚，"力场"就弱；线粗或实，"力场"就强。成块的文字或图形之间形成的空格会形成消极的线的印象，版面显得冷静、平淡；空格以线分割则为动的、积极的表现，会显得明快而有节奏感。在进行版面分割时，既要考虑各形态元素彼此间支配的形状，又要注意空间所具有的内在联系，保证良好的视觉秩序感，这就要求被划分的空间有相应的主次关系、呼应关系和形式关系，以此获得整体和谐

的视觉空间（图3-36～图3-38）。

3.线的造型功能

线框为一种封闭的线形，它的限定和对空间的约束功能会使限定区域产生空间"场"的作用。线框细，版面轻快而有弹性，但"场"的感觉弱；线框粗，被限定的领域有被强调的感觉从而吸引视觉注意，但如果线框过粗，版面则会变得稳定、沉重而呆板，但"场"的感应强弱则是与线框的粗细成正比的。

线的疏密、方向、曲折等属性通过设计师的匠心独运会具有强大的造型功能，能够带给画面全新的视觉体验和有趣的视觉效果（图3-39、图3-40）。

三、面

在平面的空间中，最能影响人视觉的就是面。因为较大的面积在视觉空间中的动势形态对人的视觉生理的影响比点和线更强，理解面的造型特征并且在编排设计中加以熟练运用，能够有效地增强作品的视觉表现力。

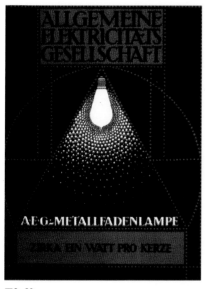

图3-36

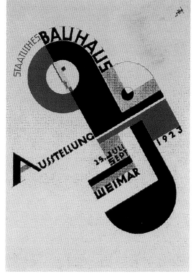

图3-37

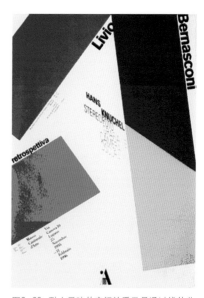

图3-38 耐人寻味的空间关系乃是通过线的分割与引导获得的。

图3-36、图3-37 线对空间的分割，配合色彩、虚实等关系的变化，空间关系表达得充分明确。

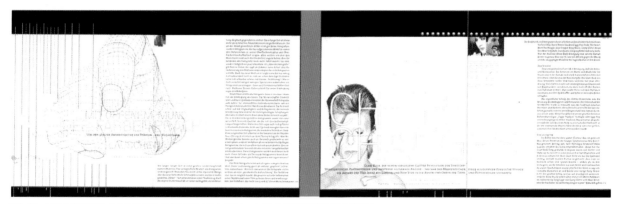

图3-39 在3D虚拟现实技术中物体的造型就是通过线来表现，由此可以看到线的准确造型能力。

图3-40 线的灵活运用给画面带来丰富多变的视觉效果。

面的形态，在视觉上富有整体感，面的大小、虚实都会给人以不同的视觉感受，面积大的面，给人以扩张感；面积小的面，给人以向心感。而且这些感觉是在对比中产生的，面的虚与实是同时存在的，实在的面，其确定性提供给人以力场的强大感，我们称之为积极的面；虚幻的面，其力场因为视觉元素的不确定性变得轻松、善变，虚的面又称无定形的面、消极的面。这一对相互对立的虚实面的概念实际上是基于版面中图底关系而演变产生的，在白纸上画出一个黑色的方块，这个方块表现出的是具有造型特征的图形，我们称之为积极的面；在白纸上由黑色图形围绕出一个造型，图形的部分区域露出底色，即我们所说的"地"，此底色区域如果呈现面的造型，即为消极的面。

面的空间特征也由轮廓线决定。如角、方、圆等基本形，看似各自独立，却又互相衍生，创造出变化多端的视觉元素。面分有"规矩"的几何形、不规则的自由变化形两种。几何形由点、线、面、体组成，空间形态清晰，力场指向明确，视觉传达效果显著，具理性美。当自由形表现非具象效果时，因空间力场变化的不规则性显得浪漫、富于情趣，具感性美。

面在编排设计中，可以理解为点的放大，点的密集，线的运动与重复。另外线的分割产生各种比例的空间，同时也形成各种比例关系的面。面在编排设计中起着平衡、丰富空间层次，烘托及深化主题的作用（图3-41）。

四、空间

客观存在的每一张画面，都是空间。空间概念的建立对于平面设计师来说是非常重要的，空间关系的准确生动不仅表现在设计师在画面中合理地处理文字、图形等实体要素，更重要的是对于空白空间的想象和把握，如同中国画中强调的"记白当黑"，空白空间能够给画面带来丰富的想象力和多变的造型力。

图3-41　自然界中的点线面。

空白空间是设计师在画面中的重要课题。不过，二维画面中所表现出的三维视觉幻想也是同样重要的设计命题。人类生活在三维世界中，对于具有三维特征的事物有着超出想象的敏感和兴趣，如何将现实生活中的这种看得见、摸得着的实态转化为二维的造型以满足人们的视觉喜好，并激发观看者的空间想象力呢？这是设计师面临的重要课题。二维空间内的三维甚至是多维空间只能看不能摸，这种假象的空间关系是借助比例、动静、图像肌理等多种手段来实现的。

1. 比例关系塑造的空间感

实际的生活经验告诉人们近大远小的道理，借助于这种规律性，在编排设计中可以营造近、中、远的空间层次，我们可以将标题或主体形象放大，次要形象缩小，来建立良好的主次、强弱的空间层次关系，以增强版面的节奏感和明快感（图3-42、图3-43）。

2. 位置关系塑造的空间感

画面中各造型要素前后叠压的位置关系能构成三度空间层次，否则的话，将是透明感的营造，通过构成要素位置关系的处理，能够给画面带来明确的空间关系（图3-44）。

3. 黑白灰关系营造的空间感

如同在素描练习中的要求，一幅设计作品色调应非常明确，混乱、模糊不清的调子不会给人带来舒适

图3-42 作品通过比例、虚实等手法塑造出强烈的空间感。

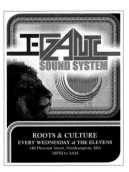

图3-43 借由近景、中景、远景的原理，画面呈现出明确的空间关系。

图3-44 通过将门的图形安排在画面中间位置，这张作业表现出有趣的空间关系。

图3-45 浅灰色的图像处于画面的最远处，段落文字形成的灰色块像是中景，明确肯定的黑色图像或线条则处于画面最为醒目的前景。

的视觉感受和明快的信息传达。在设计活动中，设计师应该有意识地培养自己将色彩丰富的版面看做黑白灰的灰色空间层次，以及将视觉元素都看做点、线、面的专业态度，以求画面灰度关系的准确生动。黑与白是明度关系的对比极色，最为单纯、强烈和醒目，能保持远距离视觉传达效果；灰色能概括为一切中间色，柔和而协调，赋予画面丰富的中间调子。以黑白灰营造三维空间关系的规律是：与背景色对比强，则近；与背景色对比弱，则远（图3-45）。

4. 虚实关系塑造的空间感

虚实关系同样能够帮助画面形成独特的视觉空间。我们可以通过观察摄影技术来理解和感受虚实关系塑造的画面空间效果。这里需要说明的是，虚的物象其空间关系并非永远在后，当焦点对准背面的场景时，前景反而模糊，当焦点对准前面的场景时，后面的物象也会变得模糊，这种矛盾的空间关系同样也会给设计师带来自由而有趣的空间塑造（图3-46~图3-48）。

5. 动静关系塑造的空间感

动的事物有着更高的注目度，因而显得距离近，它使版面充满活力。静的事物冷静含蓄，具有稳定的因素，它在画面中显得远（图3-49、图3-50）。

图3-46 如同素描关系中的虚实能够带来微妙的空间关系一样，编排设计中也能够通过虚实变化获得空间印象。

图3-47 大的文字本来应该显得近，但由于做了虚化处理，与画面左下下实的小字想比较反而处于后面。

图3-48 与左图同样的原理，小的文字处于画面的前景位置。

图3-49 这张招贴作品，以静的语言表现了冷峻含蓄的空间关系。

图3-50 元素动的态势表现出带有强烈动感的空间关系。

五、编排设计中的肌理运用

肌理在编排设计中占有非常独特的地位。不同的肌理效果能够产生不同形态的设计作品。当看到不同肌理效果的设计时，读者不仅获取了编排的信息，而且在内心也能产生视觉和触觉的多元体验。

1.肌理

肌理是指材料本身的肌体形态和富于变化的外表纹理现象。"肌"一般指物体表面特定的凹凸变化与构造，"理"指物体表面特殊材料和构造交错形成的表面纹理。肌理是一种客观的物质表现形态，是物质的表现形式。肌理从形态上可分为三种：静态的——相对不变的肌理，如石头、木纹、钢材、玻璃、塑料，等等；动态的——因条件改变而变化的肌理，如雨雪、云雾、光电等；人工的——经过人为刻意加工或偶然生成的肌理。如纺织纤维，等等，从感官体验上可分为视觉肌理和触觉肌理（图3-51、图3-52）。

2.编排设计中的肌理

编排设计虽然一般在平面的二维空间上进行设计，但是在设计时结合现代科学技术和印刷工艺，同样能够使画面产生不同肌理效果。比如对图片、文字的处理能够产生不同的视觉肌理；在印刷后期运用起凸（起鼓）、印金、全面UV、局部UV、烫金、磨

图3-51 利用画笔扫、刷产生的肌理，使画面具有浑厚苍劲的视觉效果。

图3-52 把颜料放在纸上，通过吹的动作形成的肌理，给人一种随意、洒脱的心理体验。

砂、模切（做刀版）、水热转印、折光、滴塑、冰花、刮银等工艺，使设计作品产生光滑和粗糙、平整或凸凹不平、坚硬或柔软等触觉肌理。总之，设计师可以融合多元思想、多元文化、多元观念意识，提出材料在编排设计中的新的视觉化语言，并创造新图式（图3-53、图3-54）。

3.肌理的作用

在编排设计中，设计师在设计实践时，一般会考虑到用什么样的形态、色彩和肌理等来实现这一创意。合理地运用肌理，不仅扩展了视觉及心理的空间，而且更具有人情味和亲切感。编排设计中的肌理语言可以充分表达设计师的情绪和传递设计的意象。因此，设计师应该多方了解不同材质的特征，根据自己的感受和认识大胆尝试各种肌理的可塑性，以开发编排设计的多样化的表现力。

4.肌理在编排设计中的应用

（1）材质的肌理

材料本身具有的肌理和纹样，叫做一次肌理；凡在各种基体材或饰面材上采用印、染、轧、压、喷、镀等技术手段进行表面工艺处理形成的纹理，或材料在加工、拼接过程中形成的凹凸变化和接缝处理，叫做二次肌理。一次肌理近观效果好，二次肌理偏重远观效果；一次肌理效果比二次肌理效果隐蔽。不同的材质给人以不同的触觉、联想、心理感受和审美情趣（图3-55）。

（2）肌理的组合

在编排设计中除了考虑点、线、面、色彩等元素，对于肌理的组合也要加以重视。不同的肌理组合在一起能够丰富编排设计的形式语言。根据编排的内容，变换不同的材质，造成画面质感的差异，从而以多样的表现方法来丰富编排设计的设计内涵（图3-56）。

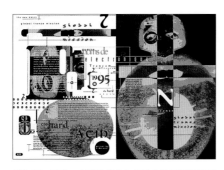

图3-53 图形、文字的组合与编排处处体现着肌理的应用。画面中富有历史的肌理感，使编排内容达到了形意统一。

图3-54 原来平面、光滑、生硬的文字，配以古老的复印的肌理效果，使画面具有很强的厚重感。

图3-55 设计与生活的关联是不言而喻的。设计师应该观察生活，寻找材料，体验肌理。

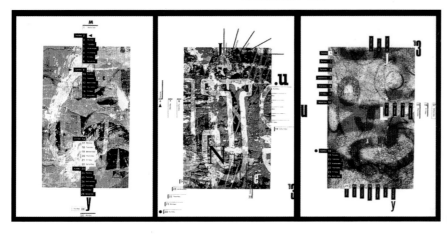

图3-56 这一组编排设计作品的亮点就在于采用了不同的肌理组合。其中不光是图片上的肌理效果，画面中文字的不同组合关系，也与图片产生了肌理的对比。

（3）文字肌理

文字，作为编排设计中关键的信息和主导性视觉元素，可以划分为标题、正文及装饰性文字等部分。它受到情感因素的影响，成了一种有效地传达内容和情感抒发的载体。而肌理所赋予文字的不仅仅是外在的视觉语言，还反映内在的本质、属性及其心理情感的表现、暗示等。文字的表面可以由不同的纹理来丰富，赋予其多变的外衣与鲜活的生命力。通过对生活中元素表面纹理的挖掘和再创造，赋予文字视觉上华丽、多变、炫目的外衣，具备了迷人的现代美感，视觉、触觉甚至听觉与心理上，都获得了极大满足。文字组合形成视觉肌理的质感不是形，也不是色，它是易于使人产生触摸欲望的视觉造型要素。同时，文字本身也可以作为纹理的构成要素，组成各种效果的纹样，丰富所有的视觉元素。比如：广告语、标题、正文、说明性文字等。文字的字形、字号、间距、行距及组合编排形式的选择，有序、无序的组合形式，本身就能产生丰富的肌理效果（图3-57~图3-60）。

（4）图片肌理

对图片添加不同的质感和特效，不仅可以弥补原始素材在清晰度上的不足，同时还可以引发不同的联想与情感。比如：图片的手绘效果具有艺术化和人性化的特点；图片的破损效果可以给人带来颓废、陈旧的感觉；图片的数字化则具有很强的时代感。对于图

图3-57　这是一组电视广告的静帧图像。从中可以发现，文字的字形、字号、间距、行距不同组合产生了丰富的肌理关系，使画面具有很强的实验性。

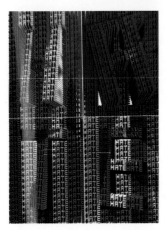

图3-58　"HATE"的四个字母分别掩映在立体空间中，具有凹凸的视觉肌理效果。

图3-59　画面中酣畅淋漓的水墨肌理，有效地传达了中国传统文化中，文人雅士的几分书香气息。

图3-60　这是一组带有印象派风格的编排设计作品。文字的模糊肌理，增添了画面几分虚无缥缈的神秘感。

片肌理的处理方法大体可以分为两类：手绘制作和计算机辅助制作。手绘肌理制作有凸雕、描绘、烙印、喷刷、印拓、烟熏、流痕、撕裂、刮擦、拉毛、剪接、晕染、拼贴等手段；而数字化图片肌理的形成则是通过对原有图像进行复印、拍照、扫描后形成电子文件，然后用设计软件进行数字化处理从而达到与设计内容相匹配的肌理效果（图3-61～图3-63）。

六、编排设计中的材料

材料在编排设计中，以其自身的固有特性和情感语义成为设计构思中不可或缺的要素。不同的材料因其肌理、色泽等特性不同而给人以不同的感觉，其所表达的情感语义亦不相同。不同时代的设计作品因材料的不同而体现出不同时代的文明程度和发展轨迹。因此，在编排设计中，设计师应该根据所要设计的内容选择合适的材料进行设计。

1.材料的界定

材料是人类生产和生活的物质基础。材料以其特有的色彩、质地、肌理等形式体现着设计的精神内涵和内在气质。材料本身固有的质地、肌理、色泽和不

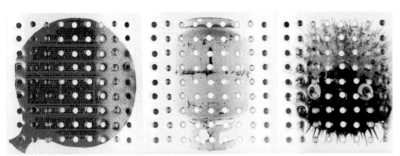
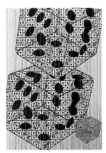

图3-61 图中镂空的点与背景图片的有趣结合，形成一种"有"、"无"的图底肌理效果，突破了画面的沉闷，给人一种空间的互转的体验感。

图3-62 拓印的肌理感，传达了一种传统、古老的心理体验，仿佛产生了一种古今对话的空间。

图3-63 印章的压印肌理增强了画面的设计感和趣味感。

同材质的组合可给人以美感，包括材料外观对人的生理效应（如纹理、色泽引起的视觉感受）和心理效应（如质地、肌理所引起的触觉感受）。

2.材料的类型

在编排设计中，材料的运用可以使设计更具有视觉效果。

（1）木材

木材由生命孕育而成，富有人情味，是一种珍贵的自然资源。木材以美丽的花纹、色泽和特殊的质感，给人以自然、温馨、舒适、优美、清新、淡雅、华贵的感觉，表现出朴实无华的自然美，成为最亲近人类生活的材料。

（2）玻璃

玻璃的透明质感极具现代性，人们往往利用其透光性、透视性、隔音性等营造舒适的室内环境，充分展示现代装饰艺术风格。利用玻璃的反射、折射和漫反射的物理特性，可以扩大空间尺度（虚空间）；光学性能不同的玻璃，可以使空间产生虚无缥缈或朦胧含蓄的装饰艺术效果，如法国卢浮宫的镜廊。

（3）金属

金属以其独特的光泽、色彩和质感，给人以华丽、辉煌、刚劲、深沉的感受。金属材料是现代文明

的标志，有很强的现代感和冲击力，理所当然成为高科技表现的代表。

（4）纤维织品

纤维织品（软性材料）给人的感觉是有弹性、松软、柔顺、轻盈、温暖、舒适、亲近、色彩丰富、悦目美观。纤维织品种类繁多，如皮毛、地毯、尼龙等。纤维织品的斑斓色彩、天然质地、特殊肌理、丰富图案、柔软触觉是其他材料所无法比拟的，可以有效地拉近人与环境的距离，可以增加设计中的意境感和趣味性（图3-64）。

图3-64 不同物体具有不同的材质，了解它们各自的形体、属性、特征等方面对于编排设计具有很好的启发意义。

3.材质的质感

材料通过本身的质感，即肌理、色泽、光泽、结构和质地，在视觉和触觉上给人以软硬、轻重、冷暖等感觉。质感好的材料具有友好性，可以从不同的角度给人以干湿、清浊、轻重、粗细、软硬、冷暖等不同感觉（图3-65～图3-68）。

4.材料的体验

（1）真实材料肌理的体验运用纸、笔、颜料等工具进行拓、拼贴。

（2）纸上肌理体验

将不同材质在各种纸上用各种手段进行表现，会产生千变万化的肌理效果。（如液体、固体、油性、胶性，水性等）不同材质，利用烫、刮、刻、染、绘、拼等手段，在不同的纸上（如有色纸、餐巾纸、报纸、吸水性较强的纸、平滑纸、卡纸等）进行运用。

（3）布上肌理体验：在不同材质的布上（包括涂有底料和未涂底料的布），用各种单纯材料（如石膏粉、立德粉、钛白粉等）与胶液调和，还可添加进沙子、布料、木屑等物质，采用薄涂、罩染、渲染、喷刷、厚涂、刀塑、刮制等方法涂在布上，会产生不同的肌理效果。板主要指不同材质的板，如纤维板、石膏板、铁板、塑料板、木板等。板上肌理训练首先可用多种基底材料，如色粉、石膏粉、金刚砂、玻璃等与乳白胶、油漆、骨胶等进行调和，制作出不同的基底板面，然后采用多种工具和表现技法，如划、刻、刮、按压、拓印施色、砂纸打磨、粘贴等进行肌理练习与体验。

对于材料的体验，远不止以上三点。设计师从造型、材料、社会意识等方面着手，跨过时间与空间的差距，把传统的情感与现代的技术联结起来，深入到日常生活中（图3-69～图3-75）。

5.材料在编排设计中的应用

编排设计的应用范畴很宽泛，只要是运用到图、文的设计都必须用心编排经营。在包装设计、海报设计、标志设计、书籍设计等都有编排设计的应用。而适当地运用材料于设计中，不仅能准确地传达设计的主题，丰富设计的形式，也能传达设计的情感因素（图3-76～图3-84）。

图3-65

图3-66

3-67 文字和图形的一种翻旧的肌理效果，在人的心理中产生了不知不觉就想靠近观看个究竟的冲动。这就是肌理的魅力所在。

图3-68 数码科技时代，有它鲜明的时代烙印，就是科技的充分表达。图中巧妙地运用三维建模的肌理效果，表达了一种幽默 诙谐的视觉效果。

图3-65、图3-66 突破常规的设计，往往会有意想不到的效果。图中对设计材料的革新，确实给人焕然一新的视觉体验。

图3-69 亲手绘制的效果往往会有特别的亲切感。

图3-70 随意涂鸦，体现材料的特征。画面中尽情释放激情，对音乐的喜爱，都源于对材料准确的把握。

图3-71 设计需要不断体验新材料、新语言、新形式。图中大胆的创意，具有很强的震撼力。

图3-72 图中材料的应用，给人新奇、特别的感觉。

图3-73 换一个角度，换一种思维，换一个媒介。图中的编排效果正是一种多元体验过程。

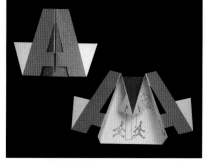

图3-74 用立体的眼光来看待编排设计，会设计出生动的互动效果。

图3-75 画面用带有脚印的泥土，并在上面踏出TRUTH的文字，用准确的材料，表达了准确的编排内容。

图3-76 通过拆分汉字笔画，把笔画分成几个部分，分别放于每张透明胶片上，在翻阅过程中能够形成有趣的文字编排效果。

图3-77 这是书籍设计中利用特殊材质进行的编排设计，使作品不仅具有视觉体验，更有触觉的多元经历。

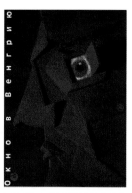

图3-78 画面粗糙的肌理感和色彩的配合，给观者一种心理暗示。

图3-79 在文字编排设计中，突破平面的界限，从不同材料出发，立体的入手，会产生丰富的多元感官体验。

图3-80

图3—81

图3—82

图3—83

图3—84　手与文字的结合。夸张，诙谐，有趣。

图3—81～图3—83　以上三图为书籍设计中材料的编排设计。读者在阅读的过程中可以认识到体验材料对设计内容的准确定位和阐释。

第二节 ////// 编排设计的信息要素

编排设计作品传达信息的功能需要借助信息要素得以实现，既然称之为信息要素，自然在编排设计的过程中要重点关注这些要素中所包含的信息内容，不过，设计师在借助信息要素进行画面组织创造的过程中却仍然要以点线面及空间等空间概念加以理解运用。

在一个完整的编排设计当中，各种信息要素依据设计类别的结构特点加以分类，概括起来可以分为文字、图形、色彩等几种。信息要素在编排设计中以不同的形态出现，各自发挥着不同的信息传达功能，并且通过不同的搭配和组合，使最终的画面呈现多姿的视觉效果。它们的并存必然带来组合方式的多样化，要把握这种关系以及寻求其可行的操作规律，使编排设计能够有效地传播，不能只以这些抽象的概念作为基点，而是需要概括这些概念所映射的实体的共性，总结其最基础的特点，才能充分认识这些概念并有效地调配这些视觉资源。

一、文字

文字是编排设计中的最基本的信息要素，几乎很少看到脱离于文字的编排设计作品，因此在编排设计中正确理解并运用文字是非常重要的。当前，编排设

图3-85 文字在编排设计中表现力强，变化丰富，是重要的信息要素。

图3-86

计所借助的字库发展迅速，风格多元，既有基于传统字体的创新，又有借助于新思想、新技术所创造出的全新的字体，对文字进行全面理解，对于编排设计师而言是非常重要的能力基础（图3-85、图3-86）。

1. 字体（手写字、印刷字、非手绘字）

编排设计作品需要通过平面印刷媒体来实现，为了追求制作的标准化需要，需要将文字以风格款式的不同进行分类，因而产生基于文字不同图形样式为标准的字体分类。文字作为传递人类文明的重要工具，虽然在一个世纪以来产生了大量适合制版印刷的不同字体，但文字的基本架构却没有太大的变化，这正是出于信息传达功能的需要。伴随着现代设计的产生和发展，特别是数字技术在艺术设计中的广泛渗透和应用，产生大量风格各异的字体，使得编排设计在文字的应用方面既获得了较之以往更为广阔的应用空间，又给当代的设计师在合理应用字体方面提出了艰难的挑战。了解不同字体的概念固然重要，但是理解不同字体的造型特征和情感映射，结合不同字体的信息传达特点并合理地在编排设计中加以运用，才是一个设计师在文字处理工作方面的重中之重。

⑴ 汉字字体

汉字是编排设计中不可或缺的重要对象，但汉字独特的字体架构使得当前设计师普遍感到棘手。汉字繁多，笔画数差异大，在进行组合式的编排处理时感觉难以协调，缺乏视觉的整体性，但是，不能否认的是单个汉字所具有的独特意韵以及特有的架构之美，只要设计师深入了解准确表现，汉字在编排设计中能够获得潜力无限的造型可能。

①宋体。宋体是当前印刷中应用最为广泛的汉字字体。宋体产生于宋朝，定型于明朝，所以又称为"明体"，其基本笔画出于楷体的"永字八法"。宋体的造型特征可以概括为：整齐规范、端庄秀丽、结

构饱满，蕴涵中国传统书法的文化韵味。

当前，宋体的家族得到不断丰富，除了传统的老宋、中宋、书宋等字体外，又有了仿宋、长宋、宋黑等不同的字体。这些字体在秉承宋体的既有特征以外，由于造型的不同又有了新的内涵，在学习和应用中设计师应该细分字体类别，深入分析，区别应用。例如，醒目的大标宋和小标宋多用于版面的标题，可以获得良好的关注性，一般不用于大量文字的正文编排，否则会由于过于强烈的视觉量感给观看者带来阅读上的不适；书宋造型秀丽整齐适合做大量文字的正文编排，做标题则显得视觉的注目性不够；仿宋字形娟秀、笔画纤细有力，多用于引言、说明注解等方面的文字编排（图3-87～图3-89）。

②黑体。自工艺美术运动以来，西方社会进入到现代设计的发展阶段，工业化进程在印刷技术领域的技术革命对字体的创造和发展产生了深刻的影响，无饰线字体在编排设计中得到了广泛的应用。受其影响，20世纪初在日本诞生了一种笔画没有装饰性处理，粗细均等的字体，称之为黑体。黑体字系列有特粗黑、大黑、中黑、中等线、细等线等，以端庄朴素为其基本特征，不同的黑体又有不同的表情，特粗黑、大黑等字体存在感强烈，庄重醒目，适用于文章的标题性文字或进行广告展示；中等线、细等线等则粗中带秀，适用于文章的内文或编排设计的次重要信息（图3-90、图3-91）。

③楷体。楷体是汉字在印刷术中应用最早的一种字体。印刷术发明之初雕刻工人通常以楷书名家的书法作为范本，逐渐演变成为当前使用广泛的楷体字库。楷体的笔画有着中国传统书法之韵味，造型规秀内敛，在塑造作品文化属性方面能够发挥重要功能。

④其他。除了上述常见的字体，在漫长的文字发展历程中人们创造出了多样的字体，现在比较流行的

图3-87 基于老宋体的文字设计。

图3-88 这张编排设计作品充分表现出文字的表现力。

图3-89 文字通过图形元素的导入加以表现，综合了文字和图形的多样特征，既有符号性又有造型性。

图3-90 无饰线字体显示出端庄肯定的视觉效果。

图3-91

字体有圆体、姚体、综艺体、琥珀体、彩云体、勘亭流体等，这些字体往往风格鲜明独特，适合于应用在一些少量的文字编排中，以追求独特的画面效果。

书法是中国独特的文字表现的艺术形式，在这种深受人们喜爱的艺术表现形式的基础上，人们发展出了丰富多彩的手绘效果字体，如隶书、颜体、魏碑、行楷、行书、舒同体等。此外，金石艺术在我国同样是历史悠久、群众基础广泛的一种艺术形式，在此基础上人们创造出瘦金体等，也有着不同的艺术韵味。书法和金石这两种艺术形式已经成为中国传统文化的有效符号，以上的这些字体由于是基于两者发展而来，因此蕴涵了强烈的中国传统审美形态（图3-92、图3-93）。

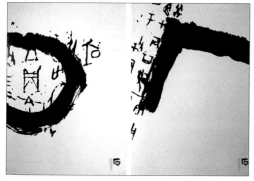

图3-92 飞白显现着中国书法的笔墨韵味，加以象形文字丰富画面，这件作品的民族性得到了张扬。

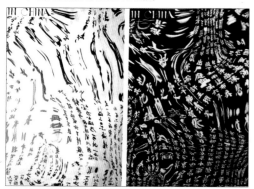

图3-93 运用创新的手法组织画面，哪怕只有汉字元素仍然能够获得极有韵味的作品。

⑵拉丁字母

汉字也许是中国的编排设计师最常应用的文字，也是他们必须要深刻理解熟练掌握的对象。不过，以英文为代表的拉丁字母却是世界上应用最广泛的文字，全球共有60多个国家使用基于拉丁字母的语言，并且这种广泛的应用随着国际交往会得到进一步的发展。

与方块型汉字的每个文字独特的造型完全不同，拉丁文字是由26个字母的不同排列秩序构成，由此带来与汉字不同的设计形式感。拉丁字母的演变历程漫长而复杂，形成了多种多样的字体，大致可划分为罗马体体系、哥特体体系、埃及体体系、无饰线体体系、手写体体系、装饰体体系、图形体体系，各个体系中又略有区别。

2．文字的创意表现（笔画结构的变化创新、字意借由文字结构巧妙表达、文字与图形的有机共生）

文字是对所传达信息的精确阐释，语义是情感传达的载体，两者水乳交融。文字客观地记录了作者的思想，是编排设计中的重要组成部分，在不同的编排类别中文字的编排方式和承担的任务也各不相同：在以文字为主体的设计题材中它通常以段落的形式出现，由此可以记录海量信息，并且由于段落的规整外框和明朗的空间秩序，传递的信息一目了然；在文字较少的场合，它以标题、说明文、页码等形式出现，零星地分布在不同的地方活跃气氛。在多数设计类别中，文字是一个重要且必需的部分，而在某些特殊的设计领域，如果图形可以完整地表达作者的意图，那么文字就是一个可有可无，甚至多余的部分，比如招贴设计。或者在某些系列设计当中可以将纯粹的图形作为整个设计的一个视觉过渡，如书籍的设计当中可以采用整版的插图作为前后页面大幅段落文字的过渡以活跃气氛，这些情形不会影响到我们所要讨论问题的实质（图3-94～图3-97）。

可以肯定的是，文字是从象形的模仿图形中进化过来的，这无可置疑地说明了文字与图形的历史根源，不管历史的进化赋予了文字多少新的内涵，从视觉上讲，文字的本质还是一种抽象的图形，文字的结构形式和艺术风格蕴涵了更为潜在的情绪，特别是我们中国的文字到现在仍然部分保留了具象的视觉因子。

印刷在纸面上的文字已经远远超出了文学语言的范畴，进入到图像领域范畴中，它是对语义的补充说明：单个的文字出现，视觉在心理上把它看成一个特殊形态的点，比如页码；当文字沿着一定的路径排列成句的时候，就产生了线条；文字作为段落出现在一个边界较为明确的范围中，我们可以近似地把它看成一个面，这个时候的文字已经不仅仅是作为最初的表意符号而存在，它更是图形实体。田中一光的招贴设计中，将"典"与"代"进行局部放大，表意的特性被美学合适地削减，此时我们已经不满足将其仅仅视为承载信息的符号，其图形的视觉效应耐人寻味。当字体不再停留于既有的印刷字体时，多变的笔画和

独有的结构方式配合色彩与肌理的个性搭配，其图形的视觉效应就占了上风，其语义的传达在视觉的揣摩中得到了更为深刻的表达。文字的局部变化能使文字向图形演变，文字排列在一定区域内也有图形化的趋势，当文字杂乱无章地排列组合时，可以产生肌理的效果。这种相互转换性也恰恰体现了文字的图形性（图3-98）。

（1）字号、字体、行距

从功能性的角度讲，对文字的形态表现必须考虑到传达的效率。大篇幅的文字段落，采用过于紧密的字距带给人以紧张和厌烦感，阅读速度并不因为信息的密集而得到提高，相反的，形态的彼此牵连和纠缠加重了识别的负担，过于紧密的行距使视线的掉转变得不知所措而失去定位的参照，而字距的加大使阅读的视线趋于断续的状态，这与阅读所要求的方式相矛盾，连贯的信息被不合理的编排打散开来。

因此，依据不同的编排类别、题材和要求，合理地选择编排参数才能使表意性与图形性良好协作。行距的常规比例是10：12，即用字10点，行距则12点。事实上，行距的选择是依据主题内容而定的。一般娱乐性、抒情性读物，加宽行距以体现轻松、舒展的

图3-94

图3-95

图3-96

图3-97 文字的行距有规律的变化带来明显的空间象征意味。

图3-94～图3-96 文字的立体化处理别有意味。

图3-98　这件招贴设计作品运用3D虚拟现实技术将文字进行图形化处理，将两个汉字以全新的角度进行表现。

严格对齐，体现出端庄而严谨的理性精神。文字的这种排列方式能够很好地保证画面的整体性，多用于诸如文学、历史等较为严肃的体裁，但运用不当容易显得呆板生硬（图3-99、图3-100）。

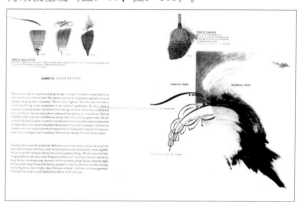

图3-99　左右对齐是最常用的段落文字编排方式。

图3-100

情绪；而学术、严肃性的刊物，行距一般采用常规比例。同一版面上，还可同时采用宽、窄行距兼有的形式，以增强空间层次和弹性。

　　在一个版面中，选用3—4种以内的字体为最佳。超过4种则显得杂乱，缺乏整体感。实质上，字体使用越多，整体性越差，即使是使用少量的字体，通过文字大小、色彩、排列形式等手法的运用，仍然可以获得多样的画面效果。

　　（2）文字编排的基本形式

　　①左右均齐。是目前最常用的一种文字编排形式。文字以规则的块状形式编排，块状体的左右两侧

　　②居中对齐。这是较为古典的一种文字编排形式，画面中一般会有一个由文字组合而成的完整的信息体，沿此信息体做自上而下的轴心对齐，即为文字的居中对齐编排。此种编排形式视线更为集中，中心更为突出，整体性更强，体现出端庄协调的画面效果，多用于较为严肃的题材，也可以少量地运用于其他版面的编排设计，以活跃画面气氛，丰富画面效果。运用此方法时，如果画面中同时有着图片与文字需要处理，图片与文字的中轴线最好保持一致，以取得版面视线的统一（图3-101、图3-102）。

图3-101 中轴对称的文字排列方式，加上自上而下的编排，东方的文化特征跃然纸上。

图3-102

③齐左或齐右。这种文字的编排形式有松有紧，有虚有实，能自由呼吸，飘逸而有节奏感。文字排列时沿左或右对齐，一般根据句意做断行的依据，行首至行尾自然产生出一条清晰的垂直线，在与图形的配合上易协调和取得同一视点。文字齐左编排显得自然，符合人们自小培养而成的自上而下、自左而右的阅读习惯，适合应用于大量文字的海量信息编排；相反，齐右不太符合人们的视觉习惯，在阅读过程中读者由于失去行的起始位置的标准化而感觉疲惫，因而少用，或是用于版面的局部文字处理，但也正是由此也显得新颖别致（图3-103、图3-104）。

④文图融合。创造性地运用视觉修辞技巧以实现图文融合的设计手法是丰富多样的，在编排设计中将文字和图形融合为一体，以追求更为和谐的整体效果，并实现图文内涵的融合甚至是超越。在文图融合的设计方法中，最常见的是将文图并置，通过并列、重叠等方法将图文纳入同一视觉空间中，此外，文字图形化以及文字绕图也是行之有效的文图融合的处理手段。

a.文字图形化处理。 文字图形化处理可以从单个文字和段落文字两种形式来实现。利用汉字中的单个文字或是拉丁字母的造型特征，可以将文字或字母的造型进行图形化处理，在这一设计过程中不仅可以追求文字或字母的形似之美，通过巧妙的视觉处理甚至可以达到意近之妙。

利用段落文字，将单个文字视作造型要素中的点，通过有计划的形式安排可以塑造出多样的图形，这种设计手法同样能够在画面中融入形式与意韵的双重趣味（图3-105、图3-106）。

b.文字绕图排列。 一般来说，文字绕图是一种以图形为视觉中心的段落文字的编排处理手法，为强调图形独立而核心的视觉地位，将段落文字别致地排

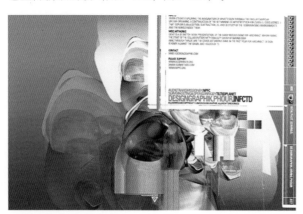

图3-103 左对齐的文字排列方式自然轻松。

图3-104 右对齐的排列方式自然没有左对齐阅读起来那么舒服，因此文字要大一点，量也最好少一点。

图3-105 文字可以通过图形进行表现。

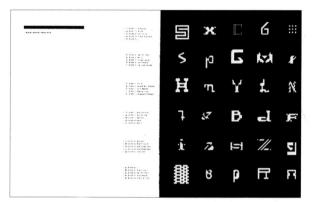

图3-106

列在图形周围，形成包围之势，这种文图融合的设计手段能够塑造出亲切、自然、融洽、生动的视觉效果，是编排设计中常用的文字处理形式（图3-107~图3-109）。

二、图形与图像

人类使用图形与图像语言来记载信息、传情达意的历史要远远早于对于文字的使用，这一点从文字自身的演变史中就能得到清楚的印证。与编排设计中的文字比较而言，图形与图像在传达信息中有着直观、形象等特点。当下，信息传递已经处于"读图时代"，快节奏、高压力的社会生活影响了人们的阅读

习惯，受读者已经越来越习惯于从图形图像这一轻松生动的信息体中获取信息，它们在编排设计中的重要性越来越得以强调。

编排设计中的图形元素主要是指通过抽象化处理而获得的图形，以及专业设计师或者插图师对具象事物进行的艺术处理后绘制的半抽象图形（图3-110）。

图3-110 手的表现介于抽象与具象之间，是一种图形化的处理手法。

图像的表现手法丰富多样，可以是一张写实的摄影照片，一幅传统的绘画作品，也可以是一幅通过各种不同手段创作出的插图作品，或是通过拼贴、电

图3-107 作品标题文字通过带有破损肌理的处理，加上残缺佛像的正形与完整佛像负形的对比，有力地表达了对掠夺破坏文物这一野蛮行为的控诉。

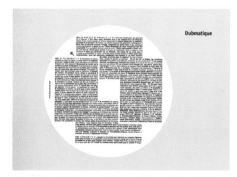

图3-108 文字绕图可以有不同的表现形式，被绕的图可以简单也可以复杂，可以全方位围绕，也可以局部围绕。

图3-109

脑特效等手法完成的很难界定的图像作品。图像的重要性不仅体现在其自身所携带的大量情绪化特征和信息，从造型上来说，图像的形式感往往决定了整个编排设计作品的情感特征，以及作品由形式带给读者的或轻松或沉重，或奋进或消沉，或成熟或天真等各自不同的画面气质。作为一个优秀的设计师，应该掌握多样的图像创作能力，尝试不同的图像创作语言，只有这样才能更好地丰富画面，通过图像去传达信息，并震撼读者的心灵。

由于与人们的生活密切相关，图形或图像要素总是更多地被读者关注，也有着更重的视觉量感。在一幅设计作品中，被读者的第一视觉关注到的，相近条件下往往是图形图像。作为编排设计中重要的设计对象，处理得当，不仅可以增强作品的视觉量感和趣味性，而且可以通过意义的图形化表现提高设计作品传达信息的速度和效率。

图像要素与画面空间的形式关联成为赋予作品形式特征的重要属性，特别是图像轮廓与画面背景的不同关联，能够产生截然不同的形式感。从这一点来说，我们有必要以图像轮廓与画面背景空间的关联为切入点，重点讨论图像要素以下几种常见的形式。

1. 方底图

一张图片以完整的轮廓明确而肯定地放置在编排设计的版面中，此时的图片被称为方底图。方底图是一种独立存在感很强的图片处理形式，当一张方底图出现在画面中时，如果不做有意识的处理，文字或色块很难与其和谐共融。方底图独立而强烈的存在感在画面的空间关系中表现出强大的力场，成为吸引读者关注的重要因素，将方底图进行强化处理，往往显示了设计师对图片的足够信心（图3-111）。

2. 出血图

"出血"本是印刷术语。出血图是指图像扩充到画面有效尺寸之外，延伸至画面的边缘。出血图构成的画面整个版面不露边框，填充了整个画面的背景空间，因此成为了真正意义上的图底，通过与几何形色块和文字要素的结合，能够形成极为有趣的视觉空间幻象。由于图像占据了画面四周的轮廓，我们可以理解为出血图与画面背景的轮廓是重叠的，这样的画面

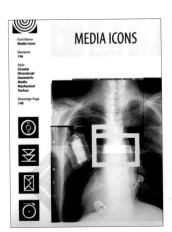

图3-111　方底图在画面中可以通过与所处背景的明暗对比关系调节视觉感，避免过于生硬。

图3-112　扩充至画面四周的出血图显得饱满充实。

具有膨胀的视觉感，有着强烈地向外扩张的感觉。

出血图所构成的画面，与读者的视觉距离相对较近，画面有着向前的冲击感，因此具有一定的运动属性。出血图的图像要素在画面中尺寸较大，因此对图像的质量要求高，否则会因为图片模糊影响画面的效果，当然，追求马赛克等特殊效果时除外（图3-112~图3-114）。

3.去底图

去底图是在编排设计中运用非常普遍的一种图像处理形式，能够带来个性鲜明的图形语言。去底图在画面中轻松自然，生动多变，是很好的一种图像处理方式。去底，顾名思义，就是将图像所处的背景去掉，画面中只保留主要的事物形象。一般而言，在平面设计领域多用图像处理软件photoshop进行图像去底处理，之后在矢量编排软件中调出使用。因此，编排设计师应该同时掌握好图像处理软件和矢量编排软件，这样才能更好地完成设计工作。

通过摄影等手法完成的图像要素采集，并不能保证图像要素的整体的和谐统一，背景中可能存在与主体形象不协调的部分。为进一步追求画面的整体协调，需要通过去底将这些画面中的杂音去掉，这样也能够使主体形象更为突出，视觉语言更为简洁有力，同时，这样也腾出了宝贵的版面空间，能够更为有效地进行画面信息空间的有序编排（图3-115）。

方形图对画面背景空间的分割难免给人生硬干涩之感，将图像进行去底，可以使图片更为生动自然，与版面背景空间的融合更为生动。去底图的轮廓随意自然，能够轻易与画面中的文字、色块以及其他图像要素构成协调整体的视觉效果。

这是作品中的插图语言，体现了强烈的POP风格。

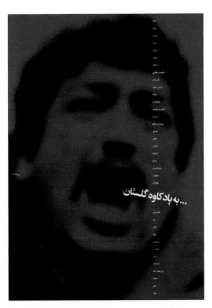

图3-113 出血图能够赋予图片一定的运动感。

图3-114

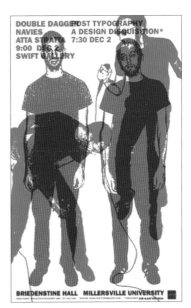

图3-115 出血图与图片背景非常自然地融合，运用出血图的这一特点，能够塑造画面的亲切感。

三、编排设计中的色彩运用

在编排设计中，色彩往往先于文字和图形给人们留下深刻的第一印象。版面诸多构成元素中，它是最直接、最迅速、也是最敏感的因素之一。设计师应根据所选的设计主题非常谨慎地考虑所要选用的色彩，如果错误地选用了色彩，会直接影响视觉传达的效果和目的。作为整个编排设计的一个元素，色彩是一种最容易被接受的视觉语言，只有合理、恰当运用色彩的对比与调和、丰富与单纯、比例与节奏等规律和方法，才能设计出更加符合美学标准的版面，使色彩发挥出应有的作用。如同字体能传达信息一样，色彩给我们的信息更多，因为色彩具有非常丰富的象征意义。对色彩的认识是一个不断试验和体验的过程（图3-116、图3-117）。

图3-116 绚丽的色彩使这些原本造型简单的盒子产生了新的视觉效果。

1.色彩的表现

色彩是一种复杂的语言，它具有喜怒哀乐的表情，有时会使人心花怒放，有时会使人惊心动魄。除了对视觉发生作用，色彩同时也影响感觉器官，比如黄色使人联想到酸，柔软的色彩使人联想到触觉，都可证明色彩对人类心理及生理的影响是复杂与多样的。在色彩的各个要素中，色相是最具视觉表现力

图3-117 大面积的红色和绿色的色块加以适当的空白，使整个画面充满感性的色彩。

的，色相的性质和设计所要表现的内容之间有着直接的联系，内容决定形式，而色彩的形式可直接将设计的内容表现出来，使之产生直接或间接的心理联想。例如，红色是最强有力的色彩，能引起肌肉的兴奋，热烈、冲动；黄色亮度最高，灿烂、辉煌，象征着智慧之光，象征着权力、骄傲，当用黑、紫、深蓝反衬时，能加强表现力，淡粉色能使之变柔和。

人们常用蓝色等冷而淡的色彩推介电子产品，而较暖的橙黄色系可以表现夏天的主题，又有新鲜水果的感觉，但由于地域、文化的不同对色彩所表达的意义常常有完全相反的认识和理解，设计师在运用色

彩时必须进行深入研究才能达到准确传达信息的目的（图3-118、图3-119）。

中，可根据不同的版面要求来组合色彩，这就需要我们在实践中去探求、掌握并恰当地运用（图3-120）。

2.色调

色彩的表现通常是以各种色彩组合的方式进行的，它的组合便构成了色调，色调不是指颜色的性质，是对一个版面整体的颜色评价。而色彩的表现力是建立在色彩的面积、明度、色彩的倾向与纯度的综合关系上。特殊的色彩组合可以造就设计的情趣。相近的色彩会产生和谐的感觉，对比色会产生更多的张力和变化。在色调的处理中，任何一个色彩基本要素的变动，都可能使版面产生视觉变化。在编排设计

3.色彩与形状

色彩依附于形，形由不同的色来区分，形和色是不可分割的整体。色彩的语言表达总离不开具体的形，哪怕是抽象的几何形。几何形具有单纯、简洁、明快的感觉，但若其组合过于复杂时，则易丧失这些特性。相同的形配置不同的色，相同的色配置不同的形，给人的感受是不一样的。例如，红色的圆形使人联想到太阳，白色的圆形使人联想到月亮；红色的苹果给人以甜味感，红色的辣椒却给人以辣味感。

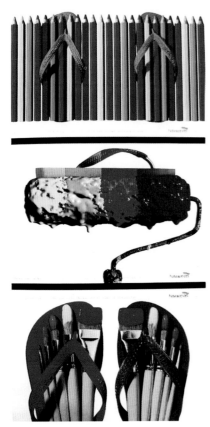

图3-118 明快的色彩将这组广告的创意表现得淋漓尽致。

图3-119 这是一张蜡烛的产品宣传广告，通过几个半透明的颜色组合，说明这是一种供家庭使用的、现代的、简洁的蜡烛，"除了颜色，你看不见任何东西"。

因此，在编排设计中，必须要考虑到形和色的具体关系，只有选择恰当的形，才能充分发挥色的作用。同时，色彩所起的作用，取决于在一个具体的、特定的版面中与其他因素的比例关系。例如，一种红色，由于它在具体某一版面上的形态和面积的不同，会引起完全不一样的视觉感受，因而视觉效果也是不一样的（图3-121、图3-122）。

4.色彩位置

通常，即使图形和用色不变，只改变色彩的位置关系，也会带来版面效果的变化。这时应更加注意版面的节奏、韵律和均衡。在编排设计中，无论使用多少色，所有匹配都基于两色的位置关系，两个颜色远离，有间隔色（黑白灰）使对比减弱；两色接触，对比较强，尤其边界对比突出（图3-123、图3-124）。

5.色彩情感的表现

所谓色彩情感的表现就是捕捉客观物体的色彩对我们视觉、心理所造成的印象，并将对象的色彩从它们被限定的状态中解放出来，使之具有一定的情感表现力的过程。色彩本身无所谓感情，所谓的感情色彩只是发生在人和色彩之间的感应效果。

在色彩形式表现中，常常赋予色彩以象征性的结构，象征性结构是色彩情感表现力的抽象形式，它通过节奏、韵律等塑造来实现生命的运动变化，正因为这种抽象形式具备了生命的运动变化特征，才能够与具体的美好事物相联系。让读者细读编排好的读物时，感到恰当的色彩和编排形式与内容非常和谐，让人融入到整个内容之中（图3-125）。

6.文字的色彩

在一个版面中，当颜色和字体组合在一起时，文字的识别性要靠对比来保证。最强的对比是白底黑字或黑底黄字，最弱的对比是白底黄字，随着背景和文字色彩的接近，文字的易读性逐渐降低。可以通过对比来调节文字的层次关系，其中也包括文字的大小，使文字的构成主次有序，使一个版面中主要信息更加突出，次要信息相对减弱（图3-126~图3-130）。

图3-120　统一的冷色调和要表达的内容相吻合，更好地体现了这张招贴的主题。

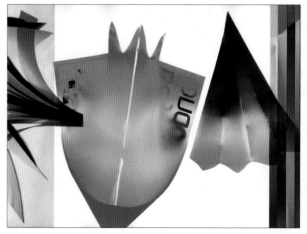

图3-121　即便是相同的颜色,也会因为形状的不同而呈现出不同的视觉效果。

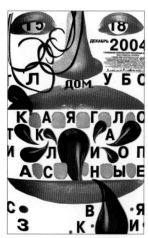

图3-122　冷暖色的对比配以夸张的图形，体现出幽默诙谐的风格。

图3-123 集中的红点形成了画面的视觉中心，起到了准确传达信息的作用。

图3-124 虽然鱼的颜色、造型相同，但整个画面显得轻快活泼，可见鱼的位置进行了很好的经营，分布跳跃生动，疏密有致，使画面具有节奏和韵律感。

图3-125 颜色的对比与调和使图形具备了生命的运动变化，让人融入到整个氛围之中。

图3-126 文字和图像色彩的统一，配以巧妙的组合形式，形成了与众不同的效果。

图3-127

图3-128

图3-129 文字和图形的巧妙结合，主要信息更加突出，次要信息相对减弱。

图3-130 通过文字色彩的叠加，使文字的前后关系主次有序，准确快速地传达了信息。

图3-131 黑白灰三色的对比，使画面产生了有趣的空间感。

7.色彩与空间

对饱和度为100%纯色的运用，当两种纯色搭配在一起时，它们就能形成强烈的对比，令人觉得一种颜色在向前凸起，另一种颜色在向后退却，而这种反差便产生强烈的空间感。但需要注意的是，强烈的纯色对比会产生冲撞效应。明暗的运用中，黑白是最强烈的明暗对比，这种对比同样能够制造鲜明的空间感（图3-131）。

思考与练习

1.深入思考造型要素与信息要素在编排设计中的功能与特性，分门别类地进行有针对性的单项练习，初步理解和掌握基本要素在编排设计中的运用。

2.结合字体设计课程，分别完成文字造型设计与段落文本编排两项练习，注意在文字练习中尝试导入空间感、秩序感、寓意性。

3.了解图形图像多样的表现技法，分别运用方底图、出血图、去底图进行练习。

4.运用色彩元素进行编排设计，寻求编排设计中色彩与其他视觉元素的相互关系，进行二维到三维的转换，从整体上去凸显色彩在编排设计中的作用。

5.分别收集10个有关肌理组合、文字肌理、图片肌理的编排设计作品，并分析作品的形式。

6.在对收集的作品进行分析后，分别亲手制作有关肌理组合、文字肌理、图片肌理的编排设计作品各10张。（可以用电脑合成，也可以手绘完成，手法不限，提倡个性，鼓励尝试）

7.收集日常生活中20种不同的材料，联想它们在编排设计中的用途。

8.运用所收集的材料进行20个编排设计的体验作业。

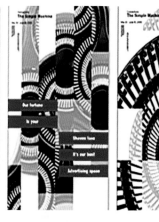

第四章
编排设计的审美要素

导言

在初步了解编排设计的概念、发展历程以及设计要素后，本章从六个方面分析了编排设计的审美性。通过本章的学习，使学生深入理解编排设计作品中所包含的审美要素，思考美的根源，并在实践环节加以运用。

平衡感、空间感、秩序感、寓意性、工艺美是本章提出的五个编排设计中应该重点关注的审美内涵，此外，还应关注编排设计作品的时代性、文化性和个人风格等命题，以此强化编排设计作品的文化性和艺术性。

在系统的学习过程中，要求学生认真思考本章讲述的基本概念，深入理解编排设计的创作规律，提高解读编排设计作品形式规律和深层次内涵的能力。最终通过实践活动完成强化学生设计鉴赏力和表现力的双重目的。

建议学时
8课时

第四章 编排设计的审美要素

编排设计是科学与艺术的结合，既要强调信息的科学传播，也要有效地解决画面的形式问题。本章从编排设计的审美心理出发，在宏观上首先提出编排画面应该注意的形式美的根源。通过对画面平衡感、空间感、秩序感以及节奏和韵律等影响画面形式效果的重要因素的分析、探讨，帮助学生塑造"赏心悦目"的编排画面。

第一节 ///// 平衡感

失去平衡，人会跌倒，因此对不平衡的状态我们就会心生恐惧或厌恶，这就如同坐过山车会因恐惧禁不住惊声尖叫。对设计作品的视觉心理反应和解读是建立在我们日常生活所积累的经验之上，自然而然人们就会厌恶看到一幅缺少平衡感的作品。一幅编排设计作品不管是追求静的端庄，或是动的激情，平衡感是保证读者视觉愉悦的形式基础。通过对称与均衡的形式美法则，合理组织运用视觉元素所获得的平衡感，是构成画面形式美感的基础。

平衡不是呆板或是静止，而是作品的动静关系处于最佳的对抗状态。在这种平衡关系中，动和静是无法取得绝对均衡的，一幅设计作品或显得端庄静穆，那是静的因素占据着主导地位；或显得活跃热烈，那是动的因素占据着主导地位。

一、"静"的平衡

动与静都是比较产生的，并在一定的条件下相互转化。通过对称构图的设计方法，我们可以得到以静为主导的画面平衡关系。

对称是两个以上的设计元素在画面中以同一点或轴线做等形或等量的分布，这一构图方法创作的作品具有大方、安定、庄重的视觉感。但是，过于强调作品的对称，作品的形式感会呆板而单调，因此，在强调画面结构的对称关系的大前提下，"静"的作品还应该注意在画面中导入一定的非对称因素。

静的平衡感主要通过以下几种对称方式获得，一是将画面元素以垂直中轴线为轴线做左右对称平衡构图；二是将画面元素以水平中轴线为轴线所做的上下平衡构图。

除了上述两种最主要的静的构图方式以外，以画面的对角线作为对称参照轴线，能够形成斜式构图；或是以画面中的某一个点做对称布局，能够形成放射式构图。这两种构图方式虽然带有更为动感的形式，但从整体来看，这两种构图形式采用的仍然是对称式构图，由于对称方式的变化导致画面带有更为强烈的动感和变化，所以这两种构图方式能够轻松获得良好的动静协调关系（图4-1～图4-5）。

二、"动"的平衡

均衡的构图方式能够带来相对动的平衡感，这是一种非对称性平衡关系。自由式构图是"动"的平衡的极致，画面元素在无序的组织关系中表现为一种强烈的对抗性。不过，即便是自由式构图，看似无序的画面组织往往有着内在的对应规律，否则画面就不是自由而是杂乱了。

均衡构图是借助人的视觉生理和心理习惯，利

图4-1 四组文字错落编排，并统
一在一个对称的框架中，从而形
成一个协调的版面。

图4-2 以中间的点为对称线，上
下对称编排，使画面具有一种凝
重感。

图4-3 画面左右对称，想要给读者
传达一种冷静思考的气氛。

图4-4 通过映射的处理，使画面形成
正反的对称布局，与自己进行内心的沟
通。

用编排元素寻求画面内在的、含蓄的秩序和平衡，达
到静中有动或动中有静的平衡。这种构图方法时而轻
松自由、时而热切激动，能够带给画面更多的形式变
化，从而获得更为强烈的画面动感，有效地避免了
对称平衡造成的版面单调和呆板，从整体关系来看，
画面仍然处于一种平衡状态，因此又不失舒适和有序
（图4-6～图4-8）。

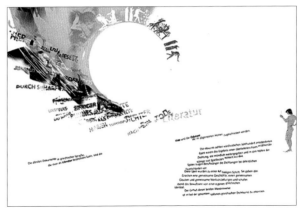

图4-7 旋转的编排设计，传达出时空的轮回，韵味感十足。

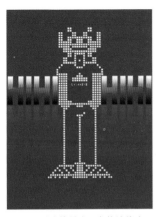

图4-5 对称的版式，安静地传达，
但大红的背景和人物脸部的微笑显得
平衡不呆板。

图4-6 倾斜的白色区域，具有动
感，而通过点的规范排列以达成
画面的均衡。

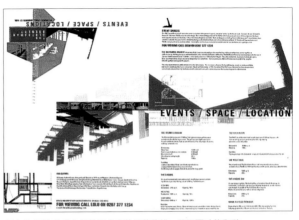

图4-8 图片的动态编排和文字的规范编排，使画面动静和谐。

第二节 ///// 空间感

空间感是构造画面信息层次的重要工具，设计师的工作不是填满画面中的所有空间，而是要使信息清楚易懂和吸引人；空间感也是增强画面视觉审美性的重要因素，生活于现实世界中的读者总是能够理解画面中的空间关系，并能够通过这些空间关系激发出相应的联想。运用大小、虚实、重叠等关系处理设计元素，塑造画面良好的视觉空间感，同时，在把握好信息主次关系和画面形式关系的基础上，对画面空间进行巧妙的分割也是丰富空间层次的重要手段（图4-9）。

图4-9 "2"元素的多次叠加使画面具有进深感。

设计师面对的白纸，就是作品的全部空间。一个平面设计师应将运用在画面中的设计元素理解为一定空间中存在的物象，就如同在一间居室内陈列的家具、摆放的饰品或是行动中的人物，只有这样，作品的生命力才能被激发和释放。以一张呈现在白纸上的作品为例，白纸位于文字和图像之后，

被称为背景空间，似乎是不为人们所关注的，但它不仅是设计的背景，同时它也是构筑画面空间的重要元素，文字及图像在画面中的存在造成对背景空间的占据和分割。此时，文字和图像形成实形，或称为"图"，背景空间为虚空间，或称为"地"，实和虚两种空间互相作用，形成画面有趣的空间关系。设计中不仅要认识到文字和图像等实形的重要性，还要特别关注负虚空间的处理，背景空间安排得好，设计作品的阅读清晰度和信息传达效率就会成倍提高，通过富有创造性的编排处理，虚空间就会成为画面中最突出、最精彩的部分。

一、图形与虚空间的关系

1. 固定型

此时的图形与虚空间形成了一种固定不变的空间关系，图、地关系明确，不存在误读的可能。相对于背景而言，图形大，此时图形分割背景所形成的虚空间极易被受读者忽略，那么图形占设计的主导地位；反之，如果图形很小，或者设计者有意识地巧妙处理虚空间，那么虚空间就占主导地位。

2. 可逆型

此时的画面中图形与虚空间在视觉的量上是相对均等的，图形和虚空间能够以相逆的方式进行解读，并都带有合理性。可逆型画面带有多变的视觉趣味，由此也赋予画面协调的张力，使作品表现出勃勃生机。

3. 模糊型

画面中的图形与虚空间是不确定的，二者的存在关系是模糊的。这种形式的画面往往表现出一种视觉上的背景感，将主要信息通过相对独立的方式进行表现能够在协调的基础上获得很好的信息传达功效。

二、空间分割

编排设计中空间分割的方式是多样的，几乎所有参与画面的造型元素都可以成为分割画面空间的元素。通过"线"来处理画面，是最常见的空间分割方式，通过线在画面中的穿插分割，能够把多种形象有机地组合成一个信息整体。画面分割线的形态可以是明确而完整的，也可以是暧昧或间断的。线在版面中的分割会产生新的空间，每一个空间又是相对独立的体系，体系之间的对比与协调增加了画面的秩序感和形式感。

空间分割既要考虑到各空间自身相对独立的形态，又要注意空间所具有的内在联系，以保证良好的视觉秩序，这就要求被划分的空间具有相应的主次关系、呼应关系和形式关系，以此获得视觉效果的整体协调（图4-10）。

三、空间层次

当设计师在编排设计中以三维的视觉幻象理解和处理二维作品时，作品空间的丰富性就得到了巨大加强。

图4-10 画面具有右上斜的动势感，并通过左上角的形态与之呼应，使画面动而不乱，空间分割协调。

编排设计中的每一个要素同时处于两种不同的形式关联中：第一，每一元素都是位于平面当中；第二，它又同时位于三度视觉幻象之中。编排设计中的空间层次可以理解为版面对现实物像在心理空间的虚拟表达，通过虚拟空间深度表现多层次的画面结构，但是，它强调的并非前后空间在深度上的重力平衡，而是空间层次带给版面的秩序感和形式感。

空间层次的产生是复杂的，形态之间相互重叠，可以构成位置的前后关系、虚实关系、大小关系、色彩关系、轻重关系等，这些无一不能带来空间层次的视觉幻象。在二维版面中营造出三维空间的纵深感，使第一层次突出，带有前进感，第二或是之后的层次暧昧而富有弹性，有后滞感，这不仅带来形式上的无穷变化，同时也有益于信息的清晰表达（图4-11～图4-13）。

图4-11 通过三只手的颜色的透叠使画面具有很强的关联性和空间层次感。

图4-12 画面通过一种跨越式的跳动感，使画面节奏欢快。

图4-13 利用魔方的特性和透视关系，达成一种空间的节奏。

第三节 ///// 秩序感

人们希望自己能生活在一个秩序化的环境之中，这种接受性的偏爱体现在我们生活的各个方面，大到对健全的法律体系的追求，小到对干净整洁的居室环境的要求。野外蘑菇排列成为一个圆形，我们就会惊呼："看呀，多么神奇。"这不仅是在感叹一种偶然，更是对人类智慧的一种回应。

艺术设计离不开秩序。设计的目的是为了创造更好的生活，出于人的本能，我们离不开秩序化的生活

环境。我们需要更为流利的阅读，更为有序的空间，更为便利的用具，而这一切，都离不开秩序感的帮助（图4-14、图4-15）。

阿恩海姆在《艺术与视知觉》中写道："人所具备的认识能力（其中也包括艺术创造能力）寻求的是秩序，科学的使命是在多样的现象中提炼出有规则的秩序，而设计艺术的使命则是运用形象去显示这种多样化的现象中所存在的秩序。因此，只有人的理性中那种把握秩序的能力得到发展时，他才能发现自然中

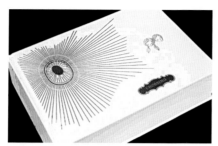 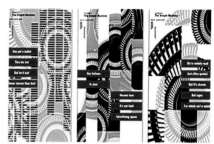

图4-14 通过线的放射达成画面的秩序感，放射形态的边缘不统一使得画面有变化。

图4-15 画面虽然具有空间和动势感，但统一在一个格式中，所以画面变化但统一。

的秩序。"人类追求并创造着秩序，古希腊时期的哲学家毕达哥拉斯就认为宇宙的基本结构是在数量的比例中表示着音乐式的和谐；亚里士多德也提出："美的主要形式——秩序、匀称与明确。""一个美的事物……它的各部分应有一定的安排……因为美要依靠体积与安排……"我国古代的先贤如孔孟、老庄、屈原等人的著作在探索自然奥秘、探讨社会伦理的同时也意识到了世界万物的秩序美。

视觉心理必须要借助生活的经验来解读形式，人们在长期的审美过程中形成的秩序感因此也成为受看者判断一件设计作品的形式是否愉悦的重要依据，编排设计作品存在秩序感，才能有条理，给人以和谐的美感。

北京天坛圜丘的结构全部采用9及9的倍数设计，以一块圆石为中心，四周以扇形围绕展开，第一层为9，第二层为18，一直到最外面的第九层为81块，坛面的中心与周围栏板的距离处处相等……这些无不体现出严谨周密的秩序关系，这一建筑不仅体现了我国"天人合一"、"天圆地方"的哲学思想，同时也是我国古代建筑中体现秩序美的优秀范例。不仅建筑设计如此，平面设计作品同样重视秩序感在塑造审美性方面所发挥的重要作用，我们可以在大量的现代设计作品中梳理出影响画面气质和肌质的秩序关系，即便

是自由式的构图，我们仍然能够在画面中感受到富有弹性的秩序感。

怎样在画面中塑造秩序感呢？画面中秩序感的体现，可以表现为造型元素之间的理性对应，也可以反映为画面整体或局部结构轮廓所带来的有序形态。

一、理性对应所带来的秩序感

当两个事物所处画面中的位置呈现对称时，读者能够感受到强烈的理性对应关系，对称是塑造画面明确秩序感的最为极端的方式。视觉设计作品中同样需要借助对称、对应等手段塑造秩序感，从传统的装饰纹样到现代的编排设计作品，无不大量使用对应这一手段加强画面的秩序化效果。我们经常看到编排设计作品中造型元素在位置关系方面的对应，画面上一排文字的右轮廓线可能对应着另一排文字的中轴线，一个图形的底线可能对应着画面远处的某个点……这种不胜枚举的对应处理都是为了强化画面的秩序美。秩序感强烈的画面从整体上来看带给受看者的是一种理性的阅读感受，而强调自由精神、弱化秩序效果的画面带给受看者的则是一种感性的阅读感受。依据设计主题的需要，设计师可以有目的地控制画面的秩序关系，以实现画面不同气质的塑造（图4-16）。

图4-16 在颜色丰富变化的前提下，通过理性的编排设计，使画面生动不凌乱。

二、节奏变化带来的秩序感

节奏这一概念最早来自音乐，用来表示声音有规律的重复或者是有秩序的变化。节奏对应着一定的心理特征，或丰富、或单调、或低沉、或轻松，不同的节奏给人不同的心理反应。通过造型要素的有序处理，节奏关系可以充斥在编排设计作品的每一个角落，文字的大小、粗细，字行的长短所形成的段落文字的外轮廓，都带来了节奏关系。这种结构轮廓的有序形态强调了设计师对作品的理性控制，对应了人类追求秩序，创造秩序的审美天性，同时参与塑造画面不同的形式感，传达相应的主题气氛。

英国美学家帕特说："一切艺术都是趋向音乐的状态。"编排设计中同样存在以音乐的方式表达和处理问题的可能，作品中的节奏有时以明确可读的形式感染着读者，更多的时候则是以影响潜意识的方式潜在地塑造着画面的气氛和性格。设计师在处理文字和互相关联的图形，甚至是连续页面的色彩关系时，都应主动认识到造型元素所形成的节奏关系，以清晰明确的节奏塑造简洁明确的画面，以多样复杂的节奏关系塑造丰富活跃的画面（图4-17～图4-19）。

图4-17 通过像素的网格的流动形式传达画面的运动感和节奏变化。

图4-18 通过线的流动形式传达画面的运动感和节奏变化。

图4-19 通过面（形）的流动形式传达画面的运动。

第四节 ///// 寓意性

读者阅读一件作品，总是要经历从形式到内容的两个理解层面，虽然以格式塔心理学的理论来解释阅读行为，我们首先感知到的是作品的整体形象。但是不能否认的是，几乎在接触作品的同时，伴随着读者对作品形式首先进行的解读，人们会将兴趣进一步转移到作品所包含的意义之中。

只有将意义与形式完美结合才能造就一幅优秀的设计作品。脱离了内容的形式，必然空洞，成为茫茫视觉符号海洋的一滴水，从而丧失了独立存在的价值。当前，大量的艺术设计从业人员带来的是日新月异的视觉作品，其中包括大量新奇独特的视觉形式，而我们应该看到的是，只有将意义与形式完美结合的设计才能成为读者关注并喜爱的作品，否则就只能被淹没在毫无意义的视觉符号之中。

一件编排设计作品会因为其中所表现的某种寓意而受到更多的喜爱。设计师应该习惯以寓意性决定设计作品的整体风格和气氛，在寓意性的引导下，如同文学作品，艺术设计作品能够表现出不同的风格，有些设计表现为小品文字般的轻松，而另一些设计则表现为史诗般的恢弘。从这一点上来说，每一件设计作品都应该从寓意性方面定位出自己的角色，并运用合适的手法表现出合理的画面气氛。

设计作品的寓意表达着作品本身和相关者对某一事物的看法和态度，从这一点来说，寓意性是整件设计作品的中心思想，设计作品的表现形式必然受到寓意的制约和影响。一个好的主题，其本身就会成为吸引读者阅读的重要因素，但更为常见的情况是，一个优秀的设计师能够将自己的认识和理解通过作品传达出去，以影响读者（图4-20～图4-22）。

图4-20 画面为了突出其寓意性，在编排时特意突出象征性的图形，以此吸引观者。

图4-21 编排的形式集中，通过象征性的图形来突出传达的内容。

图4-22 通过象征性的图形以及简单的编排形式来突出传达的内容。

第五节 ///// 工艺美

工艺（craft）与设计（design）这两个事物的区别与联系曾经是学术界很热门的争论焦点，直到现在我们还很难给出一个完美的界定。在此，没有必要对这一问题进行展开讨论，我们不可否认的是艺术设计与工艺隐含着千丝万缕的联系，艺术设计作品的审美性中就包含着一些重要的工艺美要素。

一、劳动美

当我们欣赏一件艺术品的时候，劳动能够注入作品更为震撼的感染力。由于在艺术领域中的劳动带有很强的技术性、传承性等特点，因此，将它纳入到工艺美的领域是合适的。

漫步在冬宫，面对着哥特式的传统工艺品我们会发出由衷的感言，"如此复杂的工艺，完成这样的工作简直就是匪夷所思"；当我们在首都博物馆欣赏精美绝伦的龙袍，也会不由自主地感叹，"天呀，这件龙袍的刺绣技艺太精湛了"。这里，我们不仅是在赞美这件展品所表现出的雍容华贵，同时，也是对设计师以及制作者辛勤劳动的认可。

艺术设计能够从这一原理中得到怎样的启示呢？人们总是对体现出人类智慧和劳动的事物更感兴趣，这就可以解释为什么我们会对创新的设计或是看上去无法完成的作品更为叹服，设计过程中，设计师应该表现出在作品中所注入的超凡心力，以此来震撼观众的心灵。当我们在一幅平面设计作品中看到精美细致的插图，我们就会说，"看，这件作品太漂亮了"；当我们在一个空间中看到不可思议的分割，或是难以完成的工艺时，我们就会对这一设计作品融入由敬佩升华而来的喜爱。

艺术设计并不都是讨巧的，有时也需要向观众展现设计师的艰辛劳动。我们可以从德国"视觉诗人派"的代表人物冈特·兰堡的作品中体验到设计师的严谨作风和精湛技艺，以及为了真实模拟出某个需要的场景而在画面之后所作出的艰辛劳动。北欧家私享誉全球，简练的造型和精湛的工艺是我们对它一致的评价，如果北欧家具不能以完美的线条进行曲木加工，呈现在我们面前的是简单的、容易实现的曲线弧度，粗糙的、稍有瑕疵的磨面抛光工艺，那么，人们对它的赞叹之声恐怕就要用别的声音替代了。这些事例说明，设计作品需要用劳动体现出美，体现出价值。初学者总是很难理解老师为什么要在教学中严格要求，严谨到细如发丝的一根曲线的弧度调整，严谨到一个色块大小不超过几毫米的变化，这些，都培养

着一个设计师的严谨态度，更重要的是通过一丝不苟的辛勤劳动，培养了一个合格设计师必不可少的细腻的审美判断力（图4-23、图4-24）。

图4-23 作品中，主体形象公鸡栩栩如生，充分展现了精良的制作工艺。

图4-24 编排形式突出了图形和标题文字，使画面清晰，易识别。纯手工的制作让当代设计师以计算机为先的现象进行反思。

二、材质美

视觉传达设计作品是需要通过一定的材料工艺实现的。材料本身体现出的视觉或触感元素会构成作品自身的材质美感，也就是说，设计作品的材质美主要是指实现作品的物质材料的色彩、纹样、肌理、质地等属性的美。材料的美通过视觉、触觉、味觉、听觉甚至是嗅觉作用于人的心理，产生了人们对材料的材质美的认识。坚硬、冷峻的材料会给我们带来机械和工业的力量感；柔软、天鹅绒般的材料有着亲切和柔和的呵护感，这些不同的材料材质，合理地应用在设计作品之中能够给作品带来更为深层次的表现力。

自然万物有着各自不同的材质，这些未经雕琢的材料属于天然材质。除此之外，人们还可以在自然物的基础上，经过设计构思、加工制作从而产生新的材质，这些属于材料的人造材质。设计师应该熟知设计

图4-25 编排设计中对材料的把握得当，不仅能够美化设计，更能准确地传达编排的内容。从而获得设计的成功。

材料，善于利用材料的天然材质和人造材质参与作品的表现。例如，设计师面对纷杂多样的纸张时，应该有主见地依据作品的需要选择合适的纸张进行印刷。以日本著名设计师原研哉为医院所做的VI为例，设计师创造性地把棉布质感融入了机构的形象设计之中，将温柔、呵护的机构文化巧妙地传递给了每一位走进这所医院的相关者（图4-25）。

三、技术美

编排设计本质上是将文化、信息等非视觉因素通过视觉符号进行传达的创造性活动，在这一过程之中，呈现可视的画面这一设计目标要求与技术紧密关联，以满足创造合理的、新颖的画面效果的需要。

1．传统技术在编排设计中的合理运用

对于技术而言，我们首先要做的就是合理运用现有技术。数字技术在艺术设计领域的普及对于提高工作效率争取创作灵活性功不可没，但是编排设计的表现形式应该是多样的，除了现在熟悉的电脑，设计师还应该看到喷笔表现、手绘等不同表现形式所呈现出的多样的美感。

传统技术不仅体现在作品的表现形式方面，同时也体现在作品的实现形式方面。编排设计往往需要借助平版印刷或是丝网印刷等传统技术加以生产实现。这些传统技术不仅成熟可靠而且价廉物美，是实现编排设计作品传播功能的重要工具。设计师在创意表现阶段就应该对将要采用的实现技术做到胸有成竹，能够熟练掌握传统技术的应用效果，在现有的资源条件下实现最佳化效果（图4-26～图4-30）。

2．在艺术创作中要对新技术保持敏锐嗅觉

艺术创作的创新需要借助于新的技术，新的技术往往能够迅速刺激艺术设计的发展和提高。如同动态捕捉仪的发明对3d虚拟现实技术发展的巨大推动，全景拍摄技术的应用在影视创作领域中的重要影响一样，通过新技术的运用编排设计作品同样能够呈现新颖独特的视觉体验。

近些年以来在平版印刷领域有很多新的技术得到迅速普及，将激光技术应用于凸版印刷制版，大大提高了印刷的精美程度，局部过塑印刷方法发明以来得到快速的普及应用，丰富了印刷品的表现形式。编排设计师应该对各领域内的新技术保持高度的敏锐性，并通过创造性地运用丰富作品的技术形态（图4-31～图4-34）。

图4—26

图4—27

图4—28

图4—26~图4—30 在编排设计时最大限度地控制
成本，同时又不失设计的品质，才是好设计。

图4—29

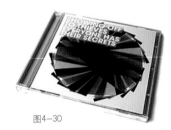

图4—30

图4—31

图4—32

图4—31~图4—34 这是一组在编排
设计中运用了印刷工艺（1.局部
切口；2．烫银；3.烫金；4.局部
过塑。）而达到特别的视觉效果
的作品。

图4—33

图4—34

第六节 ///// 编排设计的时代性、文化性 和个人风格

编排设计作品既是功能性作品，同时，又是审美性作品。功能性要求编排设计作品能够以有效的信息传达为先导，在满足功能性要求的基础之上，编排设计作为一种艺术创造活动还必须具备审美性，要求编排设计作品具有时代性和文化性。

艺术审美在任何发展阶段都要求具有统一性和个性化这相互矛盾的两方面特征。统一性是指在共同的时代主题和社会精神的影响下，艺术创作活动所表现出的某种相似的外部特征，特别是在资讯手段如此发达和平民化的今天，艺术设计在特定的时期获得阶段性的、暂时性的风格统一是完全有可能的事情。个性化又可以从宏观和微观两个方面来分析，从宏观上来看，是设计师在某一地域特有的审美意识、历史传统、政治体制等因素影响下，所形成的在一定民族、地域等范围内的特定风格；从微观上来看，每一个设计师都是一个独立的创作个体，是其艺术创造活动所

一、编排设计的时代性

编排设计师要紧扣时代脉络，在艺术创造活动中关注作品的时代性特征。艺术设计审美风格的时代性一方面表现为，艺术设计风格在特定的发展阶段总是会呈现相对统一的外部特征，事实上这是由这一时期的社会精神和时代需要所决定的。从新艺术运动到构成主义，从包豪斯到现代主义，再到时代的统一性发展到极致的国际主义风格，可以看到，编排设计在每一个时代总会呈现出相对统一的风格形态。当然，编排设计的时代风格又会因时代不同而表现出不同的面貌，这一点，我们可以从编排设计自身的发展历程中得到明确的体现。

另一方面，艺术设计审美风格在每一个时代总有一个属于该时代的主导风格。对于设计师个体而言，设计风格的形成是其成熟的标志，对于时代来说，艺术设计风格的模糊甚至是丧失，绝对是这一时代的悲哀（图4-35～图4-41）。

图4-35 维也纳分离派在编排设计中的应用，设计形态富于变化，节奏感。
图4-36 未来主义的设计风格，形式多样变化，强调文字的趣味性和多样性。
图4-37 构成艺术的特点，通过简洁的形态和动势来编排设计。

图4-35　　　图4-36　　　图4-37

图4-38　　　　　　　　　　图4-39　　　　　　　　　　图4-40　　　　　　　　　　图4-41

图4-38~图4-41　这是一组现代设计作品，与现今的社会、经济、文化潮流、时尚趋势紧密结合。

二、编排设计的民族性

民族，是在历史上长期形成的具有共同语言、共同地域、共同经济生活以及表现于共同文化上的共同心理特征的稳定的共同体。这一共同体在自己创造的各种文化形态上表现出有别于其他共同体的特点，这就是民族性。编排设计的民族性是编排设计活动在特定民族由表象至精神的高度统一。

民族的历史传统和优秀文化遗产是艺术家最为宝贵的创作营养，纵览成功设计师的作品，不论是形式语言还是作品的精神内在，都可以从中找到鲜明的民族个性。香港著名设计师靳埭强先生的作品具有独特的民族性特征，作品以中国传统艺术表现形式——水墨为主要符号语言，以植根于中国传统美学土壤的"禅"意为精神内在，强调了设计活动中民族性的独特性与稳定性，同时，也在编排设计中融合了文化的民族性与世界性（图4-42、图4-43）。

三、编排设计的个人风格

"风格"，源于希腊文，本义为一个长度大于宽度的固定的直线体。经过漫长的演变，慢慢进入视觉艺术领域，"风格"一词在18世纪成为艺术史研究中的专用术语，用来特指艺术在某一发展阶段所表现出的外形特征和精神气质方面的高度一致。勒·柯布西耶说，"风格是一个时代所有生机勃勃的作品原则的统一，是拥有自己特殊性格的头脑所表达的结果"。

编排设计的个人风格是设计师在作品中所呈现出的有别于其他设计师的独特的审美个性。独特的设计风格是每一位设计师苦心竭力的追求目标，是设计师在主客观因素的影响下表达自我个性的不断的探索和表达。

编排设计作品个人风格的形成代表着设计师的成熟，在其专业历程中有着重要的意义，这一过程是设计师经过漫长探索和艰辛付出后的回报，不是仅靠一时一地的努力或是偶然的灵感闪现就可获得的巨大成就。艺术设计专业的初学者应该端正学习态度，不能以风格为时髦，以轻浮的心态玩风格，如此必将在个人的专业发展中付出惨痛代价。在设计中把握其核心功能，苦练视觉造型的基本功，勇于尝试和学习已有的多样的风格化视觉表现语言，才能为日后形成自己的风格打下坚实的基础（图4-44~图4-46）。

图4—42

图4—43

图4—42、图4—43 图中以中国传统文化为设计元素，并结合国际化的设计理念进行编排。

4—44 美国现代主义平面设计运动的开创人之一雷斯特·比尔所做的美国政府乡村电气化管理局宣传海报。其中大众化的美国国旗颜色和人物形态的安排具有明显的波普艺术特点。

4—45 简洁的线条充满张力，同时也勾勒出海报主题——爵士音乐的律动和秩序美。

4—46 线条划分的空间感，配以手写文字的运用，使画面的气氛轻松有序。

思考与练习

1.学习本章介绍的编排设计审美要素，理解各要素在编排设计作品中的重要功能。

2.在练习环节依据本章介绍的知识要点分析画面，尝试将审美要素融入对作品的审评标准之中。

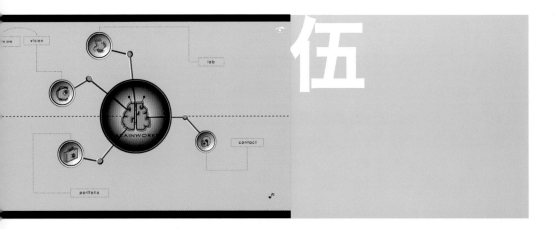

伍

导言

本章第一部分讲述了编排设计作品"繁"和"简"两种画面形式，使学生了解这两种画面形态各异但又紧密关联的形式和审美要点。在阅读习惯和心理反应等多重因素的作用下，编排设计作品形成了丰富多样的视觉流程，本章的第二部分对此展开讨论。优秀的设计师能够从主题需要、形式特征及媒体要求等限定性因素出发，为一幅作品设定合理的视觉流程，同时增强设计行为科学和艺术两方面的有效性。通过讲述视觉流程参与画面形式与气质塑造的功能，帮助学生理解在编排设计中，合理运用能够实现完善画面的整体效果以增强作品的整体愉悦、塑造特定的画面性格以及确定设计作品合理的信息层次等方面的重要作用。

通过本章的教学，学生应该初步理解"繁"和"简"两种画面形式的特征和应用原则，掌握编排设计中常用的视觉流程，了解不同流程的视觉形式和阅读心理，通过有针对性的分项练习，掌握不同视觉流程的创作方法和规律，最终融会贯通，能在同一作品中综合灵活运用多种视觉流程运用。

第五章
编排设计的视觉流程

第一节 编排设计中的"繁"与"简"

第二节 视觉流程的功能

第三节 视觉流程的分类

建议学时
16 课时

第五章　编排设计的视觉流程

为版面设定一个合理的视觉流程，这是设计师应当完成的一项工作。因为，合理的视觉流程决定了读者能够从版面中记住什么。视觉流程是指设计作品中设计师通过对设计元素有意识有目的的组织安排，所形成的读者在浏览一幅画面时的视线运动的轨迹。

由于人眼生理结构的特性，我们在阅读时只能单点聚焦，随着视线的移动，画面中会形成一条看不见的视觉流动线，这条视觉流动线就是我们说的视觉流程，它决定着信息传达的秩序层次。受到视觉流程的影响，读者会在潜意识中通过视觉流程明显的方向性、层次性，定位出画面的整体气氛和信息的层次关系。需要注意的是，设计师确定视觉流程时，需要尊重读者作为一个人所需要满足的一些生理习惯和行为习惯，带着思考，辩证地处理所面临的一些问题，只有这样，才能创造出既满足信息传达的需要，又能够轻松、自然地阅读的画面（图5-1、图5-2）。

视觉流程往往与画面的构图紧密关联，甚至可以这样说，选择了某种类型的视觉流程就意味着决定了某种构图形式，因为只有画面中的元素全力配合，才能塑造出一个明确有力的视觉流程。同时，视觉流程与作品的设计主题也配合密切，不同的视觉流程有不同的视觉心理特征，合理地选择和运用视觉流程能够强化主题对读者心理的影响力和震撼力，所表现出的画面气质也能够很好地配合主题信息的传达。

在画面中组织好视觉导向，能够提高画面信息传达的准确性和有效性。如何选择合理的视觉流程，使之参与塑造画面整体气氛，从而增强作品的感染力这些都是初学者必须清醒认识和认真思考的问题。

图5-1　　　　　　　　　　　　　5-2

图5-1、图5-2　拥有一个明确合理的视觉流程能够保证一张编排设计作品信息传达的有效性。

第一节 ///// 编排设计中的"繁"与"简"

任何编排设计作品，不可避免地需要借助设计元素组织画面，传递信息。形态万千的编排设计作品有些画面元素纷繁，呈现出丰富多样的美感，有些作品画面中的元素则简练单一，呈现简约干练的美感，由此呈现出的"繁"、"简"不同的作品形态表现出不同的画面气质，在具体的设计活动中应该有针对性地区别应用（图5-3、图5-4）。

图5-3 这张海报由极"繁"的视觉语言构成，感性而轻松。

图5-4 这是中国学生张昕的作品，"繁"的设计带来丰富的画面效果。

一、编排设计中的"繁"与"简"

编排设计的对象包括图像、图形、文字、色彩、肌理等因素。它们在画面中变化多样的排列组合关系使它们体现出不同的艺术风格，构成了编排设计的"繁"与"简"。"繁"与"简"这两个概念是相辅相成的，并在一定的画面条件下互相转换，设计作品画面风格的"繁"或"简"的选择运用，依据于设计主题的定位，并决定着作品的内在气质。

编排设计中的"繁"是相对于"简"而言，设计元素在画面中互相烘托，并处于相互竞争的状态，往往给人以感性、热情的视觉心理反应；"简"的编排设计则是使用最简洁、最精确的方式展现并突出设计主题，其特点是给人以冷静、理智的视觉心理反应（图5-5）。

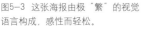

图5-5 井田正文（日）的设计作品，体现出一种"简"的禅意。

二、"繁"与"简"所引起的视觉心理

"繁"的编排设计更多地表现为感性的画面，而"简"的设计更多的是对理性设计的表达，这两种不同的画面形式针对不同的设计主题各尽其用。

"繁"的设计中各元素在一定的视域内并存，缤纷多彩的画面以感性与热情感染着观者，同时，由于视觉负荷的增强，使得画面能够带有更多的装饰性，画面能够轻易获得和谐的美感。但是，正因如此，有效的信息传达在"繁"的设计中也就更为难能可贵，既能借助多样的元素塑造美的画面，又不会因为画面的复杂而淹没信息，这是在进行"繁"的编排设计时设计师首先要考虑的问题。

"繁"的设计大致呈现两种不同状态，一是各元素在一定秩序下的组织或重复，例如本书之前介绍的并置式画面；另一种是各元素无规律的运动和组织，使人产生丰富、多变和无序的感觉，它的极致就是自由式画面。

"简"的设计画面中的元素有组织、有规律、有主次地出现，使人产生简洁的秩序感。这种画面能够有力地突出主题信息，信息传达快速而准确。不过，"简"的设计处理不当时会导致画面乏味，它要求设计师对有限的画面构成元素进行深入而敏锐的分析和创造，力求画面中的元素与主题保持密切关系，保证寓意性这一审美要素的成功贯彻；同时，由于画面元素少，每一个元素将分配更多的被关注的时间，因而要求创意更佳、制作更精，只有这样才能经得起观者的反复揣读，设计师要对每一个元素的造型下足工夫，保证注入元素个体足够的造型审美性。

"繁"与"简"在编排设计中是相辅相成的，正是由于"繁"与"简"的并存，才带来设计的多样性。我们必须能够说明审美经验方面的一个最基本事

实，即审美快感来自于对某种介于乏味和杂乱之间的画面的观赏。单调的画面难以吸引人们的注意力，过于复杂的画面则会使我们的知觉负荷过重而停止对它们进行观赏。

杂乱与乏味就像是"繁"与"简"发挥到极致所产生的负效果，而在编排设计中恰当的"繁"与"简"它们都会独立地给观看者以审美快感，并保证了信息的成功传达，也带动了不同的设计风格以及定位（图5-6、图5-7）。

图5-6 一繁一简，给读者以充分的想象空间。

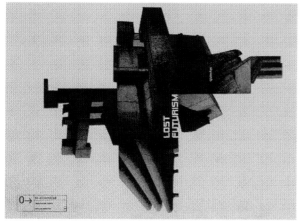

图5-7 失落的未来派之旅 简的理性，简的冷酷，这是一个被分割和重新组合的图像，外形抽象而神秘，符合未来派的内涵。

三、"繁"与"简"所产生的时代背景和根本原因

艺术设计的发展与社会经济的发展相辅相成。设计风格今天的多样化与社会的信息化、经济的全球化不可分离。所谓审美观念是指在一定时期，社会群体和地区环境中所形成的对美的基本认识和看法，以及在此指导下的审美意识、审美趣味、审美心理特征等，审美观念和社会的其他观念形态一样，受到社会经济发展水平的影响，同时它又对社会的整体意识形态产生作用。

现代社会相继产生的两种主要的艺术风格是现代主义与后现代主义。现代主义摆脱以往繁复、绚丽的装饰主义风格，强调"形式服从功能"，随后更是产生了极少主义，这种简洁、明快的设计风格十分符合快节奏的现代都市生活。第二次世界大战结束以后，现代主义设计观念更是成为众多欧美国家所接受的设计风格，演变为国际主义设计并成为世界设计的主要风格。就商业平面设计来讲，20世纪50年代自选市场诞生，信息的快速传递成为重要的要求，设计更加追求简洁、醒目，而国际主义设计恰恰具有形式简单、反装饰性、强调功能性、系统化和理性化的特点，这一时期"简"的风格顺应了时代的要求，成为主流。

现代主义设计从起初的反传统、反装饰发展到米斯·凡·德洛的"少即多"的设计原则，逐渐走上了极端的形式主义道路，并最终使设计倾向于极少主义的偏激。

后现代主义最早的起点是对现代主义原则和价值的批判。后现代主义打开了一系列的设计形式：复兴的观念，材料的广泛运用和设计师主观意向等——这些都是过去被现代主义者否决在后现代设计中重生的。后现代设计师希望他们的设计除了有功能性之外，还能给人们提供更多的诸如情感、趣味、美感、个性等特点，重视人们对精神和心理空间的需要，强调表达更多的含义。查尔斯·詹克斯曾说过，后现代设计是在现代主义设计中加点什么。这点"什么"中包含着后现代设计中所表现出来的强烈的装饰意味。所以这个时期的编排设计产生了"繁"的设计风格（图5-8～图5-10）。

图5-8　美国编排设计的文艺复兴处于后现代主义设计的开始阶段并必然受到其影响，"繁"的设计呈现出了多样的丰富性，打破了功能主义的单一格局。

图5-9　包装设计中的"繁"。

图5-10　日本成为"简"的编排设计中最具代表性的东方国家，这种风格还影响到远东不少国家的设计风格，而由于这个极具民族特色的包装设计也使其商品价值提升，有别于美国的大众的，为大工业商品所服务的"繁"的设计风格。

在编排设计中所产生的"繁"与"简"的设计风格，是由于现代设计与反现代设计这两种设计风格影响所产生的。"简"的设计风格突出了功能至上的设计主旨，与其产生的社会、时代背景相关。相对于"简"的设计风格质朴、单纯、简单得甚至有些单调的色彩效果，"繁"的设计风格具有夺目的色彩效果与装饰意味。

四、"繁"与"简"在实际应用中的作用

编排设计的"繁"与"简"不仅体现了一个作品的设计风格，而且还与这个国家的历史传统、文化的继承、科学经济的发展密切相关。如何在竞争异常激烈和销售方式不断演变的现代市场环境中脱颖而出，企业除了需要依靠产品创新和优质、快速的服务外，以编排为表现手段的设计作品愈来愈显重要。美国最大的化学工业公司杜邦公司的一项调查表明：63%的消费者是根据商品的包装来选购商品的。这一发现就是著名的"杜邦定律"。这也说明正常消费行为与非正常消费行为并存，而非正常消费的重要动力就是编排设计所创造的美的形式对消费者的强大吸引力（图5-11、图5-12）。

"繁"的设计使用大量的装饰性元素，繁华的线的运用、诱人的图案与照片、通俗、大众的文字语言、绚丽的色彩，创造出来的作品更易亲和观众，因为人类更喜欢具有亲近的、感性的、容易接受的视觉体验。从形式上，如果"繁"的设计风格过于夸张、装饰会产生庸俗感，反而不能产生预期的效果；从功能上，没有合理安排版式设计的信息就无法使消费者更加准确、快速的理解，甚至产生歧义。

"简"的设计更多的是简洁、理性的设计，它突出了主题最重要的信息。作品中使用理性线条、具有

图5-11   图5-12

图5-11、图5-12 简的设计功能性突出，在商业编排设计中有着广阔的应用空间，不仅在塑造特定画面效果方面简的设计能够发挥特定作用，而且能够凸显产品定位。

概括力的抽象写意的表现手法，强化了编排设计中文字、图形或是材料工艺等要素的分量，更多地体现了一种文化的、高贵的、具有理性内涵的画面气质。

总而言之，现代的编排设计，应着重表现主题本体性、趣味性、目的性的意义，追求多元化、个性风格化的特定价值。不管是"繁"还是"简"，不管是高雅的还是大众的，都应满足不同主题的信息诉求，满足不同观众心理结构上的某种欲望和感性的需要，在设计上应充分体现人本主义的设计原则和思考，只有这样才能在情感与功能两方面适应现代社会人们的需要。

第二节 ///// 视觉流程的功能

要在创作活动中合理运用视觉流程，首先需要从宏观功能方面了解视觉流程，这样能够帮助创作者更好地对它加以运用。

具体来说，视觉流程在设计作品中的重要功能主要体现为完善画面的整体效果，增强作品的视觉愉悦感。

在设计活动中实际观察，会发现画面中的视觉流程都是在复杂的画面元素的引导下形成的，但是，将其简化之后我们会发现，这些视觉流程可以高度概括地简化为特征明显的诸如直线、曲线、斜线等形式的线条，并且，运用平面构成中对线条的特征的理解来分析编排设计作品中视觉流程的形式特征，我们会发现其中也确实存在着某些共性因素：垂直的视觉流程线会带来强烈的耸立感，倾斜的视觉流程线则会带来强烈的运动感……诸如此类的形式理解是如此一致。编排设计中，一条明确的视觉流程线可以帮助作品明

确风格，整合设计元素，完善画面的整体效果。一幅完整的画面需要能够保证其被有效地充分利用，并给读者带来鲜明的整体印象，有益于读者在愉快观赏的基础上记忆重要信息。

一、塑造特定的画面性格

不同形式的视觉流程不仅为设计作品带来各异的视觉效果，特定的视觉流程也会引发读者不同的心理感受。以解决问题的设计立意去思考画面视觉流程的安排，我们会发现这样的一个原则：某种视觉流程所引发的特殊审美心理会与某类品牌或产品形象产生对应。换句话说，不同性格的品牌或产品会在某种程度上限定我们对视觉流程的选择和安排。例如，要通过作品强调出运动感和速度感，最常用的手段就是选择倾斜式的视觉流程进行构图，这一点我们将在以后针对各种不同视觉流程特点的讲解中一一展现（图5-13）。

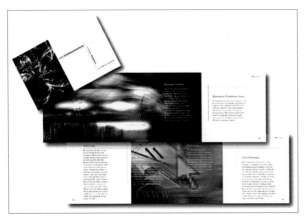

图5-13 塑造宽阔的视觉效果需要借用横式构图，也就是说追求不同的视觉效果需要调用不同的视觉流程形式。

二、确定设计作品的信息层次

不同形式的视觉流程在处理画面信息时各有所长，选择了某种视觉流程也就意味着选择了某种信息传达的形式。例如，竖式视觉流程简洁高效、放射式视觉流程复杂多变、导向式视觉流程鲜明果断，等等。因此，想要塑造画面的视觉流程，设计师就必须

首先划分出信息的等级，将所有需要传达的视觉信息依据其重要性确定阅读顺序，并将信息顺序与视觉流程进行有机结合。只有这样，读者才能在设计师事先设定好的过程中读取信息。如此这般，当然也更加有利于信息的传播（图5-14）。

图5-14 自上而下的视觉流程将画面中的信息按照重要程度做了同样秩序的排列，保证了读者在阅读的时候信息接收的有序性。

第三节 ///// 视觉流程的分类

初学者如何抽丝剥茧，在错综复杂的画面布局中发觉规律，获得更为合理的画面效果呢？在此，我们不妨先将画面的视觉流程进行简化分析和处理，这将有助于初学者掌握符合逻辑要求的画面分析和处理能力。需要说明的是，在实际操作中，设计师可能会面对极为复杂的情况，不仅一个画面中会有两种甚至两种以上的视觉流程互相渗透，图片、文字、色彩等设计元素的处理安排也会对画面效果产生影响。而下面所讲到的各种视觉流程是在便于理解的前提下列举的一些典型案例。虽然对于基本规律的理解和把握将有助于我们去面对更加复杂的设计任务，但是这样界定

形式复杂、变化微妙的视觉流程多少过于简单化和概念化，初学者应当在理解掌握的基础上，综合运用，实现自我突破。

一、竖式

将设计元素沿画面的垂直轴线做自上而下的纵向编排，设计元素集中在垂直轴线左右，画面形成竖式的视觉流程。

竖式视觉流程的特点主要有画面简洁、果断、干练，并有上下两方向的纵向延伸感。在处理信息的时候，可以将一级信息也就是最重要的信息安排在画面的中间部分，二级、三级信息或其他辅助信息安排在其上下，这样能够带来简洁清晰的视觉效果，同时有

利于观赏者接受、理解信息。当然，我们也可以通过对比关系来达到信息分级的目的。

竖式视觉流程是编排设计中常用的类型之一，特别是在商业广告中频繁出现。由于竖式流程特定的视觉效果，它经常在年轻化、时尚类强调简约性格的品牌或产品的广告中被采用（图5-15、图5-16）。

二、横式

将设计元素沿画面的水平轴线做横向编排，设计元素集中在水平轴线上下左右，并且往往达到画面左右边缘，即为横式视觉流程。

横式视觉流程可以是将横贯画面左右的设计元素做自上而下的编排，此时画面的组织形式极易与竖式视觉流程混淆，但是我们应该看到，横式视觉流程带给我们的是安宁、稳定、宽阔，并有左右两方向的水平延伸感，这一点是其与竖式视觉流程的本质区别。在我们运用横式视觉流程时，如果采用横式版面的构图会带来更为典型和强烈的特征，那份宽阔与安宁是其他视觉流程形式无法实现的。

横式流程经常在诉求稳定、性格宽广的地产、汽车等品牌或产品的广告中被采用（图5-17、图5-18）。

三、斜式

将画面视觉元素以倾斜线为中心线做倾斜编排即为斜式视觉流程。

斜式视觉流程个性鲜明，形式独特，具有惊险、运动、危险等性格特征，正是由于上述原因，它成为运动产品广告或情节紧张的电影海报的首选。奇怪的是，国外某设计机构的调查显示，设计师在缺乏创意灵感时往往以斜式构图突破平庸，这造成了毫无根据的斜式视觉流程作品泛滥。我们可以想象，将诉求舒

图5-15   图5-16

图5-15、图5-16 竖式视觉流程纵向集中读者的视线，画面显得紧凑而干练。

图5-17

图5-18

图5-17、图5-18 横式视觉流程画面显得宁静而宽阔，是应用广泛的一种视觉流程形式。

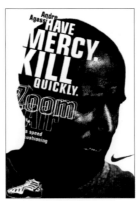

图5-19 文字以倾斜的方式进行编排，画面获得了动感和变化，却是以牺牲阅读的舒适性为代价。

图5-20 倾斜的构图形式在体育运动类产品的宣传品设计中非常实用，动感的画面特征与主题的要求保持一致。

图5-21 倾斜的画面充满动感。

适安宁的地产报纸广告设计成斜式视觉流程将会是多么可笑的错误。因此，强调解决问题的立意，注意视觉流程与设计对象性格间的匹配关系是避免上述错误的关键所在。

斜式视觉流程的画面结构有一点需要特别提出以供初学者关注，这类画面中往往暗藏着由若干垂直的交叉线所构成的十字结构。在平衡感一节中我们谈到画面的协调和平衡对我们的重要作用。毫无疑问，单纯的斜式视觉流程会因为不稳定的画面效果而引起读者的不适，而暗藏的十字结构稳定了画面力场，使读者以舒适的心情感受着画面带来的运动和刺激（图5-19～图5-21）。

四、曲线式

将画面视觉元素以曲线为运动轨线进行编排即形成曲线式视觉流程。

与曲线给我们带来的视觉感一致，曲线式是一种流露着高贵优雅、时尚浪漫气质的视觉流程，经常应用于手表、化妆品、时装等时尚性产品的广告作品中。

很少有设计作品是彻头彻尾的曲线式视觉流程，一般仅在画面中某一部分运用视觉元素引导着读者的视线进行曲线运动，更多的作品在画面上还是以横式、竖式来安排信息，因为它们比曲线式视觉流程简洁流畅，更有利于信息的传达（图5-22）。

五、导向式

通过导向图标完成视觉流程运动轨迹的设计即为导向式视觉流程。

我们生活在一个充斥着导向图标的世界里，想要顺利到达目的地，我们就要学会认识并遵从导向图标，这一习惯会延续到画面的阅读过程中。设计师可以利用导向图标有意识地引导读者的视线，完成合理的信息传达流程。

导向式视觉流程具有轻松地塑造画面视觉中心、画面信息层次清晰明确的特点。画面中的设计元素在导向图标的周围形成明确的信息层次关系，信息与导向图标的空间距离以及与导向图标的方向关系决定着信息重要性的级别（图5-23、图5-24）。

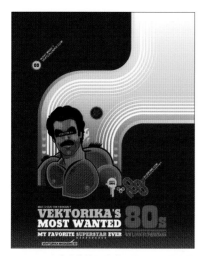

图5-22 曲线式的构图优雅而协调，画面中往往充斥着柔和的高贵感。

图5-23

图5-24

图5-23、图5-24 设计师可以利用一切可能的元素形成导向式的视觉流程。

如果你的脑海里只有那些箭头、手势等符号记忆，那么抱歉，你的想象力还有待拓展，你的观察力还需进一步提高。在画面中除了箭头、手势等导向图标外，色彩、肌理、肢体语言、线条等都可以成为设计时极为有效的导向图标。

六、十字式

画面中的设计元素以十字结构线进行编排即能形成十字式视觉流程。

十字式视觉流程具有稳定、端庄的视觉特点。如设计师善于引导，画面还能流露出浓郁的宗教或历史感。

十字结构是以横竖两条线为画面的主结构线。画面中线的交点容易形成视觉中心的特性往往被设计师加以利用，以此形成清晰明确的信息层次（图5-25、图5-26）。

七、环式

画面中的设计元素以圆心为中心点做同心圆编排即形成环式视觉流程。

这是一种独特的视觉流程，有序的画面组织形式将圆心塑造为绝对的画面视觉中心，画面外沿信息由于逐渐远离圆心而显得越来越微不足道，这是此种视觉流程的重要特性。很多设计师在设计此类作品时将中心信息放置在圆心位置，醒目而突出，不过，灵

图5-25

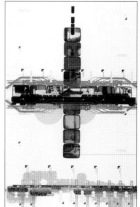

图5-26

图5-25、图5-26 十字形的视觉流程稳定端庄。

活打破这一特性也会给画面带来令人意想不到的效果（图5-27、图5-28）。

所形成的视觉流程即为重复耗散式视觉流程。

重复，强调的是将若干设计元素处理为视觉量感近似的单位形，然后再在画面中进行规律性的网格编排；耗散，强调的是将这些近乎等量的视觉元素在同一个画面中规律编排，画面中缺乏绝对的视觉中心，每一个视觉元素都相对公平地争夺观者的注意力，这样就耗散了观者对画面中单个元素的关注力，塑造出一个非常和谐的画面形态。特别是在一个画面中有很多不同的图片需要处理的情况下，重复耗散式能够有效地避免画面中的凌乱感。因此，这种视觉流程在产品说明书等设计领域中应用广泛（图5-32~图5-34）。

图5-27

图5-28

图5-27、图5-28 环式的视觉流程具有一定的向心性。

八、放射式

画面中的设计元素以某一点为中心点做放射状结构的编排即为放射式视觉流程。

这是一种富有激情与力量感的视觉流程。如果配合角度的变化，画面还能表现出很强的空间和韵律关系（图5-29~图5-31）。不言而喻，画面的视觉中心就是放射结构的中心点。

九、重复耗散式

以网格结构方式规律性地安排画面中的设计元素

图5-31

图5-32 即使是看起来毫无变化可言的重复耗散式视觉流程，通过设计师的匠心独运也能够带来令人赏心悦目的变化。

图5-29

图5-30

图5-29~图5-31 放射式的视觉流程蕴涵力量，力场强烈。

图5-33 肌理等元素的加入调和了重复耗散式视觉流程的呆板单一。

图5-34 标准的重复耗散式视觉流程。

十、自由式

不去遵循任何形式规则，依靠设计师的直觉，以自由的形式与精神安排画面中的设计元素，此类画面的视觉流程即为自由式视觉流程。

这是一种因其自由、随意的画面效果而日益受到青年设计师垂青的视觉流程。在进行画面处理时，设计师不受陈规旧矩的约束，更多的是依赖自己敏锐的观察力和细腻的形式感进行设计。正因如此，这种版面相对来说比较难以驾驭，如果没有扎实的基本功和深厚的艺术素养，画面中取代自由随意的将是杂乱无章（图5-35~图5-39）。

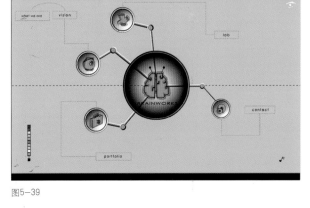

图5-39

图5-35~图5-39 自由版式灵活多变，给编排设计带来无尽的空间和活力。

图5-35

图5-36

思考与练习

1.结合平面构成中对不同线的特性分析，理解各种视觉流程的视觉心理特征。

2.理解不同视觉流程的应用规律。

3.针对不同主题选择合适的视觉流程进行分项设计训练。

图5-37

图5-38

导言

本章第一部分介绍了栅格化设计这一理性编排方法的形式特征和应用原理。通过学习栅格化设计的历史以及在文字、图形等领域中栅格化设计方法的运用，试图揭开栅格化设计的应用功能和审美根源。本部分详细介绍了编排设计中常用的几种栅格化骨格，通过带有具体课题要求的创作练习，加强学生应用能力的培养。

第二部分分类介绍了当前最常见的几类编排设计对象，这些编排设计作品无论是在应用层面和深度等方面都颇具代表性。通过学习，进一步明确编排设计应用性的不同表现，同时加强在设计环节突出针对性和有效性能力的培养。

建议学时

8 课时

第六章
编排设计的栅格化构图

第一节　栅格化构图的发展与应用

第二节　栅格化的编排设计

第六章 编排设计的栅格化构图

第一节 ///// 栅格化构图的发展与应用

人类文明的进步，培养了理性的思维。从古希腊时期的毕达哥拉斯学派到现代的荷兰风格派，不同的历史时期古今中外都有一些艺术家尝试运用几何和数学的方法分析对象，完成艺术创作。古希腊的数学家们研究发现的黄金分割比率就是一个著名例证，众多艺术家将这一理论应用到艺术作品的创作之中，对当前的设计形式美形成了深刻的影响。

20世纪20年代，瑞士现代主义的设计家创造性地完成运用栅格化进行编排设计的研究，并运用到书籍设计、报纸编排设计等领域，经过数十年的不断发展，这一方法日益成熟，并在西方得以广泛运用。

现代设计要求设计师针对同一版面中大量而且庞杂的图文信息进行编排处理，以满足传达信息的需要，并带给受看者美的体验。在版面中，如果有大量庞杂的图文信息需要处理编排，使用栅格化的构图，能够将画面形成不同的功能区，使各信息之间的关系秩序井然。这是一种规范、理性的分割方法，正是由于它的理性，使它能将版面中大量的信息形成一个整体的信息体。严谨、和谐、理性的美是这种编排方法的总体形式美的特征。

使用骨格法的构图，通过将画面分割成为不同的功能区，使复杂的信息之间秩序井然，既满足了传达信息的需要，同时能够注入设计作品秩序化的视觉效果，由此带来功能与艺术的多重满足。网格构图是一种规范、理性的分割方法，正是由于它的理性，使它能将版面中大量的信息形成一个整体的信息体，严谨、理性、和谐的美，是这类编排方法的总体形式美

的特征。

一、海量文字的网格构图

书籍封面、平面宣传品等作品运用栅格化构图进行编排设计，往往需要在栅格之中寻求变化，或者将栅格隐藏在编排元素的轮廓之中，以打破栅格的限制。这样的设计，在理性、规则的基础上又增添了形式的灵活和多变，受到设计师的普遍欢迎。

书籍内页、产品说明书等作品中包含高密度的信息，因此使用栅格化构图更为多见。从骨格对画面的分割方面来说，常见的骨格有通栏、双栏、三栏、四栏等。一般以竖向分栏为多，分栏的起止位置可按编排设计主题和元素的特点来灵活安排，图片和文字一般严格按照栏的边缘放置。为了追求活跃的视觉效果，即使在分栏骨格类的编排设计中也能够找到无数的形式变化的方法，这些方法从整体上来说是在保持骨格大体效果的同时以标题、图片的形式或改变穿插、各栏的长短等形式来寻求变化，打破版式的呆板拘谨。经过变化的骨格版式既理性、条理，又活泼而具弹性。

不同的分栏形式会形成不同的视觉效果，并由此影响到视觉心理。

通栏式的分割一般来说文字量较大，版面显得饱满而端庄，适合应用于严肃题材的编排设计，在做通栏式的设计时要注意文字的单行长度，应该避免因为太长而给读者的阅读带来不适和额外的负荷。不过，通过文图结合、空满对比等手段的调和，通栏式的设计也能获得轻松的视觉效果。双栏式的设计分割形式是一种比较中庸的处理方式，既有着通栏的端庄与完

整，又有着多栏分割形式的变化与灵活，是一种常用的画面分割形式。而三栏、四栏等形式的多栏设计由于给画面带来多样的分割形式而使画面显得更为丰富，在设计中运用多栏分割是避免读者在海量文字面前疲倦甚至厌倦的常用手段，不过由于多栏形式在画面中会形成数量较多的分割线，因此要注意栏的宽度与画面宽度之间合适的比例关系，避免因为分割过多而带来琐碎杂乱的视觉效果。

编排设计中一般以竖式分栏为多，分栏的起止位置可按编排设计主题和元素的特点来灵活安排，图片及文字的位置和宽度一般严格按照栏的边缘进行处理，但不排除因为追求活跃的视觉效果而灵活处理分栏边缘的可能。为了活跃视觉效果，即使在分栏骨格类的编排设计中也能够找到无数的引发形式变化的方法，这些方法整体上来说是在保持骨格大体效果的同时以标题、图片的穿插、各栏的长短变化等形式来打破版式的呆板拘谨，经过变化的骨格版式既理性规范，充满条理，又生动活泼而具弹性。

二、图形的网格化构图

产品说明书等宣传品通常在一个页面中包含数十，甚至是上百张图片，为了保证在一个宣传品中不同的产品都能够尽可能地得到相同的关注，同时也是为了保证画面的效果完整统一并符合人们的阅读习惯，设计师可以选择网格化的构图形式来解决这一棘手的问题。

三、网格化构图的运用

1. 根据主题要求确定骨格风格

骨格的数量、骨格的位置关系以及版面率的制订，都影响着画面风格的形成。

骨格数量的确定与设计的主题和媒介的特点有着密切的关系。严肃的主题需要正统的版面形式，娱乐性的主题需要轻松的视觉环境。媒介阅读方式以及开本的不同也会影响到骨格数量的确定，试想一下，如果我们将报纸的骨格编排形式强行嫁接到一本古典名著的编排设计中，那将是多么可笑的一件作品。

通栏的主要功能是放置大量文字。在设计之前必须要首先确定通栏版面率，也就是文字在版面中所占的比率。版面率高则文字含量大，视觉上显得比较饱满，但容易导致读者的视觉疲劳。在过去，由于经济发展水平不高，成本意识致使版面率一直处于较高的状态；随着人们生活水平的不断提高，除作品内容本身外，视觉的舒适和美感也成为重要的吸引点，因此，版面率逐渐下降。

通栏的大小和变化在西方有着较严格的约定，字距的关系和行距的关系以字体的磅数而定，一般每栏中的字母在50个左右。中国汉字由于形态上的特殊，每栏的字数还没有一个明确的约定，往往依赖设计师的形式感觉，文字太多会加深读者的疲劳，引起阅读障碍；文字太少，作品显得信息不够，华而不实。

2. 根据版面宽幅确定骨格数量

为了保证版面的完整，体现出设计作品的整体性，同时也尊重读者的阅读习惯，保证阅读行为的连续感，在对版面进行栅格划分时，要注意根据版面的宽幅来确定栅格的数量，保证画面的整体感。栅格数量过多，画面会显得混乱杂碎，栅格数量过少，画面会显得呆板单调，这些，都是在栅格化设计时应该避免的。

第二节 ///// 栅格化的编排设计

编排设计当中的画面结构在整个设计中至关重要，为整个画面的秩序、统一起到协调作用。这些画面结构形成了页面上各种矩形的基调，矩形的安排联系，是这种结构构建的基础。

当一个矩形或正方形的版面被水平、垂直地栅格化分割之后，构成中的交叉点便成为最佳的视觉焦点，设计师可以使用定位和接近的处理来决定这些点中的哪些在关系层级上最为重要。而文字、图形等被看成不同大小的矩形，每个矩形的比例和组合，安排在这个栅格中。这种内部的排列、矩形的比例以及在这个版式中的放置，就创造了一个统一而视觉舒服的构成。

一、关注编排要素的规则

在一个3栏3列的方形版面中(图6-1)，空间受到约束，视觉注意力集中在其内部构成，而不仅仅是它的形状和版面比例，我们就以这样的肌质和构成版面作为研究对象。

6个灰色的矩形（图6-2～图6-4）要素，代表字体转换成画面构成要素的矩形。一个小圆，以提供一种平衡因素，起对比的作用。

1. 限制与选择

所有矩形要素均水平状时，必须保证全部要素水平（图6-5）。水平/垂直状时，所有的矩形要素必须或为水平或为垂直；倾斜状时，所有的要素必须同样倾斜或对比性倾斜。所有的矩形要素都必须使用并且不能超出这个版面（图6-6）；要素间相切，但不能重叠；所有矩形要素的长度要正好吻合一个、两个或三个划分单元方格的宽度（图6-7），上下位置可以随意，要素圆可以占据任何位置。

2. 构成要素的比例

方格版面较长方形版面而言，更容易把注意力集中在要素和构成上，而不容易受它比例问题的干扰。由于整个版面的宽度为3个划分好的单元方格，所以，所有要素的长度比为1：2：3。圆和矩形也形成了比例关系，它的直径相当于一个单元方格的1/4，并且它的直径也大致与最长矩形的宽度相同（图6-8）。因为要素之间的比例关系，牵扯到画面中图形和文字面积的大小，以及在画面中的重量感和稳定性，因此，这个比例关系比较合适，适合这种简单的构成结构。

3. 组合、虚空间与组合

版面中的各个要素只有加以组合，才能紧密联系在一起，相同和不同的要素组合在一起就产生了

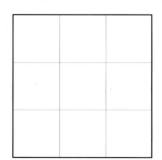

图6-1

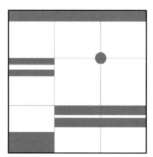

图6-2

图6-3

图6-4

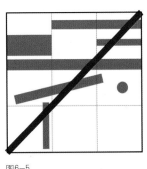
图6-5

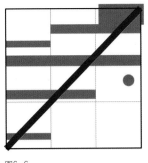
图6-6

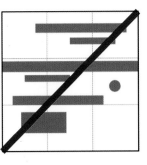
图6-7

图6-8

韵律感和节奏感，也产生大片的肌理感（图6-9～图6-12）。未被使用的空间也建立起良好的秩序感。

在版面当中未被使用的空间也是版面中的一个因素，对观者产生直接的影响。这些虚空间或空白空间在构成要素没有组合的版面中，会显得杂乱、无序（图6-13、图6-14）；反之则建立一个协调、有序的构成（图6-15、图6-16），通透感强，在版面中秩序感极强。

4. 四边联系与轴联系

版面四边对整个构成也有着至关重要的作用。如果没有任何构成要素靠近顶端边线和底端边线（图6-17、图6-18），虚空间作为一种挤压构成要素，使整个画面看起来漂浮不定，缺乏稳定感。当构成要素靠近或紧邻顶端边线和底端边线时，虚空间就会得到最好的利用。

栅格中的构成会形成一些轴列。当一根轴出现在结构内部时，就形成了鲜明的视觉关系，要素与要素之间、要素与结构之间就有了一定的视觉秩序感（图6-19、图6-20）。左边线和右边线的轴带来的秩序感要在视觉上弱很多。两个或更多的构成要素才能建立起轴。一般而言，成线性排列的要素越多，轴就会显得越牢固。

5. 三的法则

三的法则就是说将版面水平和垂直地分为3份，结构中的4个交点就是最吸引人的点（图6-21）。设计过程中如果把注意力放在它们最为自然出现的地方，可以控制构成空间。交叉点上不宜摆放构成要素，这样会把注意力集中在这些点上。

6. 圆与构成

人的眼睛喜欢圆，要拥抱它。在构成中作为一个

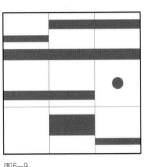
图6-9

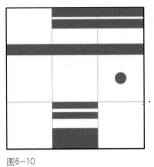
图6-10

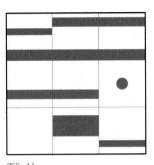
图6-11

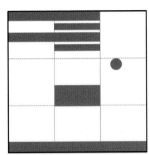
图6-12

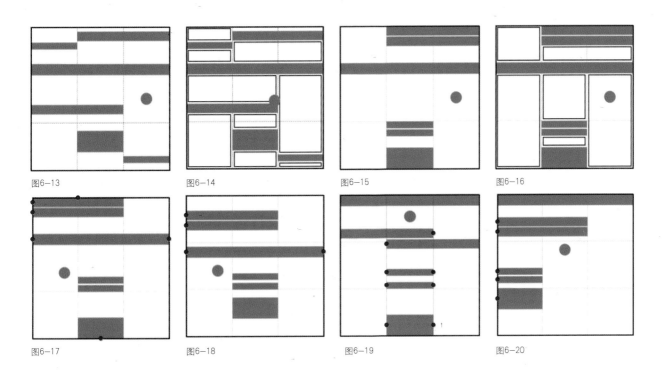

图6-13　　　　　图6-14　　　　　图6-15　　　　　图6-16

图6-17　　　　　图6-18　　　　　图6-19　　　　　图6-20

活跃有力的因素存在，即使它非常小，也具有极大的视觉力量。圆放置在不同位置，就会改变一种构成的观赏方式。圆在构成中除了与各构成要素起对比作用外，还有一些潜在功能，它可以是轴的支点，可以是张力要素，可以是起点或停留点，还可以起到视觉组织或平衡的作用（图6-22）。

在同一版面的构成中，圆的位置变化给观者带来不同的视觉感受。把圆放在文字附近常导致对文字的强调。当圆变成一个起点时，这种强调就会改变结构的层级。圆放置在几行文字中间，会把这些字行隔开，并把它们组织成一些单独的群体，这样导致对每行文字的额外强调。把圆放在一个常被空白空间包围的位置上，会使圆变成轴的支点。当圆被紧紧地围在文字和边缘之间时，就会同时产生视觉张力和对这行文字的强调。

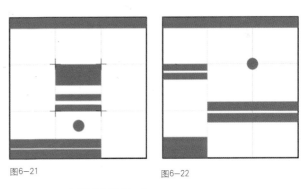

图6-21　　　　　图6-22

二、水平网格构成

版面设计中各种要素之间的位置关系决定着画面的层次关系。在3×3的栅格构图中水平构成是最基本、最简单的构图方式。在这样的构图形式中需要运用到组合、边线关系、轴联系、圆的位置等编排要素规则。特别注意的是，最长的矩形构成要素要横跨着版面3个格子的全部，起控制着构成的作用。通常在设计中把最长的矩形或放在构成顶部，或构成底部，或构成内部，展现版面整体构成中的不同特性。

1. 长矩形置于顶部

长矩形构成要素置于画面顶部位置或是很接近时，构成的强调放在了组合、虚空间、边线和轴列上。主要考虑构成的基本方面，下图为长矩形放在顶部位置替换为文字（图6-23、图6-24）。

2. 长矩形置于底部

构成要素中最重、面积最大的长矩形置于底部，无疑增加了版面中的稳定性，就好比重力作用把最长最重的要素落到底部。构成强调三的法则、圆的位置、行距上。侧重于考虑构成的控制和强调。

3. 长矩形置于内部

长矩形置于内部时，就意味着这个方形版面被切成两个较小的矩形版面。如果没有构成要素放在这两个矩形分割中，空间就会很沉闷，四周边线因为缺少与要素的呼应，处理不够恰当。所以在这两个矩形分割中至少要各放一个构成要素，才能把各自的虚空间激活。即使如此，协调的方形版面仍被做了不太协调的矩形分割，效果不如没分割之前。在这里，需要考虑所有编排要素的规则，把所有构成特性融合在一起（图6-25～图6-28）。

三、水平/垂直的构成

在水平/垂直构成中，除了需要考虑前面提到各种构成要素的构成规则之外，还要更多关注每个要素是水平放置还是垂直放置，以及文字替换矩形要素之后，观看顺序的变化，值得设计师去思考。

设计思路仍然从最长的矩形构成要素开始分析，因为它的重量、它的面积控制着整个构成。除前面分析的顶部、底部和内部的摆放之外，也包括左边、右边和内部的垂直。矩形要素放置在四边时，构成的稳定性就加强；放置在版面内部，无论水平还是垂直，都会降低稳定感而增加些不对称感。

所有的构成除上述特征之外，还需与阅读导向问题联系起来，这是其他特征共同作用的结果。文字阅读导向的决定，不论是从顶部到底部还是从底部到顶部，都需要和其他的要素相一致。如图6-29所示，垂直的字行是从底部向顶部读，这就产生了一种舒服的顺时针阅读导向。在图6-30中，垂直的字行引导着目光脱离页面，阅读的顺序感消失，目光需转回才能获取剩余的信息。

1. 长矩形置于顶部

在长矩形置于构成顶部时，其他构成要素都可以垂直放置。两个中等大小的矩形成为构成中第二大构

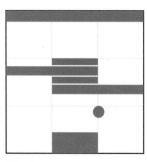

图6-23

图6-24

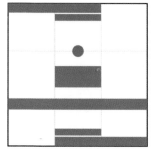

图6-25

图6-26

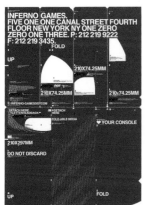
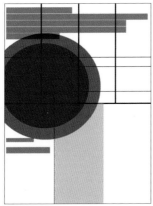

图6—27

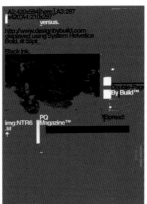
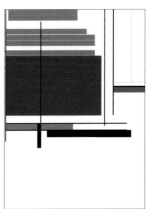

图6—28

成要素，需要将它们的位置加以考虑。

　　两个中等矩形，一个水平放置，一个垂直放置。这是一种导向冲突的摆放，虚空间变得更加复杂，组合和内部排列就变得非常重要。

　　两个中等矩形都水平放置，这是导向相同的安排，虚空间较小，也较简单。

　　两个中等矩形都垂直放置，目光会从垂直版面的底边滑出，注意力很容易被移开画面。那么，通过安排圆和那些小矩形的位置，改变视觉秩序，把观者的注意目光引回版面中。

2．长矩形置于底部

　　基本观点与长矩形置于顶端相似，但值得强调的是，中等矩形两个都垂直放置时，通常把最短宽度的小矩形都放置成同一导向，或是水平或是垂直，这样才能形成一定的秩序感，与中等矩形形成对比关系。

3．长矩形置于左边或右边

　　中等矩形两个都水平或垂直放置时，由于导向相同，虚空间较少，很容易达到统一。两个矩形分别为水平和垂直，中等矩形被安排顶着构成的右边线和底边时就成了最简单的构成，这样的构成虽简单，但构成要素之间的联系不强，画面通透感不足；中等矩

形在构成内部占据空间时，构成变得复杂一些，如果安排不合理，容易使版面零乱，所以使用这样的构成时，需要综合考虑各特征因素的作用。

4．长矩形置于内部

　　版面的正中间是长矩形最不适合的位置，它把版面平均分割，生硬而呆板。因此，长矩形的位置尽量在版面中非对称的位置，用不对称的安排打破原来的呆板。

　　两个中等矩形水平或垂直放置，仍然是相同导向的安排，比较容易控制和安排。

　　两个中等矩形分别水平、垂直放置，中等矩形占据版面内部空间时，需要考虑各构成特征的相互作用，层级关系，构成相对复杂；而中等矩形挨着版面右边和底边时，是最简单的构成（图6—31）。

图6—29

图6—30

图6-31

四、倾斜构成

在各种构成中，最为复杂的便是倾斜构成。因为在这个构成中存在动态感、方向感。由于3×3栅格系统，倾斜放置在方形版面中，需要将构成要素的尺寸缩小15%，而且设计优先考虑边线和角的安排，在构成上也会有更多的弹性，不拘泥于固定的结构。最重要的是创造一种排列，使每个构成要素相互之间有导向上的联系。

构成要素在版面中既可以安排成导向一致，也可以安排为导向冲突。导向一致的构成，阅读时比较有秩序，有一种协调感，运动的方向也比较一致，容易给人向上或向下的方向感；导向冲突构成，增加视觉冲击力，对画面中重要的内容起强调作用。而且当要素放在边线附近或接近圆的位置时，就可能产生张力，虚空间整体感强，给人想象空间。因为倾斜的动态性质，当倾斜靠近一条边时，构成中就会显现运动；而圆变成一个起点或者终点时，可以增强这种动态性质。

1. 45°的同一导向

在45°倾斜的矩形构成要素是平行于版面的对角线时，产生的虚空间也是一些等腰三角形，这些等腰三角形的边线与版面边线重合，因而被版面固定，形成稳定的画面结构。

构成要素被顺时针或逆时针45°倾斜放置，并没有实质的差别，然而换成文字后，如果顺时针方向旋转45°，是从左上方向右下方阅读，如果逆时针方向旋转45°，则从左下方向右上方阅读（图6-32、图6-33）。由于绝大多数阅读导向是从页面的左上角开始，所以顺时针方向旋转后阅读方式是符合人们的阅读习惯的。

2. 45°与-45°的冲突导向

这种旋转45°与-45°的矩形构成要素组合的方

图6-32

图6-33

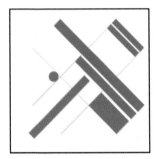

图6-34

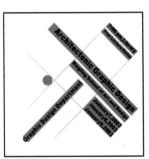

图6-35

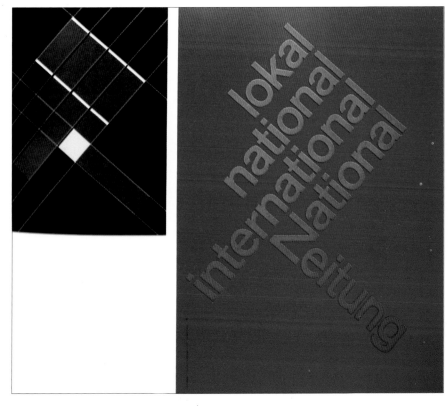

图6-36 National Zeitung系列海报

卡尔·格斯特纳这张极度简洁的National Zeitung海报，是瑞士国际风格的完美体现。简洁清晰地界定了它的当地新闻，国内新闻和国际新闻的报道范围。在这样一个倾斜的构成系统中，对单词"Zeitung"的90°处理与其他单词的冲突感，以及N和Z字母在结构上的相似性的处理，巧妙合理。而且在文字阅读导向上起到帮助作用。四个单词的最后字母"l"排列在一起在视觉上形成了一条长线，突出了倾斜。单词"local"的第一个字母"l"和其他单词内部字母"i"也排列成一条直线，在视觉上形成一组垂直于字母方向的矩形构成要素，是一种导向冲突的构成，增加了视觉冲击力。单词"international"的第一个字母"i"上面那一点，非常接近海报的左边缘，这就产生了视觉张力。

式就是冲突导向。虚空间被构成要素分割得更加复杂、有趣和活跃（图6-34、图6-35）。

3．30°或60°的同一导向

在30°或60°的构成中，虚空间被划分为直角三角形，不同于45°构成的是这些直角三角形动感更强，变化更丰富。

4.30°或 60°的冲突导向

顺时针方向旋转30°或60°的矩形构成要素与逆时针方向旋转30°或60°组合在一起。这样的构成更加复杂，虚空间被不同角度不同导向的要素所分割。虚空间是一些隐藏的三角形和频繁相交或交叠的矩形。在这样的构成中，需要考虑构成要素转换成文字后阅读方式的习惯性，要在版面中体现冲突但还要有秩序（图6-36）。

思考与练习

1.任选一个中外优秀的编排设计方案进行网格构成分析。

2.根据任一种网格构成关系进行编排设计创作。

柒

导言

编排设计在平面设计、新媒体设计等视觉传达设计的众多领域中发挥着重要的应用功能，在借助视觉媒介传播信息、运用传统视觉语言明确设计作品"文脉"以及形成设计师个人独特设计"语境"方面扮演着重要角色。正是由于这种重要的地位，编排设计日益受到设计教育参与者的重视和关注。

编排设计是平面设计的大基础，在不同的应用领域中既有普遍的原则需要遵循，也会因为设计主题的不同而显现出一定的差异性。依据编排设计在实际应用中的不同领域，本章将从报纸与杂志设计、书籍设计、包装设计、平面广告设计、网页与用户界面（UI）设计和招贴设计等方面来讨论编排设计在不同设计领域中的原则和差异。

建议学时
8 课时

第七章
编排设计的应用

第七章　编排设计的应用

第一节 ///// 编排设计的"加减乘除"

再多的创造性构想如果不能表现为视觉语言，对于设计师而言都是失败的，设计师不仅需要超常的想象力，同时也需要快速有效的创意表现力。了解和掌握普遍通行的作业流程有助于初学者形成良好的设计习惯和方法，不过，编排设计的作业流程因人而异，每个设计师都会有自己的作业习惯，在这里只能从行业规范的角度来讨论普遍适用的设计流程与方法。

谈到设计流程与方法，重要的莫过于思维了，因为思维决定了设计作品的形式与目的，是设计作品的灵魂所在。在进入到创造性的表现之前，从编排设计的思维活动来进行归纳分析，尝试寻找在设计中行之有效的一套思维方式显然是有益的。

一、"加"

针对某一主题进行编排设计，前期应该有目的性地对资料进行广泛收集，这一过程是在做设计的加法。

通过对主题内容的理性分析，以准确表现主题为目标，从文字、图形、插图、肌理、材料等各方面出发，收集与主题相关联的设计素材。这一阶段收集的素材越多，带给设计师的设计灵感和刺激就越丰富，产生优秀设计创意的可能性也就越大。

二、"减"

随着作业的进程，设计师对主题的理解越来越深入和成熟，从而具备了对上一阶段收集的设计素材进行分析判断的基础。设计既是需要交流合作的，同时又需要设计师具备独立完成设计项目的能力。因此，在日常的作业过程中，必须要刻意培养自己的独立思考、分析和操作能力。

在此期间对资料的相关性分析能够使设计目标逐渐清晰，此时，通过对设计素材的分析判断，找出最理想的部分，舍弃关联性不够的设计资源，这一阶段如同在做设计的减法。

三、"乘"

将上一阶段选出的理想的设计素材进行认真分析，通过各元素间的交叉组合进行发散性联想，将瞬间的灵感都以视觉语言的形式记录下来，形成丰富多样的设计草案，这是作业中期对资料的相关性组合，这一阶段如同做设计的乘法。

四、"除"

认真分析上阶段所形成的多样的设计草案，判断设计主题的目的性与设计作品之间的关联，对设计方案进行精简，形成成熟的设计作品，这一阶段如同做设计的除法。

设计作品的呈现是一个充满艰辛的创造过程，在进入一个项目的初期，设计师耗费大量的时间和精力有时甚至是金钱产生了一些自我感觉良好的设计作品，随着对设计主题认识的不断深入，有时会发现其错误之所在，此时设计师一定要能够忍痛割爱，舍弃之前辛苦劳作的成果。只有站在宏观的高度大胆取舍，方能成就伟大的设计。

第二节 ///// 书籍的编排设计

书籍是人类文明的使者和见证人，是传播知识和经验的重要载体。编排设计一词（typography）最早是指在特定条件下的版面操作方式，来自书籍印刷中的铅字的排列组合。伴随着书籍装帧发展到针对书籍整体形态的全面设计，书籍的编排设计也走过了一个漫长的发展过程，从单纯的技术状态被赋予了更多的设计内涵。当前的编排设计主要是通过字体的选择与处理、插图的绘制与穿插、材料的应用搭配与工艺恰如其分地表现出来，由表及里，从物质到精神，全面塑造书籍的整体形态。

书籍特殊的功能要求编排设计具有一定的特殊性，需要通过编排设计调动一切可以利用的视觉元素塑造与某主题相联系的特殊气氛，更强调对"书卷气"和"意境"的表达。设计师需要对书籍的内容非常熟悉，以便合理把握主题和形式的相互关联（图7-1、图7-2）。

一、平面与立体

形成书籍的材料是一张张薄得几乎可以忽略立体特征的二维纸张，但是，不论是从时间或是空间两个方面来讨论，书籍都不能算作是一个纯粹的二维作品。将一张张纸装订成册，书籍呈现的是一个彻底的三维立体形态，书籍是"六面体盛纳知识的容器"，因此，书籍的编排设计不仅要关注对单页版面中的版心、天头、地脚、订口、书口等要素的处理，使之成为可供阅读和欣赏的版面形态，同时，更要考虑到由内至外、由个体到整体地去塑造书籍的立体形态，使之形神兼备，成为一个参与引导和构造环境特征的因素（图7-3～图7-5）。

二、时间与动态

书籍动态的阅读行为对设计师的设计提出了特殊的要求。从最初对封面的关照，到翻开封面瞥看扉页，并最终逐页阅读内文，读者被书所讲述的故事吸

图7-1 通过对书脊的策划和设计，表达出了中国山水的意境，给人以新的视觉体验。

图7-2 根据书的内容确定材料的应用与搭配，采用工艺将其恰如其分地表现出来。

图7-3 一个好的编排设计离不开对细节的处理，关注书籍设计中的版心、天头、地脚等要素，使之成为好的版面形态的一部分。

图7-4

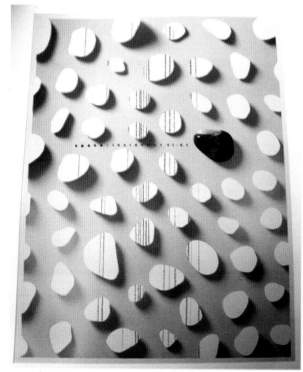

图7-5 正确处理好平面和立体的关系，通过文字、图形等要素进行编排，形成形神兼备的书籍立体形态。

引着，被书所包含的思想感染着，这一阅读过程是时间的动态过程。因此，书籍的编排设计不能仅仅关注单个版面，同时更要关注书籍中封面与内页、前页与后页的整体关系，这是书籍动态阅读特征的基本要求（图7-6）。

三、神态与形态

书籍的神态，是指符合书籍传播的具体内容所要求的精神面貌，更多地表现为依托版面、材料、工艺等视觉材料所塑造的非物质形态。例如，一本轻松有趣的儿童益智类读物与一本严肃规范的科学类论文集，二者能带给读者截然不同的第一印象，读者会认为一本书的内容是活泼有趣的，另一本书的内容是睿智广袤的，这些对书籍内容不同的判断正是建立在书籍各自不同的神态上，设计师应该认真揣摩不同设计主题的优秀案例，培养和积累塑造不同设计主题的神态与形态的形式感的能力，只有这样，才能做到有针对性地、差异化地、个性化地处理不同的设计命题。

图7-6 关注书籍动态阅读特征，处理好整体与局部的关系，使页面之间富有节奏。

形态是书籍设计中的一个重要概念，它包括"形"与"态"两个方面，"形"指事物的形式、形状；"态"是在"形"的基础上所生成的感官状态和内容体验。从甲骨文到竹简，从中式的线装书到西方舶来的精装本，书籍的形态是丰富多彩的。

书籍的形态可以从三个方面去讨论，一方面是指由长宽高所构成的立体形态特征，通过设计师的匠心独具，一本书籍的三维构造形态既可以是常见的规范的立方体，也可以是异形结构，不同的三维构造形态自然带来不同的书籍形态；另一方面是指由材料和工艺所构成的对读者的视觉、触觉、听觉、嗅觉、味觉等方面所产生的影响，书籍封面的材料可以是多样的，常见的有纸张、木竹、皮革等，此外也可以通过织物、金属和塑料等材料获得丰富多彩的书籍形态。设计师也需要善于借助不同的印刷和印刷后期加工工艺来塑造不同的效果，了解并掌握诸如平版印刷与凸凹版印刷的效果差异、打孔切割和特殊油墨的灵活运用等基本的印刷知识，以便于在书籍形态塑造中能够灵活使用；最后，书籍版面的编排形式同样也能够赋予书籍个性的形态（图7-7）。

四、封面与内页

书籍设计大致可分为封面设计和内页设计，但两者又不能截然割裂相互独立，他们是构筑书籍整体形态的共同体。封面是书籍的"脸面"，是书籍整体设计的重要部分，它构成读者对书籍的第一印象。书籍封面的设计重点是要表现出书籍的主题，围绕书籍的中心思想进行插图创作、文字创意和构图布局。

内页承载了书籍的内容信息。除画册外，一般

图7-7 通过对文字、色彩、图形的策划、组构和设计，使画册呈现出简约、时尚的现代感。

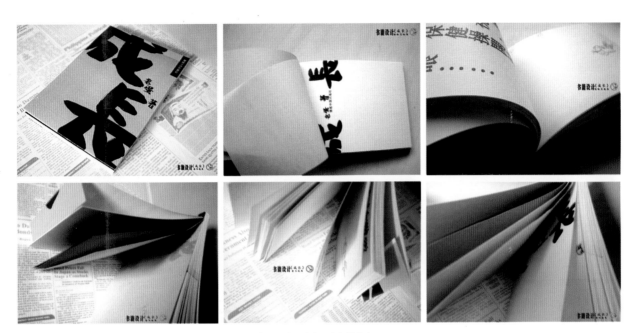

图7-8 富有个性的封面设计，配上风格相同的内页设计，准确而又恰当地表现出书的内容。

来说内页文字信息量较大，为实现信息的有力传达，一定要保证文字的容量。书籍内页的设计需要注意版心、版面率、设计骨格的合理安排。传统书籍设计一张32开的页面一般需要容纳750个字，但随着现在人们生活水平的提高，对阅读流程中视觉舒适性的重视已经使这一原则失去了原有的重要性。密集的文字容易导致读者疲倦，适当加大文字间的行距，或是通过图形或插图穿插可以活跃页面气氛，此时需要注意通过版面中文字与图片的面积比率和组织形式来调节画面的气氛（图7-8）。

五、书籍编排设计的原则

1．注重主题与形式的统一

设计师应该依据不同的设计主题塑造不同的书籍形式，这是本书一直强调的设计原则。不同的书籍主题，应该表现出不同的设计风格，书籍设计应该体现出如儿童书籍的活泼轻松、论文体裁的严肃端庄、娱乐主题的时尚流行等多样的形态，并且还要能够体现不同书籍主题对应的不同内容（图7-9～图7-11）。

2．注重书籍整体的统一

书籍从造型上来看是由函套、护封、封面、书套、环衬、扉页、内页、封底等构成，设计师在塑造书籍整体造型时应该尊重它们之间的整体造型关系，避免因为各造型元素的各自为政而影响了书籍整体形态的统一（图7-12、图7-13）。

3．注重材料与工艺的统一

材料构成了书籍整体造型的基础，促进了读者对书籍形态认知的形成。在适当的时候选择适当的工艺，不仅能够促成版面整体视觉形象的创新，有时还可成为书籍整体形态的点睛之笔。在设计时，设计师既要考虑到主题与材料、工艺的诉求统一，又要正确处理材料和工艺的和谐（图7-14）。

4．注重版面的连续生动

书籍从内容上来看是由目次、篇、章、分级标

图7-9

图7-10

图7-11

图7-9～图7-11 依据不同的设计主题选择不同的视觉表现形式，体现不同的书籍内容。

图7-12 处理好书籍各部分的关系，体现书籍整体形态设计的统一。

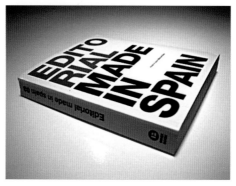

图7-13 以文字为主要设计元素的封面，简单明了，快速地传达了信息。

图7-14 不同的材料和工艺的使用，使书籍呈现出丰富的艺术语言，新颖而别致。

题、页码以及相关的正文内容构成。书籍的整体性要求书籍各部分紧密联系，但这不意味着书籍各部分在重要性方面是等量并举的，设计师必须要依据书籍情节内容的需要灵活有序地处理相关版面，有些画面虚、有些画面实；有些画面紧、有些画面松；有些画面轻、有些画面重。书籍就像一出话剧，有开场，有高潮，并最终有曲终人散的谢幕。只有把书籍版面置入一个整体环境中去考虑，注重版面连续生动的表达，才能为塑造优秀的书籍创造条件(图7-15)。

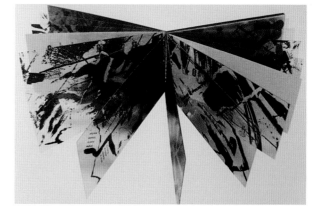

图7-15 透明材质的使用，使页面之间的关系更加紧密，整体性更强。

第三节 ///// 报纸的编排设计

报纸以其庞大的印刷数量、快速的资讯反应成为人们生活中不可或缺的资讯媒体。报纸的主要功能是提供娱乐、传播资讯，针对大量文字的编排设计是报纸版面的重要工作内容。

报纸版面的编排一般通过网格来确定格局，通常为5－8栏。报纸尺寸分为全开和对开两种，全开报纸的版心尺寸为350mm×500mm，一般采用8栏，每栏宽度约40mm，字号为10P。由于人们阅读习惯的不断变化，不同时期的报纸编排有所不同，以往的报纸习惯使用垂直式版面，题目和栏宽保持一致，一篇文章自上而下进行排列，由报纸最上部按照栏的宽度一直排到底部。报纸中新闻的重要性不是借助标题的长短来显示，而是借助标题的多层次来显示，报纸折叠后第8栏和第1栏一般是显露在外的，因此非常重要，而紧靠它们的第7栏和第2栏在编排设计中要注意控制画面的注意度，不能喧宾夺主。这种格式的报纸阅读起来显然没有现在流行的自左而右，水平编排的版式轻松舒适，这种编排方式不仅纵向分栏而且横向分层，通过栏和层的变化能够获得灵活多变的视觉效果（图7-16~图7-18）。

依据读者的视觉习惯，版面左上部较之右上部显得重要，右下部较之左下部显得重要，因此，报纸的设计原则是：以自左向右的对角线为基准放置文章。设计师应该根据文章的重要等级来安排其在报纸中的位置，一般将最重要的文章放在视觉冲击力最强的位置上，如第1版的第1、8栏。

报纸版面的编排要注意报纸的气氛。在我国，《光明日报》《人民日报》等党政报纸往往设计端庄严肃，不能脱离大的设计环境一味追求活跃多变，而在设计一些娱乐性的报纸时设计师也应该处理好报纸

图7-16

图7-17

图7-18

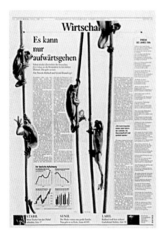

Wirtscha
Es kann nur aufwärtsgehen

图7—19

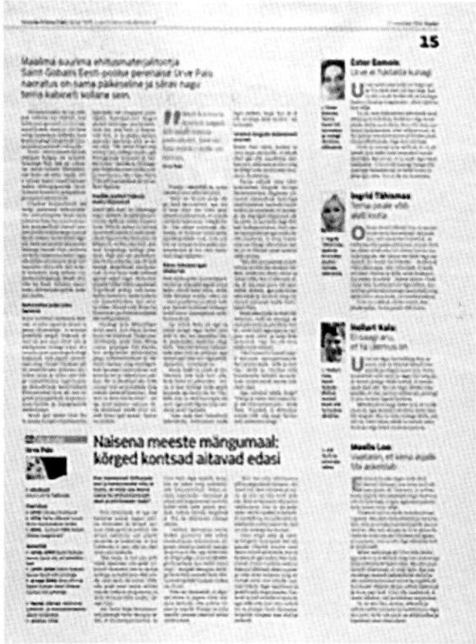
Naisena meeste mängumaal: kõrged kontsad aitavad edasi

图7—20

¿NAVIDADES DE CINE? LAS SALAS, MÁS VACÍAS CADA AÑO
8.000

图7—21

Inversión Bolsa
¿Viene para quedarse el 12.000?

图7—22

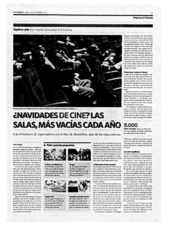

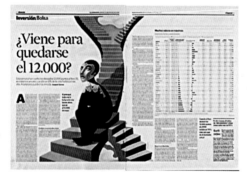

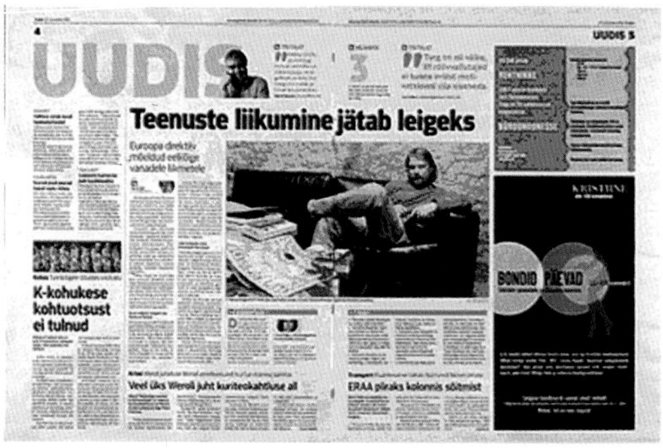
UUDIS
Teenuste liikumine jätab leigeks
K-kohukese kohtuotsust ei tulnud
Veel üks Weroli juht kuriteokahtluse all
ERAA piiraks kolonnis sõitmist

图7—23

图7—19～7—23 通过对主要视觉元素文字的策划和编辑，配以适当的图片，使报纸达到准确、快速传达资讯的作用。

作为一种媒介所必须要有的诚信形象。报纸版面在编排时要注意主次、大小、文图的搭配，以塑造统一的画面基调。大块文章旁边配合小块文章，调节画面，避免长篇文章给阅读者带来的不适，还可以通过运用直线或装饰纹样进行分割处理，以增强版面空间的节奏变化。

由于报纸是一种大众媒体，因此，报纸中使用的文字必须是易于识别的通用字体，中文报纸标题一般根据文章内容的需要采用传统的宋体、黑体等，娱乐性的报纸在标题字体的选择上空间更大，往往还有琥珀体、雪峰体等时尚字体可供使用。在同一个版面中，应该注意字体种类的控制，字体太多，版面显得花哨零乱，字体太少，则会显得呆板生硬。报纸的正文从可读性方面来说选择书宋最佳，笔画太细及太粗的字体都不适于在正文中应用，正文的字号一般选用方正字库的小五号或五号字，相当于苹果字库的10P或11P。报纸版面的设计中广泛运用图像，或是专业画家制作的插图，或是通过摄影获得的照片。合理利用图像的传播属性，提高报纸版面的趣味性和形式美感，但又不因为图像的渗入而显花哨，这是设计师处理图像问题的正确方向（图7—19～图7—23）。

第四节 ///// 杂志的编排设计

与书籍相比较，杂志的历史则显得短暂得多，最初杂志的编排设计受到书籍版面结构的影响。20世纪30年代，世界现代设计的发展赋予了杂志编排设计丰富多样的新形式。1936年11月23日和1937年1月，美国出版的《生活》与《展望》这两份杂志，在编排设计中采用大量摄影图片，带来新颖独特的视觉效果，成为现代杂志设计中的重要事件。

杂志的替换时间快，发行周期短，反应在编排设计中的是一种较为常见的视觉快餐文化。但是，正因为如此，杂志成为了编排设计的试验地，与书籍相比较，杂志有着丰富多彩的版面设计形式，有着书籍无法比拟的灵活性。进入20世纪90年代，伴随着计算机等新技术的广泛应用，杂志的编排设计形式顺应时代潮流呈现出多元化的局面。

杂志的编排设计往往强调图文并茂，通过精美的印刷，良好的版面设计更好地获得读者的肯定。同时，杂志丰富的装订形式设计师也应多加注意并灵活运用，折页、插页等常见的装订形式给杂志形态的塑造创造了丰富而自由的空间（图7-24、图7-25）。

一、杂志封面的编排设计

当前杂志市场的竞争是非常激烈的，在一个书亭前驻足观察会发现杂志的品种之繁多、选择之多样是空前的。作为杂志脸面的封面，一定要能够在众多的同类杂志中脱颖而出，因此要求杂志封面利用相对刺激的视觉语言达到最快的关注性。

杂志封面的文字内容与书籍不同，一般来说在杂志封面上需要印上杂志名称和发行期号，以方便读者购买，为方便读者了解杂志内容，往往将本期杂志的

图7-24

图7-25

图7-24、图7-25 杂志的编排设计有着书籍设计无法比拟的优势，运用时尚的色彩，超前的图形和图像，将其优势发挥到极致。

主要内容通过较大的文字在封面上加以介绍。

杂志的发行往往需要保持一定的连续性，为保持杂志统一的形象，杂志封面的版面设计需要在保持一致的形式的前提下追求灵活的视觉变化，更换杂志的封面往往意味着杂志整体形象的变更，是涉及杂志经营理念调整的大手术。如果只是为获得新颖的视觉效

果而对杂志的封面进行一定程度的改动，可以在杂志年度的开始或是借发行周年纪念日等机会进行，杂志封面的设计风格变化过于频繁，读者会因为缺少亲切感和信任感而产生抵触情绪（图7-26～图7-29）。

二、杂志内页的编排设计

杂志的阅读形式与书籍比较而言是一种快节奏的阅读行为，书籍设计中常见的扉页在杂志设计中并不常见。现代杂志中往往充斥着商业广告，原属于扉页的位置成为理想的广告阵地。与书籍中简单对应章节不同，杂志中的目录设计常由两部分构成，第一部分由专栏名、篇名、作者、页码等组成，第二部分则由刊名、期号、出版单位、年月、编委等组成，这样既能帮助读者快速索引需要的信息，又能将不同文章的主体信息交代清楚。

杂志内文的编排设计当前以网格设计为主，但不排除一些小发行量的个性化杂志采用自由板式的设计方法，网格设计的操作实务在前章已有详细介绍，在此不作赘述（图7-30～图7-33）。

图7-28

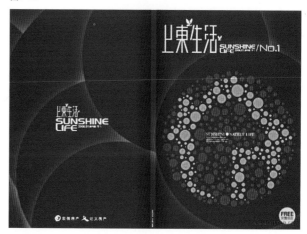

图7-29

图7-28、图7-29 封面设计往往取决于杂志的内容，根据内容，选择恰当的图形和文字进行编排，从而保持作品的整体性。

图7-26

图7-27

图7-26、图7-27 这是杉浦康平先生设计的两个杂志封面。大量文字和图形的结合，繁而不乱，通过对文字的编排，使主要信息加强，次要信息相对减弱。

图7-30

图7-31

图7-32

图7-33

图7-30～图7-33 杂志内页的设计充分体现了快节奏的阅读行为，强调或突出标题是一种很常用的编排处理手段。

第五节 ///// 平面宣传品的编排设计

平面宣传品包含的种类庞杂、应用广泛，企业年鉴、产品说明书、平面宣传单等都包含其中。平面宣传品是以传播机构、企业、活动、服务或产品的相关信息为根本功能，因此，在编排设计中设计师要时刻保持清醒的头脑，在准确传达相关信息的基础上，实现画面的视觉艺术功能。

图7-34

图7-35

平面宣传品吸引观众注意力的时间短暂到以秒计算，在数秒内如果不能引起观者的注意，观者就会失去对它的兴趣。由此可见，设计师应该紧紧把握住画面的视觉兴趣点，通过符号的运用加深观者注意，吸引读者对宣传品进一步阅读的兴趣（图7-34～图7-37）。

为了实现功能，一些特殊的平面宣传品有着部分约定俗成的设计规范。以产品说明书为例，为了顾客方便快捷地获取产品信息，产品说明书往往将设计元素安排在连续页面的相同位置，在处理价格、规格等说明性文字时也同样采用这种设计思想。

图7-36

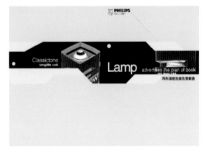
图7-37

图7-34～图7-37 强调主要信息，在很短的时间内引起受众的注意，以达到传达资讯的目的。

第六节 ///// 包装的编排设计

伴随着商品的交换和流通，现代包装应运而生。伴随全球经济一体化的到来，同类产品的"同质化"趋势日益明显，包装设计因此受到企业的空前重视。包装最初强调储藏和保护产品，以及在一定区域空间内的运输功能。西方工业革命背景下形成的现代物流和销售方式对包装设计提出了新的要求，人类文明的进步要求产品提供商重视受众的视觉及心理愉悦，形成了重视包装视觉效果的新的认识阶段。今天，由于包装参与市场竞争和产品研发的广度及深度的无限延展，包装设计已经成为一项综合科学、技术、文化、艺术、营销、管理等领域的系统工程。今天的包装不仅承担着商品的保护、储运功能，同时，作为与消费者沟通的桥梁，包装又集中体现着品牌和产品的相关信息，成为参与企业品牌建设，塑造产品独特个性的重要工具和传播媒介（图7-38）。

一、包装的分类与编排设计

从形态特征出发，包装可以划分为个包装、内包装和外包装三大类。每一类包装因其在商品价值实现环节中所扮演的角色不同，因而有着不同的编排设计要求（图7-39～图7-44）。

个包装，产品最直接的包装，目的在于保护产品。作为消费者在日常消费环节中必须频繁接触的包装，个包装的编排设计必须考虑到表达产品的特征及企业形象的传达，所选择的编排元素必须要注意强调满足个包装的上述需要。

内包装，目的是保护个包装并重视商品的陈列展示效果。作为展示在销售场所的包装，内包装的编排设计必须要实现促进产品销售的视觉展示效果。

外包装，目的在于实现物流环节的保护、储运功能。外包装的功能主要体现于物流系统，因而鲜少出现于销售场所。外包装的编排设计必须突出识别性，

图7-38 通过编排设计，架起与消费者沟通的桥梁，集中体现所要传达的重要信息。

图7—39

图7—40

图7—42

图7—41

图7—43

图7—44

图7-39~图7-44 不同产品具有不同的形态特征。根据不同的产品要求采用不同的编排形式，以达到包装的目的和要求。

其上经常出现的使用示例图标、企业标志或是产品型号等文字或图形，就是为了强调这一功能。

二、包装编排设计的信息传达性和层次性

通过包装就能够清晰地了解到被包装物的种类、档次、造型、使用方法等信息是包装最基本的功能。包装设计需要强调信息的准确可读性，要求能够通过包装明确表达内容物，因此，在针对包装的编排设计中要敢于将核心信息进行突出传达。

包装不同的展示面承载的信息在重要性方面有着根本区别，包装的信息可以大致分为形象类信息、宣传类信息和功能说明类信息三种类型。其中，形象类信息主要包括企业标志、产品标志、产品名称等信息，宣传类信息主要包括企业宣传标语和产品宣传导语，而功能说明类信息是说明被包装物属性特征的信息模块，是引导消费者正确消费的文字和图形内容。

作为立体形态的包装，信息的安排强调层次的重要关系。包装的正面作为主要的展示面，一般会侧重发布形象类信息，注重实现包装的展示促销功能，不过诸如瓜子等产品的包装由于只有正反两个面，有限的展示面要求包装的正面中同时出现形象类信息、宣传类信息，或是标注容量等资讯的功能说明类信息，

即便如此，形象类信息在包装的主展示面中也会醒目地占据主体地位。功能说明类信息一般安排在包装的背面，由于此类信息一般包含大量的文字或图标，因此往往在编排设计中以模块化的方式进行处理，以方便使用者的信息读取（图7-45～图7-48）。

三、包装定位与编排设计

包装是服务于产品的，因此，不同的产品包装应该有着不同的个性特征，这是包装的编排设计不能回避的重要命题，同时也是包装个性化和功能化的具体体现。

市场定位为礼品的产品包装与自用的产品包装在包装的设计思考点方面有着显而易见的差异性。以年轻人为目标消费群的产品包装与以老年人为目标消费群的产品包装在包装形态方面的个性差异十分明显，包装的编排设计必须要考虑到这些个性化和人性化的表达需要，并通过合理调动编排要素进行有目的的设计表现（图7-49、图7-50）。

四、包装的造型与编排设计

以常见的六面体包装为例，包装是以立体三维形态存在的，设计中必须要妥善处理包装中面与面之间

图7-45

图7-46

图7-47

图7-48

图7-45～图7-48 在针对包装的编排设计中，要强调信息的准确可读性，突出传达核心信息。

图7-49

图7-50

图7-49、图7-50 对不同的产品定位进行有针对性的编排设计，充分体现产品的个性化和人性化。

的关系。既要强调包装整体的画面关系，通过色彩、图形等视觉元素将包装塑造成为一个完整的立体形态，又要正确认识到包装不同面的层次关系，以符合包装对信息层次的要求。

不同的包装立体形态对编排设计的形式提出不同的要求，一个六面体包装与一个圆柱体包装相比较，编排设计的形式感有着根本的区别，因此，包装的编排设计必须要考虑到它的立体形态，并做到灵活处理（图7-51～图7-54）。

图7-51～图7-54 不同造型的包装产品对编排设计提出了不同的要求。因此，必须要考虑到它的立体形态，灵活处理色彩、图形等视觉元素的关系。

图7-51

图7-52

五、包装的材料与工艺

包装设计中材料与工艺创造性的运用可以在塑造包装的独特形态方面发挥重要的作用，设计师应该熟悉各种印刷工艺和包装材料，能够依据不同的市场定位和产品属性选择合适的包装生产工艺和材料（图7-55～图7-57）。

图7-53

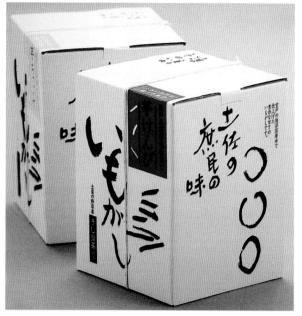

图7-54

图7-55

图7-56

图7-57

图7-55～图7-57 各种印
刷工艺和包装材料增大了
编排设计的灵活性，根据
不同产品的需要合理地运
用各种印刷工艺和包装材
料，为快速准确地传达信
息提供了条件。

第七节 ///// 招贴的编排设计

招贴是一种特殊的设计领域，根据设计主题的不
同，我们可以将其划分为公益招贴、商业招贴、文化
招贴等类别。

招贴视觉冲击力强、信息简洁明快，能够在最短
的时间内吸引观众的注意，在国外被称为"瞬间闯入
艺术"。招贴的编排设计需要明确信息级别，并通过
清晰的画面空间层次塑造明快的画面效果，同时配合
流畅的视觉流程保证信息传递的准确和快速。招贴编
排设计中图形及文字是信息传达的重要工具，醒目而
意义丰富的图形和文字不仅使画面更为刺激强烈，同

时赋予招贴深刻的意蕴。因此，在进行招贴的编排设
计时要特别关注文字与图形的再创造，通过设计师的
创造性再造赋予文字及图形更为巧妙的形式和更为丰
富的意义。

一般来说，招贴的幅面比一般的编排设计对象
会大一些，更大的幅面需要更为大气和整体的视觉效
果，在进行招贴的编排设计时要注意画面整体视觉效
果的完整统一并关注招贴中信息的逐级传递，保证信
息合理的层次关系。此外，由于招贴多数情况下都
是发布于室外环境，因此要特别关注招贴设计中的色
彩关系、季节因素和发布的环境因素（图7-58～图
7-64）。

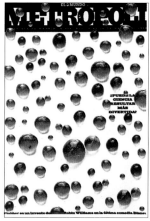

图7-58

图7-59

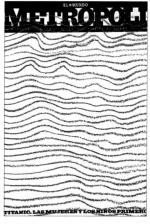

图7-60

图7-61

图7-62

图7-63

图7-64

图7-58～图7-64　在招贴的编排设计中，更需要通过清晰的画面空间层次和流畅的视觉流程，通过图形和文字的合理组织，将信息准确快速地传递出去。

第八节 ///// 网页的编排设计

网络的力量已经影响到社会生活的方方面面，数字化的生存空间正给我们的生活方式带来前所未有的变革。网络带给每一位参与者更为宽广的世界、更为便捷和即时的资讯。网络已经在人与人、人与社会之间建立了一个全方位的信息平台，通过它，你可以更多地了解世界，而世界也回应了你的存在，时间和空间的制约在这里已经模糊，自由自在、跨越现实的遨游才是网络畅想的主题。

网页就是通过浏览器在Internet上看到的页面，英文名称为Web Page。通常所说的首页（Home Page）是指网站的第一个网页。一个网站可以有很多网页，而首页只有一个。浏览者一般都通过首页访问某个网站并进一步了解与之相链接的其他页面的更多内容。首页代表着该网站最精华的部分。首页的编排设计应该体现漂亮、大气的视觉效果，同时尊重视觉习惯，以符合人机工程学的方法强调对页面信息的主观引导，方便观众在主页上搜索相关主题并通过主页进入网站分页获得详细资料。除了首页，网站的其他网页都是分页，通过与首页某些特定主题链接，为观众作进一步详细说明。因此，分页的编排设计应该在美的基础上强调信息传递的清晰准确。分页往往包含很多文字和图形信息，在编排过程中要注意画面平衡感、秩序感和空间感的灵活处理。

网页特殊的传播形式对编排设计有着一些不同于其他介质的要求。通过网络信号我们可以在不同的时间及空间快速接受信息，为了实现信息传播的最快化，同时尽可能地节省网络资源，在进行网页设计时需要将图片存储为jpg、gif等压缩格式，虽然这样会大大降低图片的质量，但却保证了网络传输的速度，实现了网页快速传递信息的主要功能（图7-65～图7-70）。

图7-65

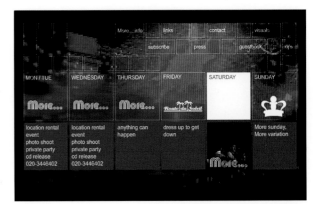

图7-66

图7-67

图7-68

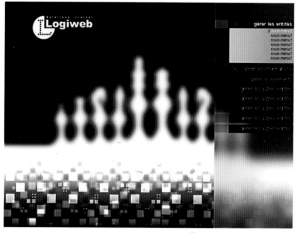

图7-69

图7-70

图7-65~图7-70 网页中的编排设计要尊重视觉习惯，符合人机工程学，便于观众在主页上搜索并获取相关信息。

第九节 ///// UI的编排设计

UI是User Interface的缩写，意为"用户界面"。UI提供了人机交互的平台，是当前信息设计的重要对象。

在人和机器的互动过程中，有一个层面，即我们所说的界面（Interface）。从心理学意义来划分，界面可分为感觉（视觉、触觉、听觉等）和情感两个层次。在UI的编排设计中，我们需要通过视觉语言，同时借助音乐元素调动浏览者的感觉和情感两个感官层次，使UI的形象更为丰满和生动。

用户界面设计有三大原则——置界面于用户的控制之下；减少用户的记忆负担；保持界面的一致性。这一原则，同样也可以成为UI设计中编排设计的重要原则，在处理UI中的文字、图片或是整个编排形式时都要考虑到用户界面设计的三大原则，保证用户界面功能的合理性。

UI设计从大方向上可以分为两个部分——图形界面设计和人机交互。图形界面设计即通过编排设计进行的画面组织与创建，通过艺术性的表现手法，将人机交互设计用人性化的图形表现出来，也叫GUI（Graphics User Interface），这是用户界面设计中编排设计的作用领域（图7-71~图7-74）。

UI潜移默化地影响着我们的生活方式，为我们创立了新的视觉标准。

以电脑操作系统为例，我们现在使用的Windows操作系统，从字符显示的DOS版本至Win95、Win98、Win2000到Windows XP，用户界面在每一次操作系统的革新中起到的重要作用，它不仅为我们带来便利，同时也带来了新的、愉悦的视觉体验，此外，另一个世界著名品牌——苹果，其Mac操作系统更是将UI的设计推向了高潮，开放的、玻璃质感的风格对当代设计潮流产生重要影响，这些都是编排设计在用户界面设计中发挥重要功能的有力例证。

思考与练习

1.对中外优秀的编排设计应用案例进行分析。（包括：设计特点、风格、影响力、应用性等）

2.利用编排设计原理进行招贴设计。（寻求编排设计中图形与文字的相互关系，在一个画面上进行组构、策划，从整体上去表现编排的视觉效果）

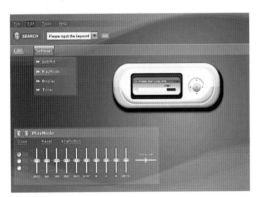

图7-71

图7-72

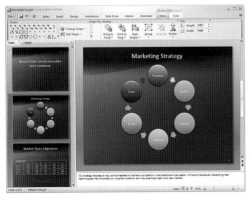

图7-73

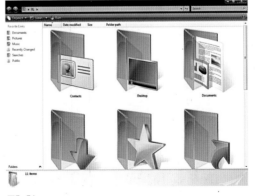

图7-74

图7-71~图7-74 在进行UI的编排设计中，要充分考虑到文字、图片的关系，通过艺术化的表现手法和人性化的图形来表现，以保证功能的合理性。

03

吴烨 等 编著

现代版式
设计与实训

目录 contents

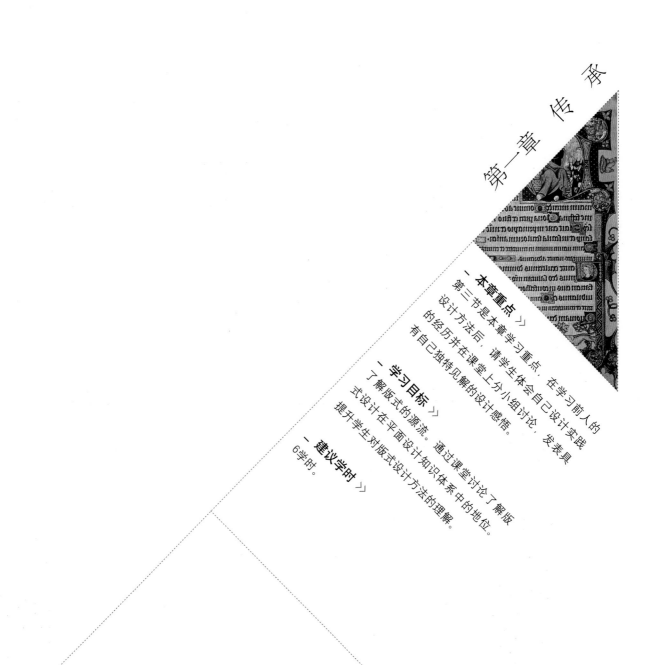

第一章 传承

《本章重点》
第三节是本章学习重点，在学习前人的设计方法后，请学生体会自己设计实践的经历并在课堂上分小组讨论，发表具有自己独特见解的设计感悟。

《学习目标》
了解版式的源流。通过课堂讨论了解版式设计在平面设计知识体系中的地位。提升学生对版式设计方法的理解。

《建议学时》
6学时。

第一章 传承

第一节 ///// 版式的源流

一、文字、版式起源

1.汉字、版式的历史

汉字已经有了近6000年的历史。文字是人类传达感情、表达思想的工具。记录语言的图形符号是世界上最古老的文字，除了中国文字外，还有苏美人、巴比伦人的楔形文字、埃及人的圣书文字和中美洲的玛雅文字，这些文字造就了古文明的历史成就。中国文字的主要发展历史，包括甲骨文、金文、大篆、小篆、隶书、草书、行书、楷书、老宋等。书籍形式发展经历了卷轴装、经折装、旋风装、蝴蝶装、包背装、线装的演变。

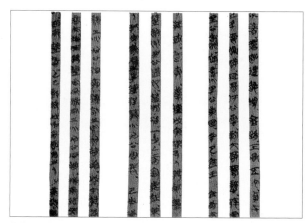

简策

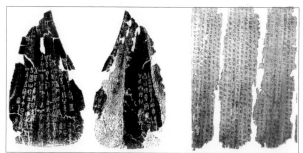

帛书

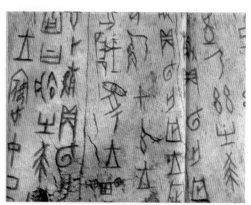

甲骨文

石刻

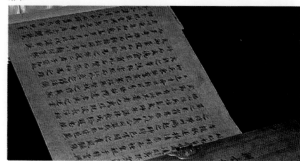

中国古典书籍形式 卷轴装

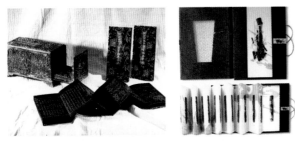

中国古典书籍形式 经折装

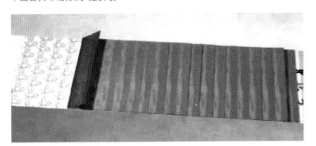

中国古典书籍形式 旋风装

中国古典书籍形式 蝴蝶装

中国古典书籍形式 包背装

中国古典书籍形式 线装

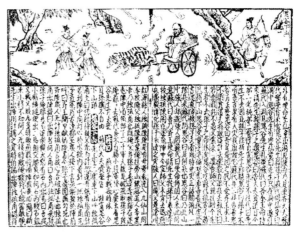

中国古典版式

2.拉丁文字起源

拉丁字母起源于图画，它的祖先是复杂的埃及象形字。大约6000年前在古埃及的西奈半岛产生了每个单词有一个图画的象形文字。经过了腓尼基亚的子音字母到希腊的表音字母，这时的文字是从右向左写的，左右倒转的字母也很多。最后罗马字母继承了希腊字母的一个变种，并把它拉近到今天的拉丁字母，从这里开始了拉丁字母历史有现实意义的第一页。

当时的腓尼基亚人对祖先的30个符号加以归纳整理，合并为22个简略的形体。后来，腓尼基亚人的22个字母传到了爱琴海岸，被希腊人所利用。公元前1世纪，罗马实行共和时，改变了直线形的希腊字体，采用了拉丁人的风格明快、带夸张圆形的23个字母。最后，古罗马帝国为了控制欧洲，强化语言文字沟通形式一致，也为了适应欧洲各民族的语言需要，由I派生出J，由V派生出U和W，遂完成了26个拉丁字母，形成了完整的拉丁文字系统。

罗马字母时代最重要的是公元1到2世纪与古罗马建筑同时产生的在凯旋门、胜利柱和出土石碑上的严正典雅、匀称美观和完全成熟了的罗马大写体。文艺复兴时期的艺术家们称赞它是理想的古典形式，并把它作为

古埃及的象形文字

中世纪的手抄本之一

中世纪的手抄本之二

学习古典大写字母的范体。它的特征是字脚的形状与纪念柱的柱头相似，与柱身十分和谐，字母的宽窄比例适当美观，构成了罗马大写体完美的整体。

西方历史上有记载的版面形式出现在古巴比伦，约公元前3000年。两河流域的苏美尔人最先创造了原始版面的形式。

二、印刷时代

1.古腾堡时期

时间：约1450年—约1500年。

在金属活字印刷技术的发明之前，西方的平面设计主要依赖于手抄本和木版印刷。手抄本的设计特点主要是：广泛采用插图和广泛进行书籍、字体的装饰，注重大写字母特别是首字母的装饰，风格华丽；注重插图的设计，采用的插图与文章内容密切相关，对于插图边框讲究装饰。木版印刷是西方在掌握了中国的造纸和印刷技术之后才开始盛行的。

15世纪前后，由于经济和文化的迅速发展，手抄本和木版印刷都已经无法满足社会对于书籍的越来越大的需求，因此西方各国都设法发明新的、效率高的印刷方法。约在1439年到1440年期间，古腾堡已经开始研究印刷技术了。他采用铅为材料造字模，利用金属字模进

中世纪的手抄本之三

中世纪的手抄本之四

行印刷。他用了十多年时间，才印出他的第一本完整的书，称之为《三十一行书信集》，是西方最早的活字印刷品。古腾堡对于金属活字及金属活字印刷的发明，使具有现代意义的"排版"印刷取代旧式的木版印刷成为可能，为催生真正意义上的"版面设计"清除了技术障碍，从而拉开了西方平面设计大发展的序幕。

2.文艺复兴时期

时间：约14世纪—约16世纪上半叶。

文艺复兴标志着从中世纪到现代时期的过渡。从文

学、艺术的特点来看，是把古罗马、古希腊的风格加以发挥，达到淋漓尽致的地步。随着古典艺术、建筑及人文主义复兴，涌现出了如达·芬奇、米开朗琪罗等著名的艺术大师，对于平面设计而言，更多的是反映在书籍插图上，从而大大地扩展了读者的视野和想象的空间。

文艺复兴时期的平面设计，最显著的一个特色是对于花卉图案装饰的喜爱。书籍中大量采用花卉、卷草图案装饰，文字外部全部用这类图案环绕。显得非常典雅和浪漫。无论是在字体设计上还是在版面设计上，都讲究工整、简洁，首字母装饰是主要的装饰因素，往往采用卷草环绕首字母，使整体设计具有工整中有变化的特点。版面布局崇尚对称的古典风格。

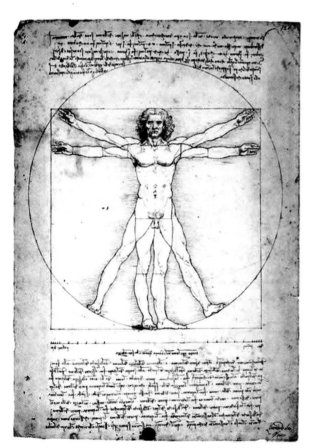

达·芬奇为数学家帕西欧里的《神奇的比例》一书中所做的插图

意大利文艺复兴时期，印刷和平面设计的重要代表人物阿杜斯·玛努提斯于1501年首创"口袋书"的袖珍尺寸书籍（罗马诗人维吉尔的作品《歌剧》），开创了日后称为"口袋书"的先河。该书全部采用斜体字体印刷，这是世界上第一本全部采用斜体印刷的书籍。

三、后印刷时代

平面设计经过文艺复兴时期有声有色的发展之后，在整个17世纪显得比较沉寂。除了世界上第一张报纸《阿维沙关系报》日报于1609年在德国的奥格斯堡问世这一重要的突破之外，其他就较少巨大的成就。但是18世纪的情况就大不一样了，巴洛克、洛可可等相继给沉寂了许久的平面设计带来了全新的发展。

1. 巴洛克风格

时间：约1550年—约1760年。

巴洛克风格总的来说，是一种过分强调雕琢和装饰奇异的艺术和建筑风格，倾向于豪华、浮夸，并将建筑、绘画、雕塑结合成一个整体，追求动势的起伏，以求造成幻象的建筑形式。巴洛克风格酷爱曲线和斜线，剧烈扭转，做壮观的游戏，展示一切可以造成人们惊奇赞叹的东西。巴洛克风格的平面设计，追求的是严肃、高贵、丰富、高雅，其特征是采用大胆的曲线结构、繁杂的装饰和无联系部分间的整体平衡，版面布局比较讲究对称，色彩设计强烈。

2. 洛可可风格

时间：约1720年—约1770年。

洛可可风格是一种紧跟巴洛克风格之后起源于18世纪欧洲的艺术风格，它是精心刻意地用大量的涡卷形字体、树叶及动物形体点缀装饰的艺术风格，尤其是在建筑和装饰艺术领域，因过度装饰而造成表现形式过分讲究，具有矫饰的优雅之感。

洛可可风格的平面设计，强调浪漫情调，大量采用

"C"形和"S"形曲线纹样作为装饰手段，色彩上比较柔和，广泛采用淡雅的色彩设计，比如粉红、粉蓝、粉绿等，也大量采用金色和象牙白色，版面布局往往采用非对称（均衡）的排列方法，字体也时常采用花哨的书体，花体字成为书籍封面和扉页上最常用的字体。版面华丽，给人以浮华纤巧、温柔典雅之感。

3."现代"版面的雏形

随着时间的推移，平面设计界和印刷出版界以及广大读者对弥漫已久的矫饰的"洛可可风格"越来越感到厌倦，渴望创造出一种新的设计风格来取代矫揉造作的洛可可风格。意大利人波多尼成为肩负起这个时代责任的设计家，他创造出的"现代"体系以及对"现代"版面的探索影响到后来的平面设计的发展。

所谓"现代"体系，是依托罗马体发展出来的一个新的具有系列字体的体系，被视为新罗马体。这种字体体系的特点是：非常清晰典雅，又较之古典的罗马体具有更良好的传达功能。

4.工业革命

时间：约1760年—约1840年。

古罗马花草图案装饰的罗马体字母X

古罗马花草图案装饰的罗马体字母A

古罗马花草图案装饰的罗马体字母D

古罗马花草图案装饰的罗马体字母Z

古罗马花草图案装饰的罗马体字母Q

随着生产力和社会总收入的急剧提高,巨大的社会需求直接促进了平面设计的大发展:产品自身需要设计、产品包装需要设计、产品广告需要设计、大量的出版物需要设计。因此可以说,现代平面设计是工业革命的直接后果。工业化大生产为手工业制作时代画上了句号,从而导致各行各业的日益精细的劳动分工,当然也包括平面设计——字体设计、版面设计、印刷加工等各个环节走上了专业化分工的道路。从平面设计角度来看,工业革命除了促进了专业化分工之外,在这个时期里摄影技术和彩色石版印刷技术的发明,更是极大地推动了平面设计的快速发展。

(1)欧美字体设计大爆炸

英文字母,原来唯一的功能是阅读性的传达功能,而在商业活动中,字母不再单是组成单词的一个部分,它本身也被要求具有商业象征性,能够以独具个性、特征鲜明、强烈有力的形式起到宣传的形式作用。这种要求自然造成字体设计的大兴盛。在19世纪初叶短短的几十年中,涌现出了无数种新字体。

(2)木刻版海报在商业广告上的广泛应用

木刻海报兴盛于1830年,衰退于1870年。古老的木刻技术之所以在这一时期得到进一步的发展,主要是由于商业海报对于具有精致细节装饰的字体和大尺寸字体的需求所造成的,因为当时的金属铸字技术均难以满足上述字体需求,而造成木刻海报衰退的主要原因有两个方面:一方面是彩色石版印刷的发展,无论是在印刷质量还是在生产便利性方面,均超过了旧式的活字排版印刷方式,自然而然地就取代了木刻活字印刷;另一方面是一些娱乐业的衰落导致海报的需求量骤减造成的。

(3)印刷、排版技术的突破性革命

在印刷技术方面取得突破性革命的是,蒸汽动力印刷机和造纸机的发明及改进,大大降低了印刷成本,使印刷品真正能够服务大众、服务社会。在排版技术方面取得突破性革命的是,机械排版取代了传统手工排版,解决了阻碍印刷速度提高的一大障碍。1830年前后,印刷业开始进入鼎盛时期,各种印刷品如书籍、报纸等大量出版,直接促进了平面设计的发展。

5.维多利亚时期

时间:1837年—1914年

亚历山大利娜·维多利亚自1837年登基,在位时间长达2/3世纪,这个时期被称为"维多利亚时期",历史学家往往把维多利亚时期的结束时间定为1914年第一次世界大战爆发时为止。

维多利亚时期的设计,最显著的一个特点就是对中世纪哥特艺术的推崇,与巴洛克风格相似,矫揉造作、烦琐装饰、异国风气占了非常重要的地位,维多利亚时代的设计通常是感情奔放、色彩绚烂,显得豪华瑰丽,具有强烈的视觉冲击力,但略显得轻薄、烦琐,易给人以矫揉造作之感。维多利亚时期往往把欧洲和美国,特别是英语国家亦包括其中,这个时期对于设计的很多重要贡献都是来自美国的。维多利亚时期的上半期,平面设计风格主要在于追求烦琐、华贵、复杂装饰的效果,因此出现了烦琐的"美术字"风气。字体设计为了达到华贵、花哨的效果,广泛使用了类似阴影体、各种装饰体。版面编排上的烦琐、讲究版面布局的对称也是这个时期平面设计的重要特征。

维多利亚时期的下半期,平面设计的烦琐装饰风格,因为金属活字的出现和新的插图制版技术的刺激,达到了登峰造极的地步。字体设计家在软金属材料上直接刻制新的花哨字体,

然后通过电解的方法,制成印刷模版。彩色石版印刷的发明和发展,更是给平面设计的烦琐装饰化带来了几乎无所不能的手段。

6.工艺美术运动

时间:1864年—约1896年

"工艺美术运动"起源于英国,其背景是工业革命以后的工业化大生产和维多利亚时期的烦琐装饰导致设计

颓败，英国和其他国家的设计师希望通过复兴中世纪的手工艺传统，从哥特艺术、自然形态及日本装饰设计中寻求借鉴，来扭转这种设计状况，从而引发的一场设计领域的国际运动。

这场运动的理论指导是英国美术评论家和作家约翰·拉斯金，主要代表人物是艺术家、诗人威廉·莫里斯，他在1860年前后开设了世界上第一家设计事务所，通过自己具有鲜明"工艺美术"运动风格的设计实践，促进了英国和世界的设计发展。在莫里斯的设计中，广泛采用植物的纹样和自然形态，大量的装饰都有东方式的、特别是日本式的平面装饰特征，以卷草、花卉、鸟类等为装饰动机，展示出新的平面设计风格和特殊的艺术品位。

"工艺美术运动"从英国发起后于19世纪80年代传到其他欧美国家，并影响了几乎所有欧美国家的设计风格，从而促使欧洲和美国掀起了另外一个规模更大的设计运动——"新艺术"运动。

威廉．莫里斯《呼啸平原的故事》

7.新艺术运动

时间：约1890年—约1910年

"新艺术"运动是在欧美产生和发展的一次的装饰艺术运动，其影响面几乎波及所有的设计领域，包括雕塑和绘画艺术都受到它的影响，是一次非常重要的、强调手工艺传统的、并具有相当影响力的形式主义运动。

"新艺术"运动与"工艺美术"运动有着许多相似之处，但是二者亦存在明显区别："工艺美术"运动比较重视中世纪的哥特风格，"新艺术"运动则基本放弃传统装饰风格的借鉴，强调自然主义倾向，在装饰上突出表现曲线和有机形态。体现在平面设计上，大量地采用花卉、植物、昆虫作为装饰手段，风格细腻、装饰性强，常被称为"女性风格"，与简单朴实的"工艺美术"运动风格强调比较男性化的哥特风格形成鲜明对照。

另外，象征主义作为19世纪末的一个显著的艺术运动流派，对"新艺术"运动也造成了一定的影响。象征主义，其理论基础是主观的唯心主义，反对写实主义与印象主义，主张用晦涩难解的语言刺激感官，产生恍惚、迷离的神秘联想，即所为"象征"。高更是象征派美术运动的先导者。

这个时期具有代表性的平面设计大师有：被称之为"现代海报之父"的朱利斯·谢列特 （法国）、

英国工艺美术运用作品

亨利德·图卢兹·劳德里克　JobT香烟广告

亨利德·图卢兹·劳德里克（法国）和最典型的"新艺术"设计风格代表人物阿尔丰斯·穆卡（法国）、彼德·贝伦斯（德国）等。

8.现代艺术运动

时间：约20世纪初—约20世纪60年代

现代艺术运动时期大约从20世纪初的"野兽主义"运动开始，其源流可以追溯到法国的印象主义，止于第二次世界大战结束时期美国的"抽象表现主义"运动结束，前后历经了半个多世纪。

在众多的现代艺术运动中，有不少对于现代平面设计带来了相当程度的影响，特别是形式风格上的影响。其中以立体主义的形式、未来主义的思想观念、达达主义的版面编排、超现实主义对于插图和版面的影响最大。

（1）野兽主义对平面设计的影响

在1905年的巴黎秋季沙龙中，展出了一批风格狂野、艺术语言夸张、变形而颇有表现力的作品，被人们称作"野兽群"，由此"野兽主义"（Fauvism）得名。野兽主义虽然持续的时间不长，但它以强烈的装饰性趣味和形式感对包括平面设计在内的现代艺术，产生了深远的影响。

（2）立体主义对平面设计的影响

立体主义运动起源于法国印象派大师保罗·塞尚，塞尚提出"物体的演化都是从原本物体的边与角简化而来的"，他所说的："自然的一切，都可以从球形、圆锥形，圆筒形去求得"，成为立体派的绘画理论。立体派的画家重视直线，忽视曲线，运用基本形体开始几何学上的构图，把所画的物体打破成许多不同的小平面，强调画中要把物体的长、宽、高、深度同时表现出来。立体派艺术受到黑人雕刻及东方绘画的影响，其创作方法是对物体由四面八方的观察，然后将物体打破肢解，再由画家的主观意识将碎片整理凑合，完成一个完整的艺术。

立体主义最重要的奠基人是来自西班牙的帕布罗·毕加索和法国的乔治·布拉克。立体主义绘画是在1907年以毕加索的作品《亚维农的少女》为标志开始的，该

德比罗　平面广告　1829年

毕加索　《格尔尼卡》　1937年

运动从1908年开始一直延续到20世纪20年代中期为止，对20世纪初期的前卫艺术家带来非常重大的影响，并直接导致了新艺术运动的出现，如达达主义、超现实主义、未来主义和其他形式的抽象艺术等。可以说立体主义是20世纪初期的现代主义艺术运动的核心和源泉。

另外特别要提到的是毕加索和布拉克于1912年发明的拼贴绘画技术，使绘画的色彩表现、画面的结构和肌理更加复杂，为丰富平面设计的表现形式及视觉效果起到了有益的启示。

（3）未来主义运动

未来主义运动是于20世纪初期在意大利出现的一场具有影响深刻的现代主义艺术运动。虽然未来主义只有短短的五六年，但是未来主义的观念给之后的达达主义及现代抽象艺术带来了很大的影响。未来主义的准则简单来说就是"动就是美"，反对任何传统的艺术形式，认为真正艺术创作的灵感来源于意大利和欧洲的技术成就，而不是古典的传统。其核心是表现对象的移动感、震动感，趋向表达速度和运动。

反映在平面设计上主要是自由文字风格的形成，文字不再是表达内容的工具，文字在未来主义艺术家手中，成为视觉的因素，成为类似绘画图形一样的结构材料，可以自由安排，自由布局，不受任何固有的原则限

福特纳多·德比罗 版面设计 1927年

制，在版面编排上，推翻所有的传统编排方法，强调字母的混乱编排造成的韵律感，而不是它们所代表和传达的实质意义。

未来主义在平面设计上的高度自由的编排，后来被国际主义风格所否定。但在20世纪80年代到至90年代，又被设计界重新得到重视，成为时尚。

（4）达达主义运动对平面设计的影响

达达主义运动发生于第一次大战期间，由马谢·杜象在纽约领导，影响到现在艺术活动中的每个新艺术运动，现代艺术可以说都是达达的变奏或展开。达达主义主要的发展时期是1915年至1922年，是高度无政府主义的艺术运动。其强调自我，非理性，荒谬和怪诞，杂乱无章和混乱，是特殊时代的写照。

达达主义对平面设计的影响最大的是在于以拼贴方法设计版面，以照片的摄影拼贴方法来创作插图，及版面编排上的无规律化、自由化，也是重在视觉效果，与未来主义有相似之处。差不多同时期出现的构成主义和风格派，在具体的视觉设计上，与达达和未来有相当类似的地方。达达主义运动对于传统的大胆突破，对偶然性、机会性的强调，对于传统版面设计原则的突破，都对平面设计具有很大影响。达达主义对未来主义的精神

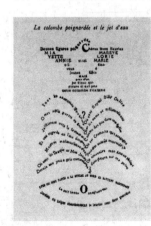

阿波里涅 《书法》
诗歌版面 1918年

马利耐蒂 《每天晚上她一遍又一遍读着前方炮友给她的信》1919年

海报

杜斯伯格《稻草人进行曲》
1922年

海报

和形式加以探索和发展,继而为超现实主义的产生奠定了基础。

（5）超现实主义对平面设计的影响

超现实主义是继达达主义之后重要的现代主义艺术运动。超现实主义的正式开端是1924年《超现实主义宣言》发表的时候,首先在法国展开,立即受西班牙画家的欢迎,很快普及到全世界,影响到了美术、文学、雕刻、戏剧、戏剧舞台、电影、建筑等艺术领域,所以超现实主义可以说是影响全世界的新文艺运动。1945年后"新具象"在巴黎兴起,超现实主义才渐渐没落。

超现实主义认为"美是在解放了的意识中那些不可思议的幻象与梦境",所以超现实主义是一种超理性、超意识的艺术。超现实主义的画家不受理性主义的限制而凭本能及想象,表现超现实的题材。他们自由自在地生活在一种时空交错的空间,不受空间与时间的束缚,表现出比现实世界更真实更有意义的精神世界。超现实主义艺术创作的核心,是表现艺术家自己的心理状态、思想状态,比如梦、下意识、潜意识。

超现实主义的代表艺术家有:安德烈·马松、林恩·马格里特、依佛斯·唐吉、萨尔瓦多·达利。超现实主义对平面设计的影响主要是意识形态和精神方面的。在设计观念上,对于启迪创造性有一定的促进作用。

9.装饰艺术运动

装饰艺术运动是在20世纪20—30年代在法国、英国、美国等国家展开的设计运动,它与欧洲的现代主义运动几乎同时发生,彼此都有一定的影响。

随着现代化与工业化逐渐改变了人们的生活方式,艺术家们也尝试着寻找一种新的装饰使产品形式符合现代生活特征。1925年在巴黎举办了大型展览"装饰艺术展览",该展览向人们展示了"新艺术"运动后的建筑与装饰风格,在思想与形式上是对"新艺术"运动的矫饰的反动,它反对古典主义与自然主义及单纯手工艺形态,而主张机械之美,从现代设计发展历程看,它是具有积极的时代意义的。"装饰艺术"运动并非单纯的一种风格式样运动,它在很大程度上还属于传统的设计运动。即以新的装饰替代旧的装饰,其主要贡献是对现代内容在造型与色彩上的表现,显出时代特征。"装饰艺术"重视色彩明快、线条清晰和具有装饰意味,同时非常注重平面上的装饰构图,大量采用曲折线、成棱角的面、抽象的色彩构成,产生高度装饰的效果。

在"装饰艺术"运动的影响之下,以及现代主义艺

达利 《记忆的永恒》1913年

罗伯特·玛辛《秃头歌女》

罗伯特·玛辛《秃头歌女》

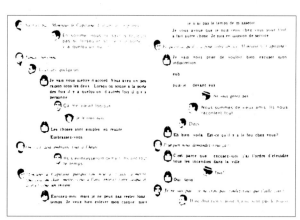

罗伯特·玛辛《秃头歌女》

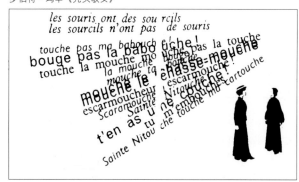

罗伯特·玛辛《秃头歌女》

罗伯特·玛辛《秃头歌女》

术运动特别是立体主义运动的影响下，欧美一些国家出现了以海报为中心的新平面设计运动，该运动以绘画为设计的核心，同时又受现代主义艺术运动影响，因此称为"图画现代主义"运动，这个运动的新风格和形式对于日后的现代商业海报发展有很大的影响作用。

10.现代主义设计运动

现代设计的思想和形式基础主要源于"构成主义"、"风格派"和"包豪斯"这三个现代主义设计运动最重要的核心，这三个运动主要集中在俄国、荷兰和德国三个国家开始进行试验。俄国的"构成主义"运动是意识形态上旗帜鲜明地提出设计为无产阶级服务的一个运动，而荷兰的"风格派"运动则是集中于新的美学原则探索的单纯美学运动，德国的"现代设计"运动从德意志"工作同盟"开始，到包豪斯设计学院为高潮，集欧洲各国设计运动之大成，初步完成了现代主义运动的任务，初步搭起现代主义设计的结构，战后影响到世界各地，成为战后"国际主义设计运动"的基础。

（1）俄国构成主义设计运动（约1917年—1924年）构成主义设计运动，是俄国十月革命胜利前后产生的前卫艺术运动和设计运动，为抽象艺术的一种。

构成主义的特征主要有：简单、明确，采用简明的

纵横版面编排为基础，以简单的几何形和纵横结构来进行平面装饰，强调几何图形与对比。构成主义的探索，从根本上改变了艺术的"内容决定形式"的原则，其立场是"形式决定内容"。构成主义的三个基本原则是：技术性、肌理、构成。

构成主义在设计上集大成的主要代表是李西斯基，他对于构成主义的平面设计风格影响最大。其设计具有强烈的构成主义特色：简单、明确，采用简明扼要的纵横版面编排为基础，字体全部是无装饰线体，平面装饰的基础仅仅是简单的几何图形和纵横结构而已。他在平面设计上另外一个重大贡献是广泛地采用照片剪贴来设计插图和海报。他可以说是现代平面设计最重要的创始人之一。

构成主义为后来的现代主义和国际主义形成打下了基础。

罗钦科 《左翼艺术》　　　　李西斯基 《主题》
杂志封面 1923年　　　　　杂志封面 1922年

（2）风格派（1917年—1931年）

风格派是荷兰的现代艺术运动，又称"新造型主义"，是与构成主义运动并驾齐驱的重要现代主义设计运动之一。蒙德里安是它的领袖。风格派追求和谐、宁静、有秩序，造型中拒绝使用具象元素，认为艺术不需要表现个别性和特殊性，而应该以抽象的元素去获得人

类共通的纯粹精神。他们主张艺术语言的抽象化与单纯性，表现数学精神。作品《红、黄、蓝、构图》是蒙德里安艺术思想最集中的表现。他创造的图像风格精确、简练和均衡，对于现代绘画、建筑和实用工艺美术设计产生了不可忽视的影响。

风格派的第一次宣言中表达了两点创作的立场：第一，新的文化应在普遍性与个人性之间取得平衡。第二，要放弃自然形及（既有）建筑的形，重新追求一个新的文化基础。在对形的探讨上：强调红、黄、蓝、白、黑的原色使用；直线及直角方块的形的使用；非对称的轮廓的使用。

风格派在平面设计上的集中体现出来的特点是：高度理性，完全采用简单的纵横编排方式，字体完全采用无装饰线体，除了黑白方块或长方形之外，基本没有其他装饰，直线方块组合文字成了基本全部的视觉内容，在版面编排上采用非对称方式，但是追求非对称之中的视觉平衡。

海伦道恩 海报 1923 年　　　　杜斯伯格 杂志封面 1919 年

（3）包豪斯（1919 年—1933 年）

包豪斯即指 1919 年由德国著名的建筑家沃尔特·格罗佩斯在德国魏玛市建立的"国立包豪斯学院"，是欧洲现代主义设计集大成的核心。对于平面设计而言，包豪斯所奠定的思想基础和风格基础具有重要而决定性的意义，"二战"之后的国际主义平面风格在很大程度上是在包豪斯基础上发展起来的。

赫伯特·拜耶 封面设计　　　尤斯夫·埃尔博斯 1925 年
1926 年

11. 国际主义设计运动

时间：20 世纪 50 年代至今。

这种风格影响平面设计达 20 年之久，直到目前它的影响依然存在，并且成为当代平面设计中最重要的风格之一。

国际主义风格的特点是，力图通过简单的网络结构和近乎标准化的版面公式达到设计上的统一性。具体来讲，这种风格往往采用方格网为设计基础，在方格网上的各种平面因素的排版方式基本是采用非对称式的，无论是字体还是插图、照片、标志等，都规范地安排在这个框架中，在排版上往往出现简单的纵横结构，而字体也往往采用简单明确的无饰字体，因此得到的平面效果非常公式化和标准化，故而具有简明而准确的视觉特点，对于国际化的传达目的来说是非常有利的。正是这个原因它才能在很短的时间内普及，并在近半个多世纪的时间中长久不衰。

但是国际主义风格也比较板，流于程式。给人一种千篇一律、单调、缺乏情调的设计特征。

12. 当代艺术运动

20 世纪有两次巨大的艺术革命，世纪之初到第二次世界大战前后的现代艺术运动是其中的一次，影响深远，并且形成了我们现在称为"经典现代主义"的全部内容和形式。另一次就是20世纪60年代以"波普"运动开始直至目前的当代艺术运动。在波普艺术的带动下，出现了很多不同的新艺术形式，如观念艺术、大地艺术、人体艺术等，艺术变得繁杂而多样。

（1）波普艺术

波普艺术严格地来说是起源于英国，但真正爆发出影响力却是在20世纪60年代的纽约，在20世纪60年代达到高潮，到1970年左右开始衰落。波普艺术将当时的艺术带回物质的现实而成为一种通俗文化，这种艺术使得当时以电视、杂志或连环图画为消遣的一般大众感到相当的亲切。它打破了1940年以来抽象表现主义艺术对严肃艺术的垄断，把日常生活与大量制造的物品与过去艺术家视为精神标杆的理想形式主义摆在同等重要的地位，高尚艺术与通俗文化的鸿沟从此消失，开拓了通俗、庸俗、大众化、游戏化、绝对客观主义创作的新途径。波普艺术与立体主义一样，是现代艺术史的转折点之一。

波普艺术对包括平面设计、服装设计等在内的当代设计及艺术的影响极大。尤其是它的雅俗共赏迎合了大众的审美情趣，在当代包括广告设计在内的平面设计中应用十分广泛。字母、涂鸦、抽象夸张的图案，都是波普主义的明显特征。

波普艺术在创作中广泛运用与大众文化密切相关的当代现成品，这些物品是机械的，大量生产的，广为流行的，低成本的，是借助于大众传播工具（电视、报纸和其他印刷物）作为素材和题材的。在运用它们作为手段时，为了吸引人必须新奇、活泼、性感，以刺激大众的注意力引起他们的消费感。

（2）后现代主义

后现代主义是20世纪60年代以来欧美各国（主要是美国）继现代主义之后前卫美术思潮的总称，又称后现代派。带动了包括平面设计、产品设计等在内的其他设计领域的后现代主义设计运动，尤其在产品设计领域表现得更为突出。

后现代主义艺术具有以下明显特征：装饰主义，象征主义，折中主义，形式主义，有意图的游戏，形式偶然的设计，形式无序的等级，技术精巧，艺术对象，距离，综合和对立结合处理，中心和分散混合的方式，等等。

四、影像发展

在当代的平面设计中，摄影的地位举足轻重，但摄影的发明初衷并非为了改善平面设计，它是人类力图捕捉视觉形象的探索过程中的伟大成就。最早的摄影技术是由法国人约瑟夫·尼伯斯于1820年前后发明的，直到1871年，才由纽约发明家约翰·莫斯开始尝试将其用于印刷制版。1875年，法国人查尔斯·吉洛特在巴黎开设

安迪·沃霍尔 《玛丽莲·梦露》

了法国第一家照相制版公司。在整个19世纪下半叶，都有大量的人从事印刷的摄影制版探索，包括摄影的彩色印刷试验，尽管摄影制版技术从整体上来说还不完善，但由于其价格低廉、速度快捷、图像质量真实精细，所以还是有越来越多的印刷厂家开始采用这个技术制版，特别是用来制作插图版面，从而使手工插图在平面设计中的应用范围越来越小。

另外值得一提的是照相制版技术的完善，通过摄影的方法，字体和其他平面元素都可以完全自由地缩放处理，设计的自由度大大增加，设计和制作时间上也大大缩短了，更为重要的是生产成本大幅度地降低了。到20世纪60年代末，照相制版技术基本完全取代了陈旧的金属排版技术。这个技术因素对于设计的促进有着巨大的作用。

在平面设计中最早把摄影运用于创造性设计活动的是瑞士设计家赫伯特·玛特。玛特对于立体主义有很深刻的理解，特别对于立体主义后期采用的拼贴方法感兴趣，对于摄影的艺术表现、利用摄影拼贴组成比较主观的平面设计抱有强烈的欲望，并全力以赴地将摄影作为设计手法运用到设计中。20世纪30年代，他设计出一系列的瑞士国家旅游局的旅游海报，广泛采用强烈的黑白、纵横、色彩和形象的对比，采用摄影、版面编排和字体的混合组合而形成的拼贴画面，利用照相机的不寻常角度，得到非常特别的平面效果，具有很强的感染力。

第二节 ////// 版式设计在平面设计中的地位

在目前许多国外的设计院校的课程体系中，版式设计是一门相当重要的专业课程。在德国、美国的一些学校里，版式设计课不仅进行平面设计方面的学习，同时还进行立体空间方面的研究。

在整体现代设计教学的课程体系中，版式设计有着特定的地位。许多院校将设计课程分为三个主要阶段：基础课程、专业基础课程和专业设计课程。版式设计属于专业基础课程。

在版式设计以前的基础课程，特别是设计基础课程（平面构成、色彩构成、立体构成，装饰图案、平面形态等），对各种设计要素，如形态的类别、构成和变化，色彩的基本现象和规律，不同肌理的生成与组合，不同构成和构图方法等方面进行了全面的学习研究，为版式设计课程奠定了基础。

版式设计课程是针对形态、色彩、空间、肌理等设计要素和构成要素在图、文表现可能性及与表现内容关系中进行全面的学习研究，为以后的专业设计打下基础。

版式设计以后的专业设计课程，如招贴设计、书籍设计、网页设计、平面广告设计等，是在特定的表达介质上的版面研究。

所以版式设计在平面设计体系中是一个承上启下的重要环节。

基础课程：设计素描、设计色彩

设计基础：平面构成、色彩构成、立体构成，装饰图案、平面形态等

工具类课程：Photoshop、Illustrator、摄影基础、印刷工艺等

专业基础课程：字体设计、图形创意、版式设计

专业设计课程：招贴设计、书籍设计、网页设计、平面广告设计等

第三节 ///// 版式设计方法

设计师在辛勤的设计实践中，经过大量的设计感悟，总结出各种设计方法的套路。下面介绍几种行之有效的设计方法，不论是书籍设计、报纸设计、杂志设计、包装设计、网页设计甚至是平面设计以外的设计都能从中受益。

一、模版套用式设计

设计师在平时没有设计任务的时候就积极积累基础版式，形成一个模版库。在获得设计任务后，把图片、文字直接放进合适的模版里，用最快的时间完成理想的版面设计。

二、图片优先式设计

设计过程是以寻找图片素材作为开始的，一切的后续形式安排都是根据第一步的素材形式进行延展的。排版需要设计师尤其重视图片素材的特征，要求挖掘其设计表现潜力，以清晰的视觉、详尽的内容加强创意。

三、平实质朴式设计

设计师往往会去追求大创意、大视觉，认为那些才能体现设计的真谛、体现设计师的能力。其实不然，有时候平实、质朴也是一种大设计，用一颗平常、宁静的心去完成简单的设计。20世纪美苏冷战时，为解决宇航员在太空中书写问题，美国花大量资金研究可以在失重条件下书写的钢笔，而苏联就直接使用铅笔。

四、换位式设计

设计的任何产物都是为人服务的，我们在进行一项设计时要以用户的角度去换位思考。用户在使用我们的设计时获得的体验及他的思考、欲望、限制都需要我们进行提前的评估。

五、约定俗成式设计

我们的一些生活规律、习惯做法已经成为固定的"公理"，我们只需要分析客户的意图、功能性的需要，直接利用人们的习惯做法去完成设计。

六、一题多解式设计

视觉是一门表现艺术，它不像数学题目只有唯一正确答案。同一个内容，我们可以做很多种视觉排版样式，都是正确答案。平面设计没有正误之分，只有好坏之分。设计师不应该循规蹈矩、本本主义，好的设计师应该有思想，有主见，言之有理，能够自圆其说的设计都是好设计。

[复习参考题]

◎ 请口述你所知道的版式设计方法，并且对什么情况下怎么使用进行讨论。

[实训案例]

◎ 分析汉字的产生历史，运用各个时期的汉字进行排版练习，发掘其形式特色。

◎ 对比大小写的26个拉丁字母，进行形状、灰度、大小概括，归纳出其节奏起伏。

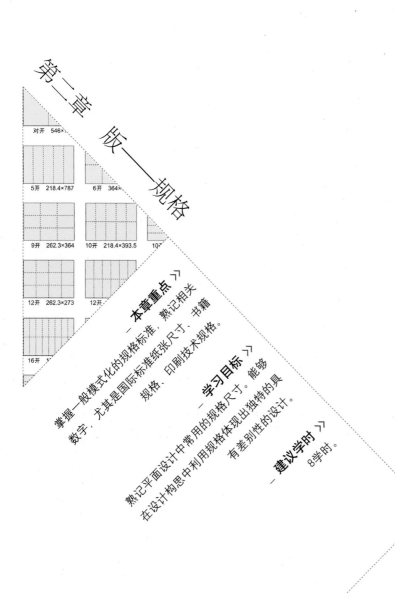

第二章　版一规格

对开　546×

5开　218.4×787　6开　364×

9开　262.3×364　10开　218.4×393.5　10

12开　262.3×273　12开

16开

本章重点 》

掌握一般模式化的规格标准，熟记相关
数字，尤其是国际标准纸张尺寸、书籍
规格、印刷技术规格。

学习目标 》

熟记平面设计中常用的规格尺寸。能够
在设计构思中利用规格体现出独特的具
有差别性的设计。

建议学时 》

8学时。

第二章　版——规格

在现代平面设计中，设计师以多样的视觉传达方式，高效率地传递信息。平面作品千姿百态，和读者进行各种"人机"交流。一方面我们要掌握模式化的规格尺度，另一方面设计师又需要在创作中不断灵活创新规格的使用。规格是版式设计的第一步，我们不能因为重视字体设计、图形设计而忽略设计中规格对读者阅读效果的重大作用。

第一节 ///// 国际标准纸张尺寸规格

在图形设计和印刷行业中使用的纸张公共尺寸规格（除北美之外）是国际标准纸张尺寸规格[ISO sheet sizes]。ISO（国际标准组织）使用公制（米制）系统，纸张采用毫米度量单位。A0纸张(841mm×1189mm)是一平方米，小规格的依次为A1，A2，A3，A4。

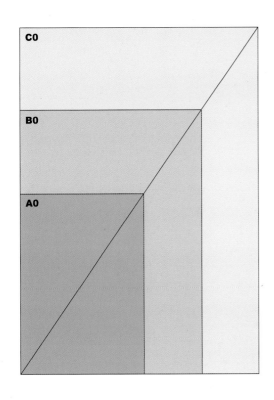

国际标准化组织的ISO216定义了当今世界上大多数国家所使用纸张尺寸的国际标准。此标准源自德国，在1922年通过，定义了A、B、C三组纸张尺寸，其中包括最常用的A4纸张尺寸。

A组纸张尺寸的长宽比都是$1:\sqrt{2}$。A0指面积为1平方米，长宽比为$1:\sqrt{2}$的纸张。接下来的A1、A2、A3等纸张尺寸，都是定义成将编号少一号的纸张沿着长边对折，然后舍去到最接近的毫米值。最常用到的纸张尺寸是A4，它的大小是210mm×297mm。

B组纸张尺寸是编号相同与编号少一号的A组纸张的几何平均。举例来说，B1是A1和A0的几何平均。同样，C组纸张尺寸是编号相同的A、B组纸张的几何平均。举例来说，C2是B2和A2的几何平均。

C组纸张尺寸主要使用于信封。一张A4大小的纸张可以刚好放进一个C4大小的信封。如果你把A4纸张对折变成A5纸张，那它就可以刚好放进C5大小的信封，同理类推。ISO216的格式遵循着的$1:\sqrt{2}$比率，放在一起的两张纸有着相同的长宽比和侧边。这个特性简化了很多事，例如：把两张A4纸张缩小影印成一张A5纸张；把一张A4纸张放大影印到一张A3纸张；影印并放大A4纸张的一半到一张A4纸张，等等。

这个标准最主要的障碍是美国和加拿大，它们仍然使用信度（Letter），Legal，Executive纸张尺寸系统。加拿大用的是一种P组纸张尺寸，它其实是美国用的纸张尺寸，然后取最接近的公制尺寸。

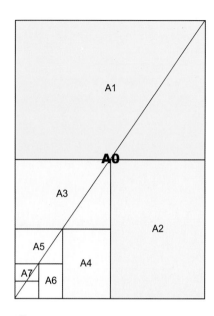
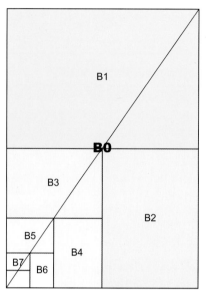
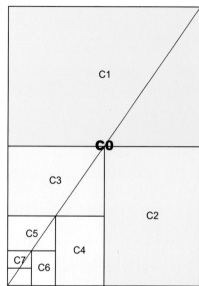

A 组

规格	尺寸(mm)
A0	841×1189
A1	594×841
A2	420×594
A3	297×420
A4	210×297
A5	148×210
A6	105×148
A7	74×105
A8	52×74
A9	37×52
A10	26×37

B 组

规格	尺寸(mm)
B0	1000×1414
B1	707×1000
B2	500×707
B3	353×500
B4	250×353
B5	176×250
B6	125×176
B7	88×125
B8	62×88
B9	44×62
B10	31×44

C 组

规格	尺寸(mm)
C0	917×1297
C1	648×917
C2	458×648
C3	324×458
C4	229×324
C5	162×229
C6	114×162
C7/6	81×162
C7	81×114
C8	57×81
C9	40×57
C10	28×40
DL	110×220

一般用于书刊印刷的全张纸的规格有以下几种：787mm × 1092mm、850mm × 1168mm 、880mm × 1230mm、889mm × 1194mm 等。

787 号纸为正度纸张，做出的书刊除去修边以后的成品为正度开本，常见尺寸为8开：368mm × 260 mm；16开：260mm × 184 mm；32开：184mm × 130 mm。

850 号为大度纸张，成品就为大度开本，如大度16开、大度32开等，常见尺寸为8开：285mm × 420mm；

16开：210mm × 285mm；32开：203mm × 140mm，其中8开尺寸如果用做报纸印刷的话，一般是不修边的，所以要比上面给出的尺寸稍大。

880号和889号纸张，主要用于异形开本和国际开本。印刷书刊用纸的大小取决于出版社要求出书的成品尺寸，以及排版、印刷技术。

第二节 ///// 户内外媒体的规格

一、名词解释

1. 写真

写真一般是指户内使用的，它输出的画面一般只有几平方米大小。如在展览会上厂家使用的广告小画面。输出机型如HP5000，一般幅宽为1.5米。写真机使用的介质一般是PP纸、灯片，墨水使用水性墨水。在输出图像完毕还要覆膜、裱板才算成品，输出分辨率可以达到300~1200DPI，它的色彩比较饱和、清晰。写真耗材可分为背胶、海报、灯片、照片贴、车贴等。

2. 喷绘

喷绘一般是指户外广告画面输出，它输出的画面很大，如高速公路旁众多的广告牌画面就是喷绘机输出。输出机型有：NRU SALSA 3200、彩神3200等，一般是3.2米的最大幅宽。喷绘机使用的介质一般都是广告布（俗称灯箱布），墨水使用油性墨水，喷绘公司为保证画面的持久性，一般画面色彩比显示器上的颜色要深一点的。它实际输出的图像分辨率一般只需有30~45DPI（按照印刷要求对比），画面实际尺寸比较大的，有上百平方米的面积。喷绘也可用背胶纸，用于地贴、墙贴、桌面贴。一般喷绘清晰度没有写真高，颜色会根据气温和时间的变化而褪色，但效果和保存时间相对写真要长很多。

3. 易拉宝及X展架

展架类型。收放自如，携带方便，移动灵活，很受欢迎。一般尺寸A1 0.8m × 2m，落地式易拉宝1.2m × 2m。

二、制作要求

户内展板型：因较近距离观看，喷绘要求精度较高，材料多采用PP胶、背胶等较细腻的材质，其成品可卷起携带方便，也可直接裱KT板，镶边框。

户外型：户外喷绘的规格大小不等，一般的广告招牌有十几米，浑厚大气的户外喷绘多达几十米。多以灯箱布为主，分内打灯光（透明）和外打灯光（不透明）两种。具有较强的抗老化耐高温、拉力、风吹雨淋等特点。

电梯广告宣传画：成品尺寸为550mm × 400mm，工艺制作多采用高精度写真，以水晶玻璃8+5mm斜边、打孔，支架式装饰钉安装。

三、设计要求

1. 图像分辨率要求：

写真一般情况要求72DPI/英寸就可以了，如果图像过大可以适当地降分辨率，控制新建文件在200M以内即可。

2. 图像模式要求

喷绘统一使用CMYK模式四色喷绘。它的颜色与印刷色有所不同，在作图的时候应该按照印刷标准走，喷绘公司会调整画面颜色和小样接近。

写真可以使用CMKY模式，也可以使用RGB模式。注意在RGB中大红的值用CMYK定义，即M=100，Y=100。

3.图像黑色部分要求

喷绘和写真图像中都严禁有单一黑色值，必须添加C、M、Y色，组成混合黑。注意把黑色部分改为四色黑做成：C=50，M=50，Y=50，K=100，否则画面上会出现黑色部分有横道，影响整体效果。

4.图像储存要求

喷绘和写真的图像最好储存为TIFF格式，不压缩的格式。其实用JPG也未尝不可，但压缩比必须高于8，不然画面质量无保证。对于原始图片小，拉大后模糊的情况，可适量增加杂点来解决。

5.喷绘的尺寸

画面要放出血，如果机器缩布的话，不放出血，那打印出来的尺寸比电脑上的尺寸要小。尤其是大画面的更明显。一般出血是1米放0.1米的出血。

第三节 //// 招贴（海报）的尺寸与样式

在国外，招贴的大小有标准尺寸。按英制标准，招贴中最基本的一种尺寸是30英寸×20英寸(508mm×762mm)，相当于国内对开纸大小，依照这一基本标准尺寸，又发展出其他标准尺寸：30英寸×40英寸、60英寸×40英寸、60英寸×120英寸、10英寸×6.8英寸和10英寸×20英寸。大尺寸是由多张纸拼贴而成，例如最大标准尺寸10英尺×20英尺是由48张30英寸×20英寸的纸拼贴而成的，相当于我国24张全开纸大小。专门吸引步行者看的招贴一般贴在商业区公共汽车候车亭和高速公路区域，并以60英寸×40英寸大小的招贴为多。而设在公共信息墙和广告信息场所的招贴(如伦敦地铁车站的墙上)以30英寸×20英寸的招贴和30英寸×40英寸的招贴为多。

美国最常用的招贴规格有四种：1张一幅(508mm×762mm)、3张一幅、24张一幅和30张一幅，其中最常用的是24张一幅，属巨幅招贴画，一般贴在人行道旁行人必经之处和售货地点。

国内常用海报：大四开：580mm×430mm，大对开：860mm×580mm

工艺：多采用157g铜版纸，4C+0C印刷(单面四色)，过光胶或亚胶，切成品，背贴双面胶。

第四节 //// 信封、信笺及其他办公用品

一、信封国家标准

1.信封一律采用横式，信封的封舌应在信封正面的右边或上边，国际信封的封舌应在信封正面的上边。

2.B6、DL、ZL号国内信封应选用每平方米不低于80g的B等信封用纸Ⅰ、Ⅱ型；C5、C4号国内信封应选用每平方米不低于100g的B等信封用纸Ⅰ、Ⅱ型；国际信封应选用每平方米不低于100g的A等信封用纸Ⅰ、Ⅱ型。信封用纸的技术要求应符合QB／T2234《信封用纸》的规定，纸张反射率不得低于38.0%。

3.信封正面左上角的邮政编码框格颜色为金红色，色标为PAN TONE1795C。

4.信封正面左上角距离左边90mm，距离上边26mm的范围为机器阅读扫描区，除红框外不得印任何图案和文字。

5.信封正面距离右边55mm～160mm，距离底边20mm以下的区域为条码打印区，应保持空白。

6.信封的任何地方不得印广告。

7.信封上可印美术图案，其位置在正面距离上边26mm以下的左边区域，占用面积不得超过正面面积的18%。超出美术图案区的区域应保持信封用纸原色。

8.信封背面的右下角应印有印制单位、数量、出厂日期、监制单位和监制证号等内容，

可印上印制单位的电话号码。

二、信封尺寸

C6号162mm × 114mm 新增加国际规格
B6号176mm × 125mm 与现行3号信封一致
DL号220mm × 110mm 与现行5号信封一致
ZL号230mm × 120mm 与现行6号信封一致
C5号229mm × 162mm 与现行7号信封一致
C4号324mm × 229mm 与现行9号信封一致

三、信笺尺寸

大16开21cm × 28.5cm、正16开19cm × 26cm、大32开14.5cm × 21cm、正32开13cm × 19cm、

大48开10.5cm × 19cm、正48开9.5cm × 17.5cm、大64开10.5cm × 14.5cm、正64开9.5cm × 13cm

信笺常用纸张：70g/80g胶版纸

四、旗类

桌旗：210mm × 140mm（与桌面成75°夹角）

竖旗：750mm × 1500mm

大企业司旗 1440mm × 960mm 960mm × 640mm（中小型）

五、票据

多联单、票据：多采用无碳复写纸，有二联、三联、四联，纸的颜色有：白、淡蓝、淡绿、淡红、淡黄。纸张厚度一般为40g～60g。

规格：尺寸可根据实际需要自行设定。

印刷：多为单色，或双色。可打流水号(从起始号至结尾号，可由客户自定)。胶头或胶左。

六、不干胶、镭射防伪标

常作为产品的标签，有纸类、金属膜类，镭射激光防伪标此系列品种较多，工艺亦不同，在设计时可根据需要选择不同材质和工艺。

印刷：分单色、四色，过光胶或亚胶。

第五节 ///// 书籍的规格

一、书籍开本的类型和规格

1.大型本

12开以上的开本。适用于图表较多，篇幅较大的厚部头著作或期刊印刷。

2.中型本

16开到32开的所有开本。此属一般开本，适用范围较广，各类书籍印刷均可应用。

3.小型本

适用于手册、工具书、通俗读物或但篇文献，如46开、60开、50开、44开、40开等。

我们平时所见的图书均为16开以下的，因为只有不超过16开的书才能方便读者的阅读。在实际工作中，由于各印刷厂的技术条件不同，常有略大、略小的现象。在实践中，同一种开本，由于纸张和印刷装订条件的不同，会设计成不同的形状，如方长开本、正扁开本、横竖开本等。同样的开本，因纸张的不同所形成不同的形状，有的偏长、有的呈方。

二、不同类型的图书与开本

1.理论类书籍，学术类书籍，中、小学生教材及通俗读物。篇幅较多，开本较大，常选用32开或大32开，便于携带、存放，适于案头翻阅。

2.科技类图书及大专教材、高等学校教材。因容量较大，文字、图表多，一般采用大开本，适合采用16开。但现在有一些教材改为大32开。

3.文学书籍常为方便读者而使用32开。诗集、散文

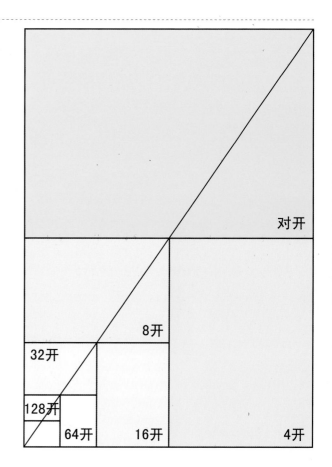

集开本更小，如42开、36开等。

4.儿童读物。一般采用小开本，如24开、64开，小巧玲珑，但也有不少儿童读物，特别是绘画本读物选用16开甚至是大16开，图文并茂，倒也不失为一种适用的开本。

5.大型画集、摄影画册。有6开、8开、12开、大16开等，小型画册宜用24开、40开等等。

6.工具书中的百科全书、《辞海》等厚重渊博，一般用大开本，如16开。小字典、手册之类可用较小开本，如64开。

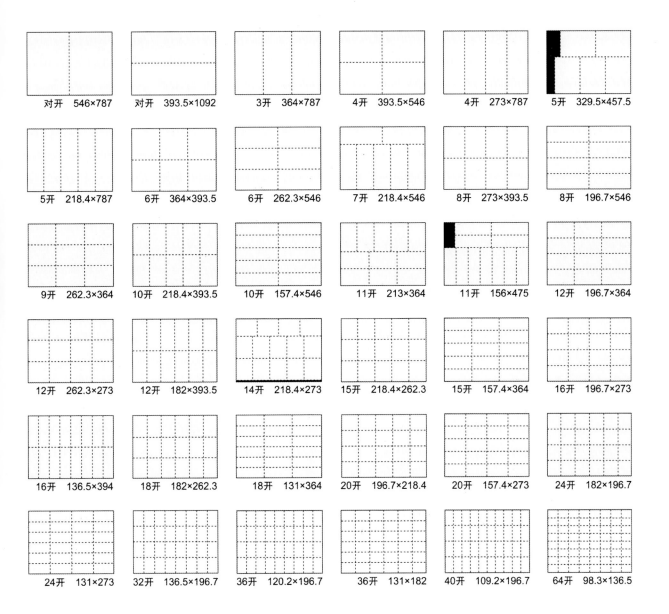

对开 546×787	对开 393.5×1092	3开 364×787	4开 393.5×546	4开 273×787	5开 329.5×457.5
5开 218.4×787	6开 364×393.5	6开 262.3×546	7开 218.4×546	8开 273×393.5	8开 196.7×546
9开 262.3×364	10开 218.4×393.5	10开 157.4×546	11开 213×364	11开 156×475	12开 196.7×364
12开 262.3×273	12开 182×393.5	14开 218.4×273	15开 218.4×262.3	15开 157.4×364	16开 196.7×273
16开 136.5×394	18开 182×262.3	18开 131×364	20开 196.7×218.4	20开 157.4×273	24开 182×196.7
24开 131×273	32开 136.5×196.7	36开 120.2×196.7	36开 131×182	40开 109.2×196.7	64开 98.3×136.5

7.印刷画册的排印要将大小横竖不同的作品安排得当，又要充分利用纸张，故常用近似正方形的开本，如6开、12开、20开、24开等，如果是中国画，还要考虑其独特的狭长幅面而采用长方形开本。又比如期刊。一般采用16开本和大16开本。大16开本是国际上通用的开本。

8.篇幅多的图书开本较大，否则页数太多，不易装订。

第六节 ///// 折页及宣传册

一、折页常用尺寸

1.折页广告的标准尺寸

(A4)210mm × 285mm，文件封套的标准尺寸：220mm × 305mm

2.宣传单页（16开小海报）

成品尺寸：210mm × 285mm

工艺：多采用157g铜版纸，4C+4C印刷（正反面的四色印刷），可印专色、专金、专银，切成品。

3.二折页

常用的成品尺寸：95mm × 210mm
展开尺寸：190mm × 210mm

工艺：多采用157g铜版纸，4C+4C印刷，可印专色、专金、专银，切成品、压痕。

4.宣传彩页（三折页）

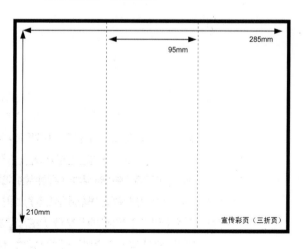

宣传彩页（三折页）

成品尺寸：210mm × 95mm
展开尺寸：210mm × 285mm

工艺：多采用157g铜版纸，4C+4C印刷，切成品、压痕。

32开三折页打开是4开，16开三折页打开是对开。

二、宣传画册

一般成品尺寸：210mm × 285mm

工艺：封面多为230g铜版或亚粉纸过亚胶或光胶。内页157g或128g铜版纸或亚粉纸，4C+4C印刷，骑马钉。页数较多时可用锁线胶装。

封套：封套属画册的一种，好处是可针对不同客户灵活应用，避免浪费。

常规尺寸：220mm × 300mm

工艺：多采用230~350g铜版纸或亚粉纸，也可以用特种工艺纸。4C+4C印刷，可以印专色、击凹凸、局部UV、过光胶或亚胶、烫铂、啤、粘等工艺。插页则

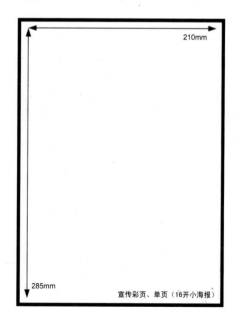

宣传彩页、单页（16开小海报）

为正规尺寸210mm × 285mm ，其他工艺与彩页相同。

三、标书

封面多采用皮纹纸或特种工艺纸，或四色彩印后裱

双灰板，内页157g或128g铜版或亚粉纸，也可用书写纸、数码彩印，锁线胶装，可打孔装订。

第七节 ///// 卡片

一、名片尺寸

横版：90mm × 55mm（方角）、85 × 54mm（圆角）
竖版：50mm × 90mm（方角）、54 × 85mm（圆角）
方版：90mm × 90mm、90 × 95mm

横版方角名片

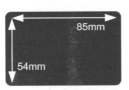
横版圆角名片

竖版方角名片

竖版圆角名片

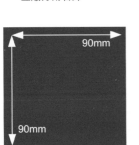
方版名片1

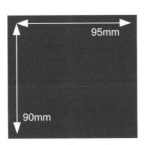
方版名片2

二、IC卡尺寸

IC卡尺寸是指卡基的尺寸，对于常用ID-1型卡，要求标准尺寸为：

宽：85.60mm（最大85.72mm，最小85.47mm）
高：53.98mm（最大54.03mm，最小53.92mm）
厚：0.76mm（公差为±0.08mm）

三、胸牌尺寸

大号：110mm × 80mm
小号：20mm × 20mm

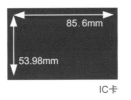
IC卡

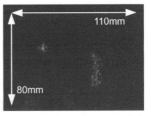
胸牌

四、身份证尺寸

85.6mm × 54.0mm × 1.0mm

注：上岗证、出入证、参观证、员工证、学生卡、工作卡、智能卡、工卡、积分卡、ID卡、PVC卡、会员卡、贵宾卡同身份证大小。

五、服饰吊卡、标签

多采用250～350g铜版或单粉卡纸，4C+4C或4C+0印刷，可印专色和烫铂（金、银、宝石蓝等）、过光胶或亚胶、局部UV、凹凸、切或啤、打孔等工艺。

第八节 ///// CD 及 DVD

一、 CD及DVD规格

普通标准120型光盘

尺寸：外径120mm、内径15mm

厚度：1.2mm

容量：DVD 4.7GB；CD 650MB/700MB/800MB/890MB

印刷尺寸：外径118mm或116mm；内径38mm，也有印刷到20mm或36mm

凹槽圆环直径：33.6mm（不同的盘稍有差异，也有没凹槽的）

盘面印刷的部分要向内缩进1mm左右

迷你盘80型光盘

尺寸：外径80mm，内径21mm

厚度：1.2mm

容量：39～54MB 不等

印刷尺寸：外径78mm；内径38mm，也有印刷到20mm或36mm的。

凹槽圆环直径：33.6mm（不同的盘稍有差异，也有没凹槽的）

盘面印刷的部分要向内缩进1mm左右

名片光盘

尺寸：外径56mm × 86mm，60mm × 86mm；内径22mm

厚度：1.2mm

容量：39～54MB 不等

双弧形光盘

尺寸：外径56mm × 86mm，60mm × 86mm；内径22mm

厚度：1.2mm

容量：30MB/50MB

异型光盘

尺寸：可定制

厚度：1.2mm

容量：50MB/87MB/140MB/200MB

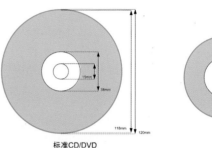

标准CD/DVD

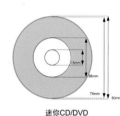

迷你CD/DVD

标准CD/DVD

迷你CD/DVD

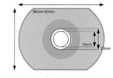

商务CD卡片　　　　双弧形CD

二、CD及DVD包装盒国际标准尺寸

一般的单片CD盒：142mm × 126mm × 10mm

薄型：142mm × 126mm × 6mm

双片装DVD盒：136mm × 190mm × 15.5mm

大圆盘透明厚盒　尺寸：142mm × 125mm × 10mm
型号：塑料盒

名片光盘盒　尺寸：99mm × 61mm × 5mm　型号：塑料盒

光盘包附有盒　尺寸：274mm × 185mm　型号：

全色印刷

标准的光盘盒的尺寸为：封面：124mm × 120mm，封底：150mm × 118mm，两边各留出5.5mm作为翻边。但设计还是要根据你们具体需要的包装来定尺寸。

第九节 ///// 网络广告规格

国际上规定的标准的广告尺寸有下面八种，并且每一种广告规格的使用也都有一定的范围。

（1）120mm × 120mm，这种广告规格适用于产品或新闻照片展示。

（2）120mm × 60mm，这种广告规格主要用于做LOGO使用。

（3）120mm × 90mm，主要应用于产品演示或大型LOGO。

（4）125mm × 125mm，这种规格适于表现照片效果的图像广告。

（5）234mm × 60mm，这种规格适用于框架或左右形式主页的广告链接。

（6）392mm × 72mm，主要用于有较多图片展示的广告条，用于页眉或页脚。

（7）468mm × 60mm，应用最为广泛的广告条尺寸，用于页眉或页脚。

（8）88mm × 31mm，主要用于网页链接或网站小型LOGO。

第十节 ///// 包装

一、手提袋

规格：可按内容物大小而定，材料一般采用230～300g白卡（单粉卡纸）或灰卡。

工艺：多采用4C+0C印刷（或专色）、过光胶或亚胶，可烫铂、击凹凸、UV等工艺。手提绳有多种色彩可供选择，通常选用以手提袋主色调相和谐的色彩。

标准尺寸：400mm × 285mm × 80mm。另外几种常用的尺寸：220(宽)mm × 60(厚)mm × 320(高)mm、310(宽)mm × 85(厚)mm × 280(高)mm、305(宽)mm × 115(厚)mm × 410(高)mm

二、药品包装

多采用250～350g白底白卡纸（单粉卡纸），或灰底白卡纸。也可用金卡纸和银卡纸。应根据实际需要和产品档次选择不同材质。

印刷：多以4C+0或4C+1C印刷，可印专色(专金或专银)。

后道工艺：有过光胶、亚胶、局部UV、磨砂、烫铂（有金色、银色、宝石蓝色等多种色彩的金属质感膜供选择）或过防伪膜（使他人无法仿造）、击凹凸、和啤、粘等工艺。

三、烟酒类包装

多采用300～350g白底白卡纸（单粉卡纸），或灰底白卡纸。较大的盒可用250+250g对裱，也可用金卡纸和银卡纸。应根据实际需要和产品档次选择不同材质。

印刷：多以 4C+0 或 4C+1C 印刷，可印专色、专金或专银。

后道工艺：有过光胶、亚胶、局部 UV、磨砂、烫铂（有金色、银色、宝石蓝色等多种色彩的金属质感膜供选择）或过防伪膜（使他人无法仿造）、击凹凸、和啤、粘等工艺。(礼品式酒盒参考礼品盒类)

四、月饼类高档礼品盒

多采用 157g 铜版纸裱双灰板或白板，也可用布纹纸或其他特种工艺纸。

印刷：多以 4C+0C 印刷，可印专色(专金或专银)。

后道工艺：有过光胶、亚胶、局部 UV、磨砂、压纹、烫铂（有金色、银色、宝石蓝色等多种色彩的金属质感膜供选择）或过防伪膜（使他人无法仿造）、内盒常用发泡胶裱丝绸绒布、海绵或植绒吸塑等材料。后道工艺多以手工精心制作，选用材料应根据产品需要和档次来选择，具有美观大方、高贵典雅之艺术品位。

五、保健类礼品盒

多采用157g 铜版纸裱双灰板或白板，也可用布纹纸或其他特种工艺纸。

印刷：多以 4+0C 印刷，可印专色、专金或专银。

后道工艺：有过光胶、亚胶、局部 UV、磨砂、压纹、烫铂（有金色、银色、宝石蓝色等多种色彩的金属质感膜供选择）或过防伪膜（使他人无法仿造）、内盒(内卡) 有模型式和分隔式，模型式常用发泡胶裱丝绸绒布、海绵或植绒吸塑等材料。后道工艺多以手工精心制作。选用材料按产品需要和档次来选择，确保美、观经济实用。

六、普通电子类礼品盒

如手机盒等。材料多采用157～210g 铜版纸或哑粉纸，裱800～1200g 双灰板，也可用布纹纸或其他彩色特种工艺纸。

印刷：多以4C+0C 印刷，可印专色（专金或专银）。

后道工艺：有过光胶、亚胶、局部 UV、压纹、烫铂（有金色、银色、宝石蓝色等多种色彩的金属质感膜供选择）或过防伪膜（使他人难以仿造），内裱纸为157g 铜版纸，不印刷。

内盒(内卡)：常用发泡胶内衬丝绸绒布、海绵或植绒吸塑等材料。盒开口处嵌入两片磁铁，后道工艺多以手工精心制作。此种造型为书盒式，选用材料按实际产品需要和档次来选择，确保安全防振、美观、经济、时尚。

七、IT 类电子产品

此类品种较多，较具代表性如主板、显卡等。多采用 250～300g 白卡或灰卡纸，四色彩印，裱 W9(白色)或 B9（黄色）坑。

印刷：多以 4C+0C 印刷，可印专色。

后道工艺：有过光胶、亚胶、局部 UV、烫铂（有金色、银色、宝石蓝色等多种色彩的金属质感膜供选择）或过防伪膜（难以仿造）内盒(内卡) 常以坑纸或卡纸为材料，根据内容物的结构而合理设计。也可用发泡胶、纸托、海绵或植绒吸塑等材料。选用材料应按产品实际需要，确保美观、稳固、经济实惠。

八、大纸箱

作为产品的外包装箱，设计生产上要考虑其包装物在运输方面的安全性，以及产品自身体积重量，根据承受能力选择适当的材料。

印刷：多采用单色，外观设计上可采用企业或产品的标识、名称，还要有安全性标志，图案力求美观大方。

规格：可根据产品及填充物自行设定。

九、植绒吸塑

为产品内包装的填充、固定和装饰物。

规格：可随产品以及外盒的大小而设定。

工艺：有吸塑和植绒等。厚度：0.1～10mm 不等。

第十一节 ///// 印刷

一、关于印刷

1.一般纸张印刷可分为黑白印刷、专色印刷、四色印刷，超过四色印刷为多色印刷。

2.物体、金属表面印刷图案、文字可分为：丝网印刷、移印、烫印（金、银）、柔版印刷（塑料制品）。

3.传统印刷制版一般包括胶印PS版（把图文信息制成胶片）和纸版轻印刷(也称速印)。随着市场的发展，商务活动的节奏和变化越来越快，即时的商务要求，成就了印刷技术的重大变革。商业短版印刷、数码商务快印CTP应运而生（不用制版直接印刷）。

4.文字排版文件，质量要求不高的短版零活印刷，可采用纸版（氧化锌版）轻印，节省版费、压缩印刷成本、节约时间，快速高效。

二、常用纸张及特性

1.拷贝纸：17g 正度规格，用于增值税票、礼品内包装，一般是纯白色。

2.打字纸：28g 正度规格，用于联单表格，有七种色分：白红、黄、蓝、绿、淡绿、紫色。

3.有光纸：35～40g 正度规格，一面有光，用于联单、表格、便笺，为低档印刷纸张。

4.书写纸：50～100g 大度、正度均有，用于低档印刷品，以国产纸最多。

5.双胶纸：60～180g 大度、正度均有，用于中档印刷品以国产合资及进口常见。无光泽，适合印刷文字，单色图或专色，除非特别需要，不适合印刷彩色照片，色彩和层次都跟铜版纸不一样，色彩灰暗，无光泽。

6.新闻纸：55～60g 滚筒纸，正度纸，报纸选用。

7.无碳纸：40～150g 大度、正度均有，有直接复写功能，分上、中、下纸，上、中、下纸不能调换或翻用，纸价不同，有七种颜色，常用于联单、表格。

8.铜版纸：

普铜：80～400g 正度、大度均有，最常用纸张，表面光泽好，适合各种色彩效果。

无光铜：80～400g 正度、大度均有，常用纸，表面无光泽，适合文字较多或空白较多的印件，视觉柔和。应避免用大底色，否则失去了无光效果，而且印后不容易干燥。

单铜：80～400g 正度、大度均有，卡纸类，正面质地同铜版纸，适合表现色彩，背面同胶版纸，适合专色或文字。用于纸盒、纸箱、手挽袋、药盒等中高档印刷。

双铜：80～400g 正度、大度均有，用于高档印刷品。

9.亚粉纸：105～400g 用于雅观、高档彩印。

10.灰底白板纸：200g 以上，上白底灰，用于包装类。

11.白卡纸：200g，双面白，用于中档包装类。

12.牛皮纸：60～200g，用于包装、纸箱、文件袋、档案袋、信封。

13.特种纸：又称艺术纸，种类繁多，一般以进口纸常见，主要用于封面、装饰品、工艺品、精品等印刷，能满足不同的设计要求。但需要注意的是在特种纸上印四色图，颜色和层次都要受到影响，最好选用颜色鲜艳、色调明快的图片，另外需要注意的是避免用大底色，一方面失去了特种纸的纹理效果，另一方面也不易干燥。

三、印刷纸张常用规格尺寸

1.纸张的尺寸(见第一节 国际标准纸张尺寸规格)

2.纸张的单位：

(1) 克：一平方米的重量(长×宽÷2)=g 为重量。

(2) 令：500张纸单位称：令(出厂规格)。

(3) 吨：与平常单位一样 1 吨 =1000公斤，用于算纸价。

四、印前设计的工作流程

1.明确设计及印刷要求，接受客户资料。

2.设计：包括输入文字、图像、创意、拼版。

3.出黑白或彩色校稿、让客户修改。

4.按校稿修改。

5.再次出校稿，让客户修改，直到定稿。

6.让客户签字后出菲林。

7.印前打样。

8.送交印刷打样，让客户看是否有问题，如无问题，让客户签字。印前设计全部工作即告完成。如果打样中有问题，还得修改，重新输出菲林。

五、图像分辨率

高分辨率的图像比相同大小的低分辨率的图像包含的像素多，图像信息也较多，表现细节更清楚，这也就是考虑输出因素确定图像分辨率的一个原因。由于图像的用途不一，因此应根据图像用途来确定分辨率。如一幅图像若用于在屏幕上显示，则分辨率为72dpi或96dpi即可；若用于600dpi的打印机输出，则需要150dpi的图像分辨率；若要进行印刷，则需要300dpi的高分辨率才行。图像分辨率应恰当设定：若分辨率太高，运行速度慢，占用的磁盘空间大，不符合高效原则；若分辨率太低，影响图像细节的表达，不符合高质量原则。

六、专色和专色印刷

专色是指在印刷时，不是通过印刷C、M、Y、K四色合成这种颜色，而是专门用一种特定的油墨来印刷该颜色。专色油墨是由印刷厂预先混合好或油墨厂生产的。对于印刷品的每一种专色，在印刷时都有专门的一个色版对应。使用专色可使颜色更准确。尽管在计算机上不能准确地表示颜色，但通过标准颜色匹配系统的预印色样卡，能看到该颜色在纸张上的准确的颜色，如

Pantone彩色匹配系统就创建了很详细的色样卡。

对于设计中设定的非标准专色颜色，印刷厂不一定准确地调配出来，而且在屏幕上也无法看到准确的颜色，所以若不是特殊的需求，就不要轻易使用自己定义的专色。

[复习参考题]

◎ 什么是国际标准纸张尺寸规格？

◎ 户外媒体有哪些制作方法？

◎ 书籍的开本类型是什么？

◎ 请列举不同类型的包装常用纸张。

◎ 请说明印刷的常用纸张及特性。

[实训案例]

◎ 为王力宏歌曲专辑设计CD盘面及包装。

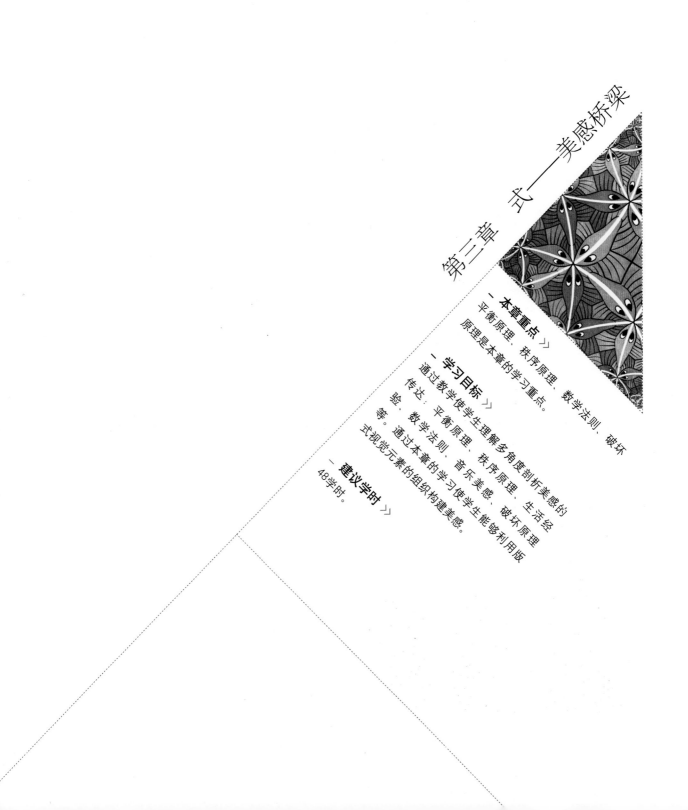

第三章 式——美感桥梁

一 本章重点 》

平衡原理、秩序原理、数学法则、破坏原理是本章的学习重点。

一 学习目标 》

通过数学使学生理解多角度剖析美感的传达：平衡原理、秩序原理、破坏原理、生活经验、数学法则、音乐美感。通过本章的学习使学生能够利用版式视觉元素的组织构建美感。

一 建议学时 》

48学时。

第三章　式——美感桥梁

美好的视觉依靠视觉形式来实现，视觉形式是传递信息的美感桥梁。版面形式设计可以依靠人们对世界认识的普遍规律来实现。有些时候我们做设计感觉版面很不舒服，但又不知道该如何调整，实际上就是我们缺少一种依据，一种对美感追求的普遍原理。这一章节，我们对形式原理从不同的几个角度进行总结，目的在于帮助大家寻找一种更为科学的美感桥梁。

第一节 ///// 平衡原理

我们都有这样的体验，走路时不慎绊到，一个趔趄马上就要跌倒，可是在摇晃挣扎几下后，竟然没有倒下去，化险为夷，身体又保持平衡了。这就是人们对平衡的一种本能维护能力。人们力求保持身体的平衡，也成为一种对待视觉的标准。自然科学中的平衡是指物体或系统的一种状态。处于平衡状态的物体或者系统，除非受到外界的影响，它本身不能有任何自发的变化。一个平衡的版式可以看成是由一系列的元素构成的视觉体系，但最终状态可以给人们一种恒久的稳定感。平衡遵循动、等、定、变的原则。动：平衡是动态的。拿一个蓄水池举例，它是有进水和出水的。等：平衡中得到的与失去的总保持相等。就好像进水总等于出水，才能保持水面高度不变。对于平面设计，元素的安排也可以是具有一定趋势的，可以通过形式的设计构成膨胀和缩减的概念，使读者感觉到下一时刻的平衡。定：保持平衡的特点就是平衡总保持稳定。变：当平衡的一边改变时，另一边也会随之改变以达到新的平衡。我们在推敲画面形式的时候，平衡点的两边分量的多少可以通过诸多版式视觉元素来实现：文字的大小、文字的多少、色彩、肌理、动势等，同时平衡点两边的分量还与人的心理联想有关，如电影《骇客帝国》中人物的年龄、性别、阅历、职位，角色的正反都预示了不同的分量感。

但是平衡并非是视觉艺术目的，平衡带来的含义是我们更应该关注的。阿恩海姆曾提到"平衡帮助显示意义时它的功能才算是真正发挥出来"。

一、对称

人类具有感知世界的意识以来就对世界具有天生的

《骇客帝国》中的人物

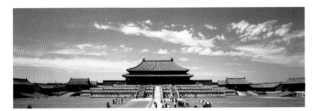

故宫建筑

工业造型

民俗剪纸

民俗剪纸

国徽

模仿能力，人类生活在丰富多彩的世界里，特殊的形态给人一种特殊的含义。人们发现自己的身体、花朵、昆虫的翅膀、动物的身躯等大自然的造物都具有对称的形式，人类本能地追求对称，营造一种顺天的潜在心里暗示。故宫、塔、神像、碑等建筑展示了王权及神权的威严、神圣。对称带来了一种庄重、稳重、安定、完整的感觉。继而在社会造物结构中得以大量发展。建筑的门、窗、院落，汽车、飞机、自行车等交通工具，锅、碗、筷、叉、花瓶等生活用品，双喜、窗花、对联等装饰无不体现对称之美。

解析几何中对称分为点对称和线对称。

1.点对称——如果一个图形绕着点旋转180°后与原图形完全重合，那么我们就称图形是关于定点的对称。

2.线对称——如果一个图形沿着一条直线翻折后图形完全重合，那么我们称图形关于直线对称。

对称指轴的两边或周围形象的对应等同或近似。

对称在实际版式设计应用中的理解：

点对称　埃舍尔作品

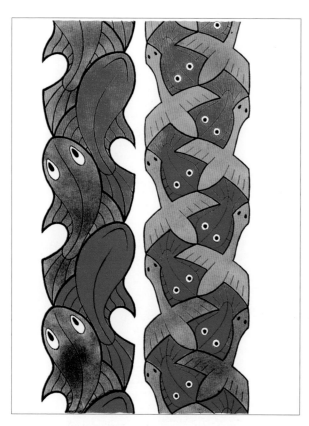

线对称 埃舍尔作品

1.对称是平衡原理中的特殊状态。

2.人们在自然界中对对称的理解，普遍认为是沿垂直轴左右对应的关系。沿水平轴上下对应常常被理解为倒影、镜象。

3.版式设计中的对称强调的是一种格式的等同即框架的对应，而不是数学中的严格一一对应。

4.对称也是一种特殊的重复。可以理解成复制→平移→翻转。

5.中心对称版式是特殊的对称形式，有两条以上的对称轴。

6.单调的对称形式并非能得到美感。对称是诸形式美感中的重要语素。

7.古典著作、经典文献、官方文件、政治文稿多采

MUDC DESIGN workshop 海报

海报

海报

页面设计

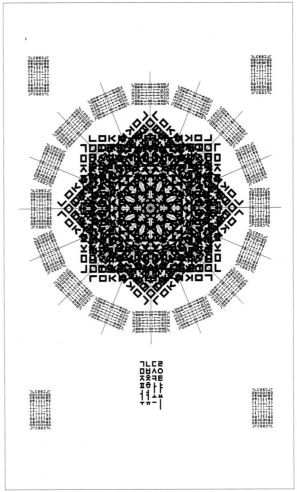

安尚秀 海报

取对称形式，塑造严肃、严谨的气氛。

二、力场

版式设计的视觉是由众多力复合下的平衡。力的共同作用，你争我抢构成了戏剧化效果。版式形态的艺术性就取决于这种"剧情"的丰富性。作为设计师应该很好地安排我们的演员，通过它们矛盾的冲突，演绎缔造我们的视觉舞台。在安排它们在什么位置做什么之前，我们必须深刻地认识它们。

对物理学中力的感受，版式设计不像自然科学那样准确无误的计算，但是人们对自然理解的经验为视觉艺术提供了依据。普通的人都生活在自然物理规律下，通过将物理规律的视觉转化，形成了符合人们经验的共鸣。在形式表现中，需要设计师对抽象的字、图、空间有符合逻辑的心理判断。

页面中视觉力的产生有以下规律。从一个矩形空白页面开始，四个边限定了页面的区域。在这个范围里我们会本能地极力寻找特殊点。连接对角线产生交点，我们寻找到第一个特殊点——几何中心点。这里的四个边及几何中心点是我们最应该关注的位置，是力集中体现的位置。

思考元素以不同位置放置所产生的力的感受。

元素以不同位置放置力的变化

当元素安排在底边边线附近
当元素安排在顶边边线附近
当元素安排在左边边线附近
当元素安排在右边边线附近
当元素以特定形式排列所产生的力的感受。

当元素安排在几何中心点附近，几何中心点就像是一个平衡的支点，元素越靠近支点越稳固，越远离支点越显元素的重量感加强。这也是判断元素重力感觉强弱的一个标志点。

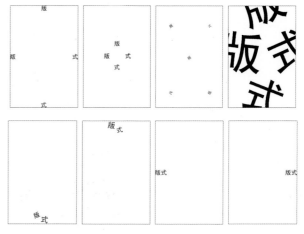

元素以不同位置放置力的变化

元素以不同位置放置力的变化

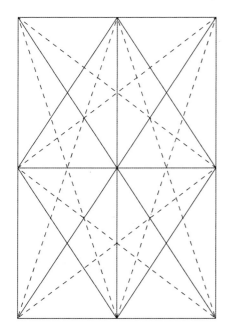

版面结构分析

版面中视觉中心并非和几何中心重合，视觉中心往往是处于略高于几何中心点的位置。

解释一：

几何中心点是一个判断元素重量感强弱的参考点，人们潜意识里具有预示运动趋势的能力。当元素受重力影响一定会下落，在它即将落在几何中心的位置前是最稳定的，假若未判断提前量，下一时刻会落在几何中心点之下，失去平衡。

理解二：

当我们置身于没有栏杆的高楼或悬崖的边缘时，会产生一种本能的不安感。我们情不自禁地蹲下。当我们分别坐在飞驰转弯的小面包车和轿车里，会感觉轿车安全得多。由此可以判断，人们心理认可"下"比"上"重一些，可以带来更多的安全感。所以我们目测一个垂直线段的中心时，都会比真正的中心略高一些。

版式设计是视觉艺术，在判断审美标准时目测的视觉中心要比工具度量的几何中心更具有意义。

反之，对于版面上下分量的安排，我们会将下部分安排的略重于上部分。

学生拼贴　　　　　　学生拼贴

学生拼贴

学生拼贴

学生拼贴

海报

插图

插图

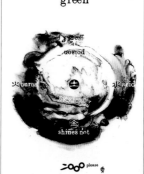

页面设计

海报

电影海报

电影海报

电影海报

三、均衡

均衡指在假定的中心线或支点的两侧，形象各异而量感等同。

若对称可以理解为一种机械的、原始的平衡，那么均衡就灵活许多。价值观念、心理变化、生活经验等构建了人们微妙的对量感判断的尺度。在理想条件下，普遍规律如下。

1.版面的左右分量。由于人们普遍的右手习惯，右手可以承担了比左手更重的支撑力。版面右侧安排的量感略重一些也理所当然。

2.版面的上下分量。由人们对视觉中心的理解（见上一节），所以下半部分安排略为重的量感是平衡的心理判断。

3.个体数量多少的量感判断。数量越多，量感越重。

4.大与小的量感判断。体积越大，量感越重。

5.形状的量感判断。规则几何形重于无规则形。

6.色彩的量感判断。低明度的重于高明度的。低纯度的重于高纯度的。冷色的重于暖色的。

7.肌理的量感判断。粗糙的重于光滑的。密集的重于疏松的。坚硬的重于柔软的。无序的重于有序的。

8.特殊与一般的量感判断。特殊的重于一般的。

9.运动的与静止的量感判断。静止的重于运动的。

10.动势的量感判断。动势的起点重于动势的方向。

视觉艺术中的"动势"还会产生"动势重力"，动势可以使重力加大。动势表现物体的运动方向，既表现为画面中形体的运动趋势，也体现在笔触、肌理的表现上。

11.人与物的量感判断。人重于物。

12.物与物的量感判断。高等动物重于低等动物。动物重于静物。静物重于风景。

13.人与人的量感判断。年长的重于年轻的。正面角色重于反面角色。男性重于女性。能力经验强的重于能力经验弱的。身份显贵的重于身份平庸的。

14.关于均衡与不均衡的相对性。我们做一个实验：对比自己的照片和镜子中的形象。认为镜子中的自己更加"正确"，而照片或者DV中的自己显得十分陌生，不自然。我们习惯了的是镜子中的形象，认为那是均衡的，当发生左右颠倒后就成了新的画面，失去了原有的平衡，所以我们感觉不自然。艺术史论家沃尔夫林认为："如果将一幅画变成它镜子中照出来的样子，那么这幅画从外表到意义就全然改变了。"人们在观看一幅画的时候总是习惯于从左到右，当左右颠倒时，均衡有可能变为不均衡。

意大利著名建筑师鲁诺·塞维认为："对称性是古典主义的一个原则，而非对称性是现代语言的一个原则。"现代版式设计形式中，均衡的大量使用取得了主导地位。不对称结构冲破对称的布局，使版面更趋于自由形式。

阿奈特·兰芷　海报

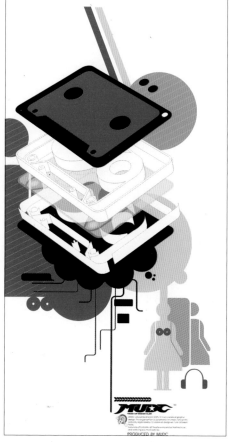

David Montinho Vilas boas　页面设计

页面设计

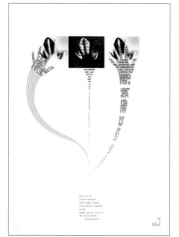

海报

江苏艺术职业教育集团　名片

MUDC DESIGN workshop　海报

雷又西　《狂热者》海报

海报

海报

海报

第二节 ///// 秩序原理

在日常生活中我们都有这样的体会，生活用品杂乱的摆放不仅浪费空间而且不便查找，使人心情低落。整齐有序的摆放，既方便又美观。格式塔心理学中提到相似性原则，即相同或相似的形象在组合时容易获得整体感，并且弱化视觉引起的心理紧张。中国有句老话："人以类聚，物以群分。"当我们将设计元素进行整一化、秩序化的排列后，能够给人一种愉悦的心理感受。我们在进行版式设计时，要表达的信息内容多少不一，这就需要设计师能够进行视觉化的处理，进行有目的的传达。

秩序性

一、重复

重复指不分主次的反复并置。可以理解为多次拷贝后排列的结果，元素排列的距离方式一致。人们去阅读一个重复形式，通过了解排列就可以把握住视觉的全部。阅读的过程得到了两个关键信息：一、并置的结构框架。二、单个形体。阅读变得十分有序，可以在短时间内得到全部信息量，形成了明确的语义传达。

重复的形式导致了图案化的艺术效果，将单个形体特征弱化，变成了整体的微小一部分。单个形体所承担的信息含义变得微不足道，形成了一种整体装饰视觉效果。在阅兵式上，观看通过天安门广场的队列时，我们得到的信息是"一支整齐的队伍"，而不是"某人的五官很端正"，就是由于重复所带来的弱化个体含义的效果。

埃舍尔 《对称画》

埃舍尔 《对称画》

苏格兰科学家大卫·布鲁斯特 1818 年发明的万花筒，利用成 60° 角的三片矩形镜面进行无限复制单位图形而形成一个新的图像。哪怕是毫无美感的碎彩色纸片，经过无限的重复后也得到了美丽的令人遐想的奇异图像。将本来有限的设计元素，变成了空间上无限扩展的图像。

二、渐变

渐变指元素的逐渐改变。在渐变的过程中，改变是均等的，这一过程离不开重复。渐变是特殊的重复。渐变的过程很重要，改变的程度太大，速度太快，就容易失去渐变所特有的规律性，给人以不连贯和视觉上的跃动感。反之，如果改变的程度太慢，会变生重复之感，但慢的渐变在设计中会显示出细致的效果。

版式设计中渐变可以分为形态的渐变和色彩的渐变。

奥地利物理学家施米德从以下几个方面诠释了渐变：单元素的逐渐加宽；逐渐的倾斜变化；单元素的逐渐缩减；单元素的逐渐位移；逐渐的角度变化；以上5种的任意组合。

色彩的变化可以分为色相、明度、纯度所形成的变化。

埃舍尔作品

页面设计

海报

埃舍尔作品

三、方向

　　方向指正对的位置和前进的目标。方向的指引在版式设计中具有引导视线的作用。就像电影中的时间轨迹一样，读者阅读版面时视觉及心理的变化轨迹也是具有一定引导意义的。人眼在阅读时只能有一个视觉焦点，阅读过程中视觉有自然流动的习惯，也就形成了一个阅读顺序，体现出一种比较明显的方向感。这种视觉的前后关系就是视觉流程。

　　视线的流动方向具有一般性规律：由大到小，由动到静，由特殊到一般等。

　　版面中最基础的形态源于点，点的移动形成了线，线具有方向性。可以概括为水平方向、垂直方向、倾斜方向。

　　在具体设计中，方向的灵活使用具有视觉引导作用，如图封面勒口"4"图形指引的方向正好是读者即将打开书阅读的方向，起到了暗示翻开书页进行下一步阅读。

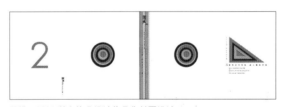

吴烨　2004 学生毕业设计作品集封面设计

海报

海报

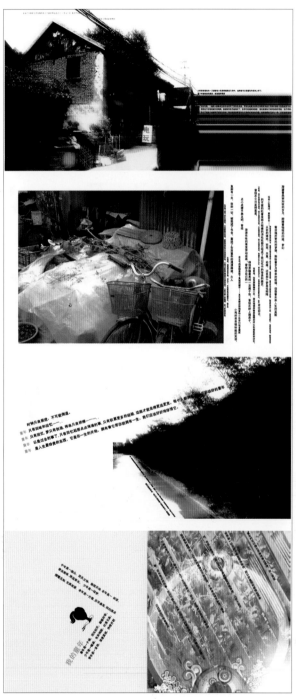

艺术设计

学生作品 张亚萍 页面设计

页面设计

学生拼贴

页面设计

插画

四、对齐

对齐指使两个以上形态配合或接触得整齐。在版式设计中，对齐可以确定形态的位置，使我们的阅读沿着稳定的视线移动，具有秩序性。需要注意由于要对齐的元素形状会有差异，在几何对齐后会感觉具有误差。版式设计中真正的对齐应该是一种视觉的对齐。

起始的对齐；结束的对齐；上边的对齐；下边的对齐；中轴线的对齐；以上几种对齐的混合表现。

海报

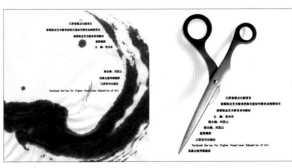

学生作品　杨洋　页面设计

ICON 歌舞剧海报

页面设计　　　　　　　页面设计

五、间隔

合理的间隔可以带来井然有序的版面效果。间隔也可以理解为距离,它是一种心理上的亲近程度。据说,两个陌生人的距离是1米以外,一般朋友的距离在0.5米左右,好朋友的距离在0.1米,爱人的距离为0。间隔可以表现出版面中各元素之间的关系。

页面设计

Nidlaus Troxler 《Jazz音乐会》海报

六、分割

分割指整体切割为部分。这里的整体和部分是相对的，对于一张海报，它的整体可以是一张纸，通过分割有的地方我们限定安排文字，对于安排文字的部分，我们又可以再次分割成不同内容的文字，有标题、正文、重要信息、解释说明、英文对照等。第一次分割的部分是下一级分割的整体。所以分割是相对的，可以无限地进行下去。但是合理的设计并不是将分割"进行到底"。有尺度的分割可以产生秩序性，过细的分割反而过犹不及。好的版面分割是版式框架构成的第一步。

对于版面的分割，我们可以依据两个原则：

1．审美性

杂乱无章的分割必然会产生琐碎无理的感觉。分割必须是有意识的设计行为才能产生美。

等形分割；等量分割；数列分割；感性分割。

2．功能性

分割不是为了分而分的，形式必然和功用联系起来。分割后的部分，必须承担一定的意义。在分割后的区域里我们设计什么样的文字、什么样的图形都应该有所考虑。假如我们要安排的图片是16张我们分割的部分就必须可以正好放下16张。如果我们需要留出一个标题区域，那我们可以分割17份。

《破攻》 NIKE

页面设计

页面设计

页面设计

学生拼贴　　　　　　学生拼贴

七、统一

统一是指构成要素的组合结果在视觉上取得的稳定感、整体感和统一感，是各种对立或非对立的形式因素有机组合而构成的和谐整体。美国建筑理论家哈姆林指出："最伟大的艺术是把繁杂的多样变成最高度的统一。"版面设计也要求有整体感，保持风格上的一致。根据总体设计的原则来把握内容的主次，使局部服从整体。版面各视觉要素间要能够形成和谐的关系，而不是孤立地存在。在设计中要突出核心元素，使标题的长短、字号的大小、字体的区别、栏宽的差异、组合的主次等各个部分的特征得到体现，形成统一的整体感。

页面设计

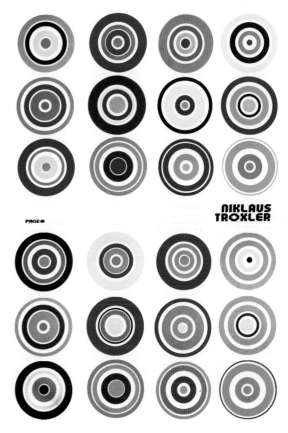

书籍封面

系列海报

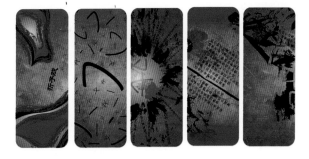

系列海报

学生作品 孙海艳 《折子戏》卡片

盘面设计

海报

第三节 ///// 生活经验

人类认识世界是从实践开始的,身体的构造及生活习惯决定了我们特有的视觉思维模式。所谓的"本能"、"直觉"其实是一种必然结果。通过制造"陷阱"使读者落入我们的 "圈套"。

一、透视

透视可以简单地理解为在二维平面上表现三维空间。

1.中国有句话"一叶障目",这是人们生活中眼睛对近大远小的判断。近=大,远=小,所以大=近,小=远,人们很自然地理解为大小是判断远近的一个依据。

2.当人们看东西看不清楚的时候,会很自然地走近去看,甚至拿在手里仔细端详。人们的经验这样认为:近=清晰,远=模糊,所以清晰=近,模糊=远。这里的模糊和清晰指轮廓的精细及色彩的艳丽。清晰与模糊是判断远近的另一个依据。

3.物体受光,产生明暗变化形成体积感。离我们眼睛近的感觉层次丰富,远的明暗感觉比较弱。所以,层次丰富=近,层次贫瘠=远。

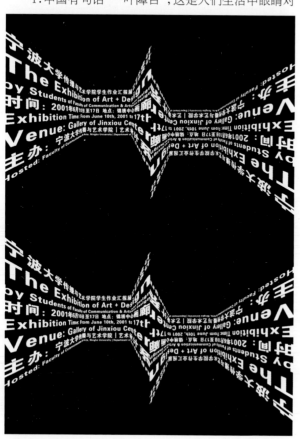

蒋华 《宁波大学学生作品展》 海报

海报

二、 右手习惯

右手比左手更经常的偏重使用习惯称为右手习惯。

20世纪80年代初，美国纽约州立大学的科学家彼得·欧文博士在研究病理学现象时发现，左撇子极容易染上某些免疫疾病，他据此大胆假设左撇子的免疫能力低下，并进行实验。当对包括12名左撇子在内的88名实验对象用了神经镇静药物之后，发现几乎所有左撇子的脑电图都表现出极强烈的大脑反应，有的甚至看上去像正在发作的癫痫病患者，并出现了精神迟滞和学习功能紊乱的症状。根据这个实验结果，欧文推断，在人类祖先尚处在以草料为食的时代时，常常误食内含有与神经镇静剂相类似的有毒植物，由于右撇子对有毒物质的

学生作品　毛晨燕　手拎袋　　　　海报

海报

忍受力要比左撇子强得多，所以，右撇子在自然界中也就理所当然地具有更强的生存能力。右手成为大多数人的行为习惯，大多数国家在社会公共秩序及产品设计中也以右手习惯作为标准。

据英国《FHM》杂志数据显示，每年有2500个美国左撇子因为无法适应右撇子们的规则的生理原因被夺去生命。我们可以做个实验，拿起一把剪刀剪你右衣袖上的脱线来试试，生命危险是没有，划道伤口还是有可能的。所以我们必须顺从大众习惯在版式设计中通过对右手关系的强调来完成我们的设计表达。

三、书写、阅读习惯

人们从左到右、从上至下依次书写、阅读时的习惯称书写、阅读习惯。

1.中国传统书籍的排版方式是从上至下、从右向左

从汉字的书写方式来看是最适合竖行书写的。在竖行书写的方式下，汉字写起来流畅连贯，有一气呵成之势，横行书写则容易出现停顿现象，难成气势。所以，书法作品大都是竖行书写的，偶见横行作品，其艺术性也往往比不上竖行作品。其原因是汉字发展过程中自然而

然地形成了适合竖行书写的特点。汉字由横、竖、撇、捺、折五种基本笔画组成，这些笔画互相交错进行二维布置。写汉字时，总是由左角或上面起笔，收笔处大致可以分为两大类，一类是在右上角补上一点，或向右上提笔带出弯钩，这类字适合在右边横着写下一个字，但其仅占汉字的少部分；另一类是在右下角或下面收笔处，或者收笔于中间，这类字适合在下面竖着写下一个字，占汉字的大部分。

下面我们来分析古人换行的问题。这是由简策的特点决定的，向左换行要求简策自右向左卷起，写满字的简条可以很方便地在左手指端处卷出，要查看前文时只需持刀或笔的右手手腕抬起卷出的简条即可。由于这一点，决定了古人向左换行的书写习惯。

2. 现代科学排版方式从左到右、从上至下

据记载，1955年1月1日，《光明日报》首次采用把从上到下竖排版改变为横排版，并刊登一篇题为《为本报改为横排告读者》的文章。著名学者郭沫若、胡愈之等积极响应。

从左到右、从上至下的排版习惯是具有以下科学性的。

（1）横版的科学性。人类的眼睛左右视角为120°，上下视角为90°。横看比竖看要宽，阅读时眼和头部运动较小，省力，不易疲劳。有人专门做了一项实验，挑选10名优等生，让他们阅读从同一张《中国青年报》上精心选择的抒情短文。结果差距明显：横排版的阅读速度是竖排版的1.345倍。

（2）从左到右的科学性。单个字的书写顺序是自左

学生作业

诗文自由编排　　　　学生拼贴

学生作品　眭菊香　页面设计

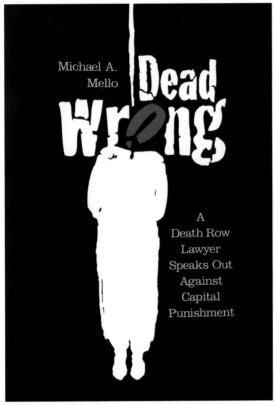

海报

页面设计

向右的，如果顺序相反，那么先写出的部分就会被笔尖遮住，从而导致不容易把字写漂亮。

(3)这种排版方式可以和各种数、理、化公式、拉丁字母文字的排版习惯相统一。拉丁字母单词、阿拉伯数字如果竖排很难识别，不符合视觉习惯，必须横排。

(4)可提高纸张利用率。

四、思维惯性

惯性思维，指人习惯性地因循以前的思路思考问题，仿佛物体运动的惯性。惯性思维常会造成思考事情时有些盲点，且缺少创新或改变的可能性。给大家讲三个生活中的故事来进行理解。

故事一，很多人小时候玩过这样一个游戏：你先不停地说"月亮"，别人问："后羿射的是什么？"你肯定会不假思索地说"月亮"。

故事二，有一个学者给他的学徒们讲了一个故事：五金店里面来了一个哑巴，他想买一个钉子。他对着服务员左手做拿钉子状，右手做握锤状，用右手锤左手。服务员给了他一把锤子。哑巴摇摇头，用右手指左手。服务员给了他一枚钉子，哑巴很满意，就离开了。这时五金店又来了一个盲人，他想买一把剪刀。这时，学者就

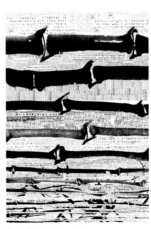

韩家英 《融合》 海报

埃舍尔作品

埃舍尔作品

问：这个盲人怎样以最快捷的方式买到剪刀呢？一个学徒说，他只要用手作剪东西状就可以了。其他学徒也纷纷表示赞成。学者笑着说，你们都错了，盲人只要开口讲一声就行。学徒们一想，发现自己的确是错了，因为他们都用惯性思维思考问题。

故事三，有一个科学家做了一个实验：他请了50名志愿者看房间内所有蓝色的物体30秒。然后请他们闭上眼睛，问他们看到了多少个红色的物体、绿色的物体和黄色的物体。这下他们都傻眼了，因为他们只专注蓝色的物体，没有专注其他颜色的物体。

五、吸引

吸引指的是人对于事物所抱的积极态度。具有吸引元素的版面更容易得到读者的关注。

生理吸引：异性形象的吸引。

海报

拜金吸引：金钱形象的吸引。

摄影

新异吸引：新奇、怪异形象的吸引。

电影海报

电影海报　　　　　　　　电影海报

爱好吸引：自身兴趣的关注性。

页面设计

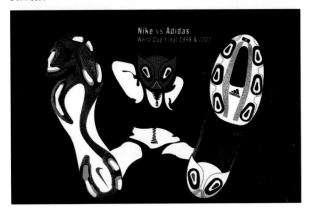

页面设计

第四节 //// 音乐美感

一、节奏

节奏是指音乐运动中音的长短和强弱阶段性的变化。节奏离不开重复。音的高低、轻重、长短、音节和停顿的数目，押韵的方式和位置、段落、章节的构造都可以运用重复形成节奏变化。

自然界中充满节奏，山川起伏跌宕、动植物生活规律、生老病死、太阳黑子活动周期、公转自转、四季的更替，昼夜的交替。人类身体的各种反映，如孩子的啼哭，走路时手臂不自觉地前后摆动，在书写时指与腕的移动，也都具有简单的规律和节奏。

在版式设计中，字、词、句、段落、篇章、色彩、肌理等视觉的组合都可以构成丰富多彩的节奏形式。

页面设计

页面设计

海报

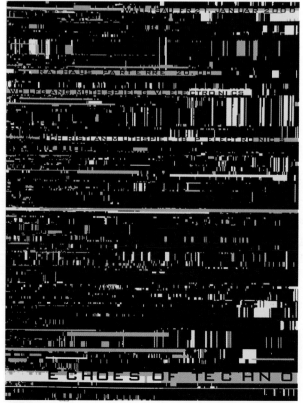

海报

海报

学生拼贴

二、韵律

韵律指音乐中的声韵和节律，诗词中的平仄格式和押韵规则。音乐中的韵律包括语言的腔调、声音的高低、语势的轻重缓急和声调的抑扬顿挫。诗词中韵律指：① 平仄，主要是讲究平声和仄声的协调。②对偶，在韵文特别是格律诗中，对偶的工巧是要求比较严的，诗词中一般是句对，在赋和八股文中还有多句对和段对。③押韵，指同韵的字在适当的地方（如停顿点），有规律地重复出现。在版式设计中，通过图文的面积、体量、疏密、虚实、肌理、重叠等变化来实现韵律。

思考：根据诗词进行视觉化具有韵律感的排版。

1.《天净沙·秋思》（元）马致远

枯藤老树昏鸦，小桥流水人家，古道西风瘦马。夕阳西下，断肠人在天涯。

2.《声声慢》（宋）李清照

寻寻觅觅，冷冷清清，凄凄惨惨戚戚。乍暖还寒时候，最难将息。

三杯两盏淡酒，怎敌他、晚来风急？雁过也，正伤心，却是旧时相识。

满地黄花堆积。憔悴损，如今有谁堪摘？守着窗儿，独自怎生得黑？

梧桐更兼细雨，到黄昏、点点滴滴。这次第，怎一个愁字了得！

孙奕沁　学生拼贴

孙奕沁　学生拼贴

页面设计

可口可乐 logo

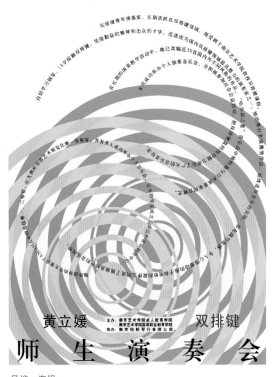

黄立媛　双排键

主办：南京艺术学院成人教育学院
南京艺术学院高等职业教育学院
协办：南京柏斯琴行有限公司

师　生　演　奏　会

吴烨　海报

海报

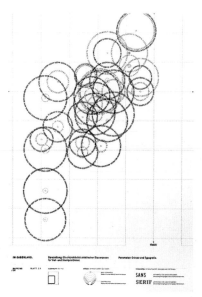

BOOKBINDERS DESIGN BOOKBINDERS DESIGN BOOKBINDERS DESIGN BOOKBINDERS DESIGN BOOKBINDERS DESIGN

海报

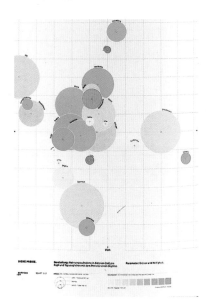

海报

海报

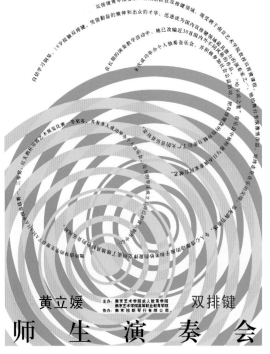

海报

三、织体

织体指多声音乐作品中各声部的组合形态，包括纵
向结合和横向结合关系。

Niklaus Troxler 《Jazz 音乐会》海报

Niklaus Troxler 《Jazz 音乐会》海报

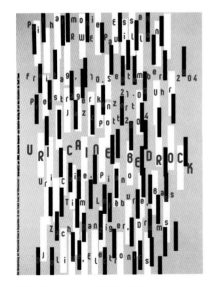

Niklaus Troxler 《Jazz 音乐会》海报

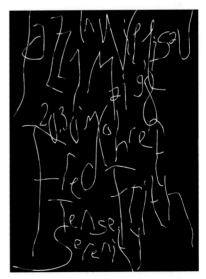

Niklaus Troxler 《Jazz 音乐会》海报

Niklaus Troxler 《Jazz 音乐会》海报

Niklaus Troxler 《Jazz 音乐会》海报

四、旋律

韵律指声音经过艺术构思而形成的有组织、有节奏的和谐运动。它建立在一定的调式和节拍的基础上，按一定的音高、时值和音量构成的，具有逻辑因素的单声部进行。

Niklaus Troxler 《Jazz音乐会》 海报

Niklaus Troxler 《Jazz音乐会》 海报

Niklaus Troxler 《Jazz音乐会》 海报

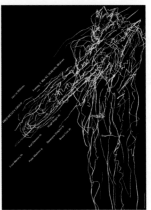

Niklaus Troxler 《Jazz音乐会》 海报

页面设计

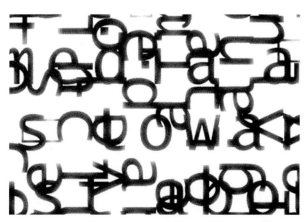

页面设计

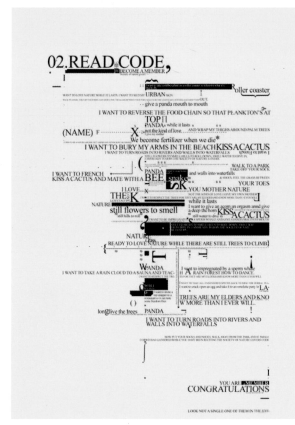

Brechbuhl Erich 海报

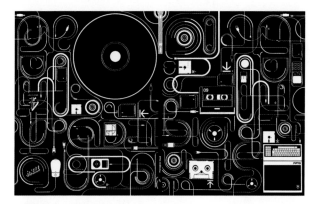

页面设计

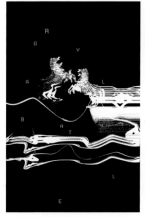

Stefan Lucut 海报

海报

第五节 ///// 数学法则

一、数列及几何形

数列关系产生了各部分之间的对比程度。古希腊毕达哥拉斯学派认为数学的比例关系决定了事物的构造及事物之间的和谐。提出"黄金分割",其比率是1:1.618。等比数列、等差数列也可以形成特殊的和谐关系。

一些特殊的数列:

a、 a+r、a+2r、……a+(n-1)

1、2、3、5、8、13……p、q、(p+q)

海报

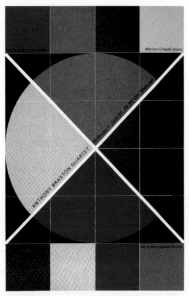

海报

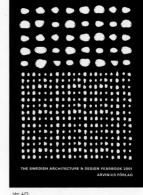

海报

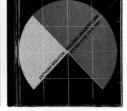

光盘

海报

海报

学生拼贴

二、加法（本知识点侧重设计方法）

在进行版式美感构筑的时候就像是盖房子，一块材料一块材料地添加。我们把这种行为理解是加法。在"加"之后使单位元素变成整体的一部分，而不是割裂的一块。如果我们的作品在完成后，仍然感觉空洞、单薄，即使不需要再添加内容，我们也可以在形式上添加，给以视觉的饱满感。在进行加法设计的时候要注意形式语言明确，元素之间的内在联系清楚，重点突出等方面思考。

解决问题：版面"空""单调"

三、减法（本知识点侧重设计方法）

当设计师一味追求视觉的丰富性时，往往会忽视版面空间气息的流动、节奏的变化及视觉整体感受。这时候我们需要减去一些多余的元素，尽可能地把不必要的元素去掉，以求简洁、明了。减法和加法贯穿于设计行为全过程，往往是多一分显挤，少一分显空，设计师需要不断地推敲，达到最完美的境地。

解决问题：版面"满""堵""矛盾""含糊""冗繁"

四、乘法（本知识点侧重设计方法）

乘法指版式中"复制"，"复杂化"的使用，目的是"繁化语言"。版式设计中，当要传达的信息内容少时，我们会利用形式尽可能地使画面丰富，塑造复杂的视觉形式。我们需要利用一些形式技巧进行抽象表现，以削弱"空"的内容感受，使视觉感觉"多"。

五、除法（本知识点侧重设计方法）

除法指版式中的"概括""归纳""简化语言"。当要传达的信息内容多时，我们会进行秩序化的设计，尽可能地使画面单一，显得"少"。把多个元素、多种形式归入一个比较接近的范畴，以提升整体感，形成统一性。

可以从以下几方面进行除法设计：

（1）色彩除法：把同类色进行概括，减少变化。也可以把对比色进行同化，减弱对比，形成一致感。

（2）手法除法：把形式语言特点进行归纳，表现手法进行同化，形成一致的语言格调。

（3）形态除法：把形状、面积、大小、方向、位置进行统一化的处理。

六、相切（内切、外切）、相交、包含、相离

版式设计元素之间的位置关系

多媒体视觉

多媒体视觉

多媒体视觉

多媒体视觉

七、"1+1≠2"（本知识点侧重设计方法）

根据格式塔心理学，两个形态的叠加并不等于它们分别传达含义的总和。即视觉整体不等于各个元素的相加。在进行版式设计时有"一动百动"的特点。当我们进行设计修改时，一个元素位置的改变，本来均衡的画面就失去平衡，需要牵动更多元素的调整。

第六节 ////// 破坏原理

戏剧剧情的发展需要矛盾来推进,版式设计也是如此。当我们的画面非常"完美"时,实际是呆板、无生气的表现。好的版面应该活泼、自由,充满对旧事物、旧形式的破坏。以下几种破坏方式是对前面形式法则的进一步理解。

一、对平衡的破坏——动势

平衡的版式是稳定的、恒久的,但是也缺少刺激的感受,缺乏时尚性、动感性。我们要尝试打破这种平稳形成新视觉版式。

Johngodfrey 海报

电影海报

电影海报

电影海报

二、 对重复、渐变的破坏——异变

在重复形式中会失去视觉流动，俗称的"花眼"就是因为无法把握阅读重点造成的心理紧张。通过异变的处理，阅读变得有重点，而不是眼睛游离在画面中不知要看什么。

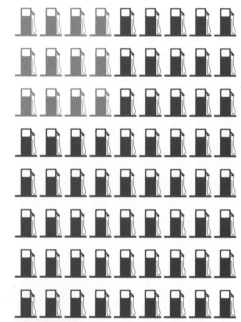

海报

电影海报

EASYSCRIPT , German

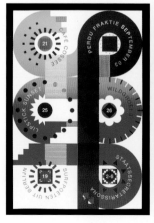
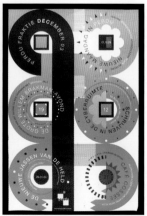

系列海报

三、对方向的破坏——"角"

当版面中出现方向不一致的形式时，便形成了"角"。人的视线会向两个方向相交的点移动，然后停留片刻继续向"角"指引的方向前进。这就形成了视觉流动变化。相交产生的角度越小其指向性就越强，相反"十字"相交产生的视觉引导最弱，但图式矛盾性最强。

Niklaus Troxler 《77—99海报巡回展》海报

Niklaus Troxler 《Jazz音乐会》海报

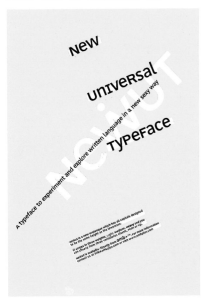

海报

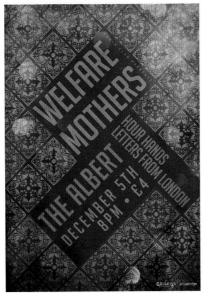

海报

海报

四、对逻辑空间的破坏——空间混淆、矛盾空间

不符合逻辑的正负叠加图形，不符合透视规则的形式都属于对逻辑空间的破坏，可以形成新异的视觉吸引。

Niklaus Troxler 《Jazz音乐会》海报

埃舍尔作品

埃舍尔作品

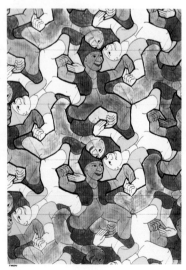

埃舍尔作品

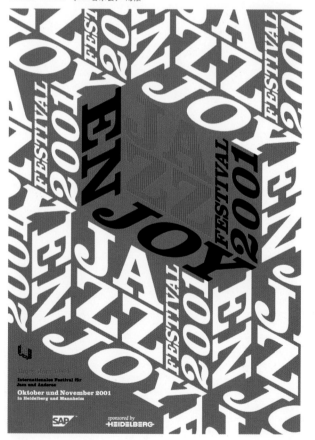

海报

五、 对"平涂"的破坏——虚实、疏密

虚实是指艺术作品中所呈现出的清晰与模糊、明确与含混的关系，也指空间的有与无的关系。疏密指视觉艺术中形象的组织或元素的组合在空间位置的聚散关系。版面中视觉元素的处理手法较单一时，可以采用虚实、疏密来破坏呆板的局面。

一般来说，近处的物体实，远处的物体虚；刻画具体的实，描绘含混的虚；对比强烈的实，对比微弱的虚；静止的物体较实，运动的物体较虚。在版式设计中，文字表现为实，空白表现为虚；黑色一般为实，白色一般为虚。

疏具有空阔、平静感，密具有丰富或拥挤、紧张感。一般来说，元素集中则密，元素稀少则疏；分割较细则密，块面较大则疏；细节丰富则密，细节较少则疏；纹样繁多则密，纹样舒展则疏；肌理纹路清晰、排列紧凑则密，肌理纹路模糊、排列松散则疏。

海报

多媒体视觉

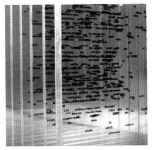

装置设计

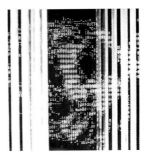

装置设计

王序 海报

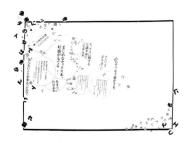

学生拼贴 周蓉

何见平 海报

学生拼贴

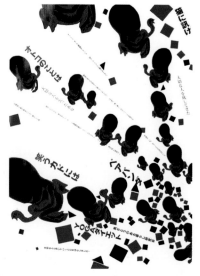

学生拼贴 蒋敏

海报

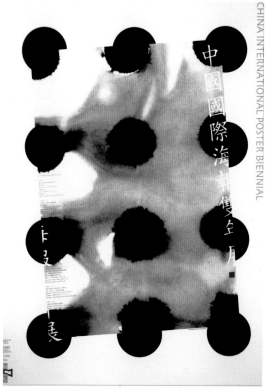

海报

六、对统一的破坏——对比

所有元素彼此和谐相处的效果叫统一。运用对比来破坏统一的形式，形成趣味的视觉变化。对比指两个在质或量上都截然不同的构成要素，同时或继时地配置在一起时，出现的整体知觉上加大相互间特性差的现象。在视觉艺术中，对比可以增强不同要素之间所具有的特性，形成张力，打破呆板、单调的格局，通过矛盾和冲突，使设计更加富有生气，产生明朗、肯定、强烈的视觉效果，给人深刻的印象。这种相互对立性质的要素，从形式上可以分形状、色彩、肌理、手法等，在心理上形成冷暖、刚柔、动静、轻重、虚实等感觉。形的对比包括点的大小、线的长短、粗细、曲直对比，面的大小对比，形状的方向性对比，动态形与静态形的对比以及各种元素组织上的虚实、疏密对比等。版式设计中的字体大小对比，字可以大到一整面，也可小到一个点，大小组合是自由的。

海报

海报

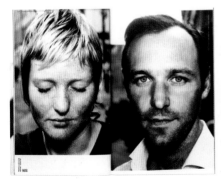

页面设计

电影海报

页面设计

编排视觉

页面设计

电影海报

电影海报

七、对尺度的破坏——"大"与"小"的感受

尺度是指某种物的大小、尺寸与人相适应的程度。我们有时候需要打破正常的尺度感受，形成"大""小"不同的感受，以获得美感。

安尚秀　海报

页面设计

安尚秀　海报

安尚秀　海报

海报　　　　　　　　　　　学生拼贴

学生拼贴　吴一清

八、对完美的破坏——残缺之美

如果事事都能完美的话，你会发现这并不会很美好。只有在一幅图画中有疏漏之处，才能体现出复杂之处绘描的巧妙。只有在歌曲中有细微的低声，才能烘托出高潮时的美妙。高潮需要低谷作为铺垫，一切的完美都在不完美中形成。在自然界，风总是在最温柔的时候醉人，雨总是在最纤细的时候飘逸，花总是在将凋零的时候令人怜爱，夜总是在最深冷的时候使人希冀。版式设计中，我们会把完整的形式进行破坏以求自然之美。

页面设计

页面设计

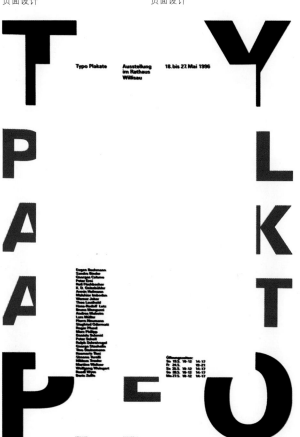

海报

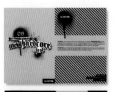

页面设计

海报

页面设计

九、对常规状态的破坏——反常态

我们运用不符合逻辑的视觉效果、不寻常的表现形式进行设计，产生奇趣的效果。打破正常情况下人们对世界的认识，比如正反、质感、空间、顺序、因果等。

蒋华 《苏州印象》

蒋华 《苏州印象》

页面设计

页面设计

学生作品 屈牧 页面设计　　海报

海报

海报

海报

海报

海报

海报

第七节 ///// 本章综述

　　好的版式设计总是赏心悦目，其依靠的是形式美感，本章节介绍了一部分版式设计中比较实用的形式设计技巧。许多形式原理之间处于流通的关系，就像我们生活中的事物一样，统一于一个整体的世界系统之中。例如节奏中蕴涵着重复，方向中也蕴涵着平衡等原理。一幅版式作品，其形式是诸多形式法则的综合，我们要灵活地去使用这些原理。

电影片头

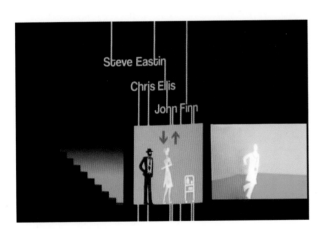

电影片头

电影片头

电影片头

电影片头

电影片头

电影片头

电影片头

页面设计

页面设计

[复习参考题]

◎ 什么是形式美法则中的平衡原理、秩序原理？

◎ 什么是虚实、疏密？

◎ 渐变的形式有哪些？

[实训案例]

◎ 请运用"0～9"作为元素分别制作"秩序原理"中的形式法则。

要求：电脑形式排版，尺寸A4，使用软件Illustrator。

◎ 使用从报纸、杂志上裁减下来的文字、图片在32K卡纸上进行拼贴练习。

要求：分别表现"音乐美感"中的形式法则。

◎ 综合形式训练：以《时间》为主题，元素和设计方法不限，重点表现形式美感。

要求：尺寸A0，电脑制作，软件不限，出图。

第四章 版式网格设计

本章重点 》

轴线、矩形风格的网格设计在设计中的运用较广泛，是本章的学习重点。

学习目标 》

通过学习教学使学生了解什么是网格设计。网格设计的意义是什么。能够使学生利用几种常用网格设计进行具体版面设计的应用。

建议学时 》

8学时。

第四章　版式网格设计

版式网格是指版面设计中的骨架，是设计的辅助工具。我们将版面运用网格划分，网格作为一种参考线使我们对文字、图片等元素的安排有依据，有规则，形成结构严谨的视觉。需要注意的是网格线在版式中是隐藏的参考线，并非实体元素。

第一节 ///// 轴线

轴线指的是围绕线进行的排版，用线对版面进行骨架的设置是最简单的一种网格设计形式。通常情况下，用尽可能少的轴线进行框架安排，可以脉络比较清晰，一个版面如果划分多个轴线，会削弱轴线的框架结构，以致版面冗杂。轴线网格设计可分为：垂直轴线、倾斜轴线、折线、弧形轴线等。

海报

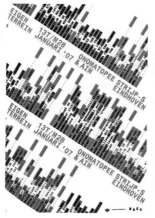

海报

金毓婷 《1 /4英里》 海报

雷又西 《联盟》 海报

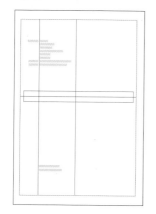

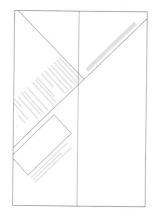

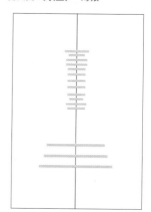

第二节 ///// 放射线

由一个焦点中心扩展、延伸的线的结构我们理解成放射线网格。在版式中，文字的排版线条、图形的形状，甚至抽象元素的趋势都是沿着一个中心点进行发散的。

设计中需要注意由于文字的排版方向不一定都是和水平线、垂直线平行的，阅读时会有难易程度的不同，所以要将重要的信息内容尽量排在易读的位置。放射线网格设计可以分为：直线放射、弧线放射、角度放射等。

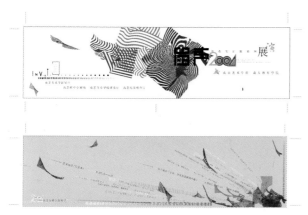

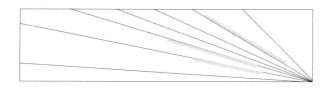

吴烨 《请柬》设计

海报

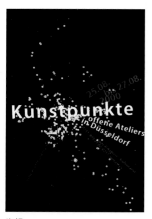

海报

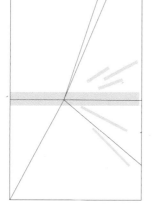

页面设计

第三节 ///// 膨胀

由一组同心圆的部分弧构成的结构线是膨胀网格特点。在这样的弧线上安排文字或图形，视觉上有膨胀的气球感觉。

海报

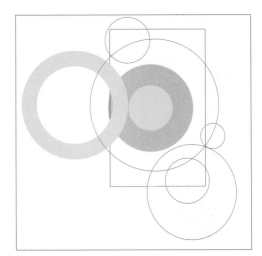

海报

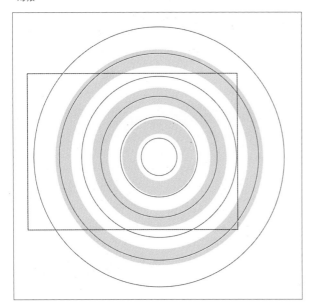

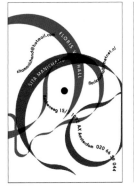
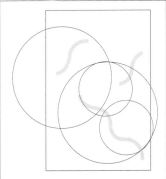

海报

页面设计

插画

页面设计

学生拼贴

页面设计

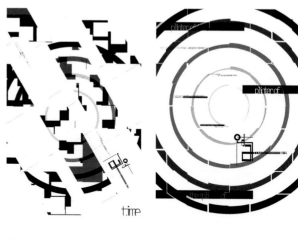

学生作品 王增 《时间碎想》 海报

第四节 ///// 矩形分割

　　矩形分割是最经典的网格设计。在版面中，设计水平线和垂直线使它们交织形成分割，以此来组织、约束文字、图形，形成恰当比例的空白，使页面主次分明、经纬清晰、层次多样。由矩形构成的框架结构使版面空间得到严谨、理性的分配，形成了合理、统一的视觉。在书籍正文设计及报纸设计中广泛应用。

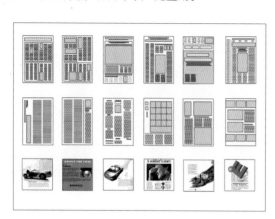

学生练习 矩形分割

学生练习 矩形分割

安尚秀　海报

安尚秀　海报

安尚秀　海报

[复习参考题]

◎　什么是版式网格?

◎　版式网格设计的意义是什么?

[实训案例]

◎　使用线分割进行版式网格设计。

　　要求:A4页面。使用软件 Illustrator。分别设计放射线、膨胀各4个方案,矩形分割6个方案。

第五章 版式设计原理

本章重点 》
— 文字、图形、空白原理是本章的学习重点。

学习目标 》
— 通过对平面设计视觉的不同角度分析，使学生理解版面设计的基本原理宏观把握、设计表现及设计细节的联系。

建议学时 》
— 12学时。

第五章　版式设计原理

第一节 ///// 点、线、面原理

　　设计基础的构成原理中，点、线、面作为最基本的构成元素已经被我们重视了，在专业性更强的版式设计中，点、线、面构成原理依然是我们对页面效果控制的最理想工具。在版式设计中，点、线、面是以一种更加灵活的方式展现的。

　　点：一个文字、一个单词、一个字符、字的一个笔画……

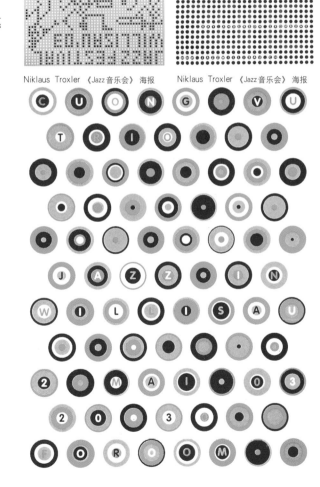

Niklaus Troxler 《Jazz音乐会》海报

Niklaus Troxler 《Jazz音乐会》海报

Niklaus Troxler 《Jazz音乐会》海报

Niklaus Troxler 《Jazz音乐会》海报

线: 一行字、一条装饰线、两栏文字的间隙空白……

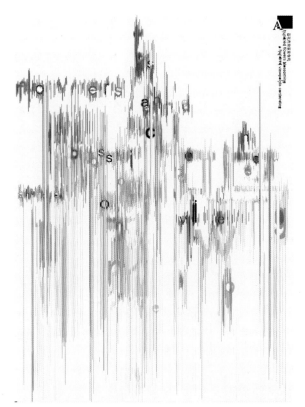

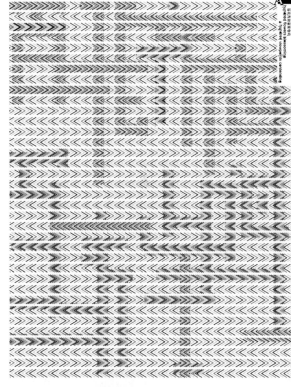

学生作品 贾成会 海报　　　　　　　　　　　学生作品 贾成会 海报

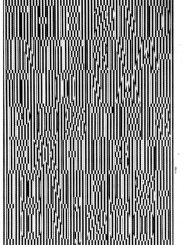

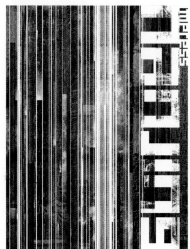

Niklaus Troxler 《Jazz音乐会》 海报　　　海报　　　　　时澄 《南京印象》 海报

面：一段文字、一张图片、一个色块、一块空白……

在大多数版式设计实践中，我们会使用点、线、面综合的方法进行设计。

页面设计

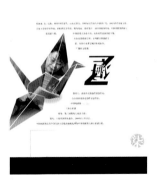

Niklaus Troxler 《Jazz音乐会》 海报

学生作品　何宝勇　页面设计　　　学生作品　何宝勇　页面设计

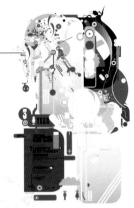

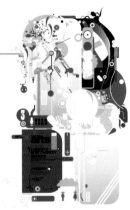

海报　　　　　　海报　　　　　　海报　　　　　　海报

第二节 ///// 黑、白、灰原理

　　素描要靠三大面、五大调子来实现光的微妙过渡，体现出强烈的层次感、立体感。版式设计的表达也应该是丰富多彩的，设计师应该对画面有一种去除色彩的能力。就像黑白相机一样，虽然不用色彩也能表达出色彩的感觉。

页面设计

页面设计

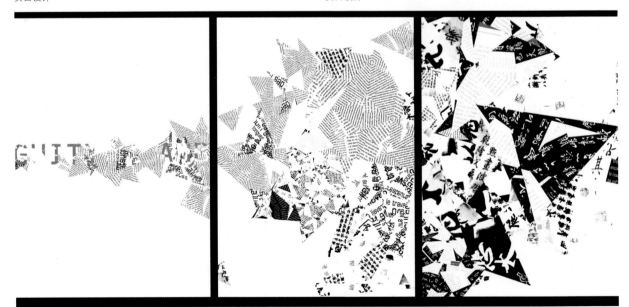

韩家英 《暧昧》

第三节 //// 文字、图形、空白原理

版式设计是解决图形与图形、文字与文字、图形与文字、图文与空白之间秩序关系的设计。我们可以把复杂多变的版式设计概括成这一简单的行为标准——旨在处理文字、图形、空白的相互关系的安排。

一、文字排版

1.文字的识别性排版

对识别性文字排版的设计我们要考虑：字体、字号、字距、行距、分栏、文字的易读性等。要求做到内容传达的功能大于形式传达。不能因为过分追求形式的变化忽略读者阅读的便利性。

一般情况下同一个版面字体不应该使用过多，为了区别字功能上的差异又不能只使用一种，应该加以控制使用4种以内。如果一定要有更多的区别，可以采用同类字体来区别，如黑体、细黑、粗黑属于一类，宋体、中宋、粗宋属于一类。尽可能控制字体大的种类不要超过3种。标题文字、重点内容要用粗字体及大字号来强调。

字号的使用没有特别的规定，一般字典、手册等工具书为了容下大量的文字及便携性，字号相对较小，一般为5～7P。儿童启蒙用书一般为36P，小学一年级前字号都不应该小于18P，小学二年级至四年级一般用12～16P。9～11P对成年人阅读比较适合。报纸、杂志的字号多为7P。大量阅读小于8P的字，容易使视觉疲劳，12P以上的字每行排列的文字较少，造成换行频繁也容易造成阅读疲劳。

行距和字距要根据具体情况进行排版。一般行距必须大于字距，行距为正文字号的1/2～3/4。行距和字距会影响阅读的流畅性，如果字行比较长，行距就应该加大，否则容易阅读时窜行。行距和字距还对版面的利用率有着重要影响。

汉字横竖都可以排版，但是横版阅读效率更高，一般用于大量文字的排版。标题文字等内容量少的文字可采用竖排。体现中国传统色彩的内容可以使用竖排。英文、数理化公式、汉语拼音的排版应该遵循阅读习惯进行横排。

页面设计

页面设计

页面设计

页面设计

安尚秀　页面设计

安尚秀　页面设计

页面设计

学生作品　刘倩倩　页面设计

学生作品　刘倩倩　页面设计

视觉编排

2.文字的装饰性排版

（1）文字组图：利用文字的排列形成图形效果。

视觉编排

视觉编排

海报

海报

视觉编排

（2）文字抽象表现：根据设计师对主题的感受进行感性的视觉传达，把文字作为视觉符号使用，文字基本失去本身的阅读性。可以把文字进行任意的拆分、放大、扭曲、变形、颠倒等设计。

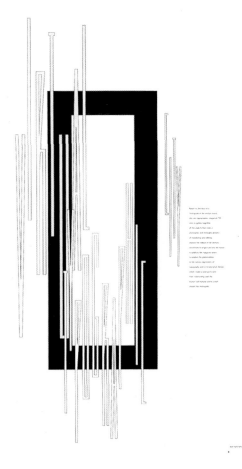

吴烨　舞台背景设计

安部俊安　页面设计

Christof Gassher　页面设计

(3) 文字装饰化：一般对主题文字处理采用装饰化手法。文字保留可识别性的同时尽量增添与其含义相一致的美感。

 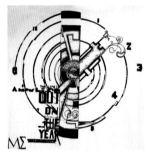

学生作品　饶媛　《time》

白木彰　海报

学生作品　熊朝香　海报

二、图形排版

在进行排版设计之前要对图片进行加工处理。

裁切：根据要表达的主题进行裁切，做到保留明确的部分，去除影响主题的部分。

缩放：把图片放大或者缩小以突出重点。

扣图：去除背景，把所需要的图形扣出来，以利于灵活的排版，处理图形之间的关系。

修剪：改善构图，如去除不必要的东西，调整视觉焦点、空间、透视等。

调色：根据设计的要求进行有目的的色调调整，如单色调、双色调、黑白、冷暖、色相变化等。

1.图形组字：利用图形的排列形成文字效果。

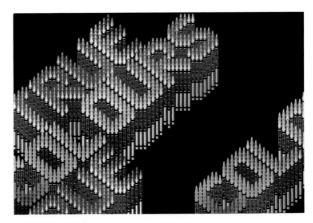

页面设计

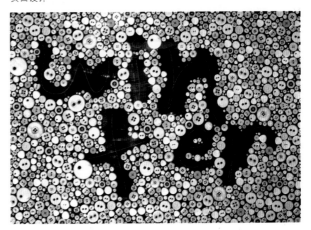

学生作品

杂志封面

学生作品　陈敏

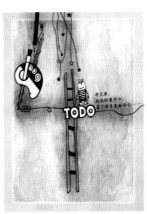

学生作品　陈敏

2.图形组图：利用图形的排列形成图形效果。

3.图形构成：利用网格框架或者自由形式进行构成的图图关系。

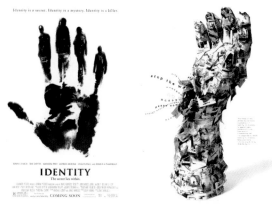

电影海报　　　　　　　卢毅　海报

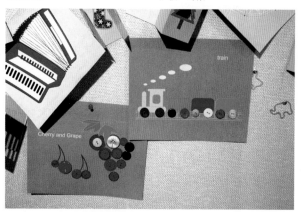

学生作品

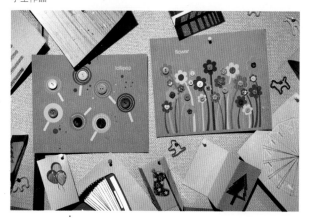

学生作品　　　　　　　　　　　　　　页面设计

安尚秀　海报　　　　　学生作品　王迪　海报

4.图形装饰：对主体图形进行装饰化表现的设计方式。

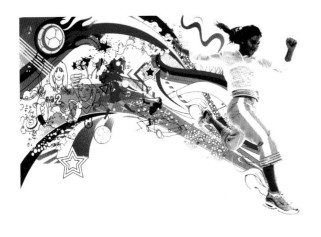

页面设计

页面设计

芬达广告

三、图文混排

读者在进行阅读时，可以迅速地从图片得到抽象信息，又可以从文字得到准确信息。图片的传达速度要快于文字，可以更好地吸引视觉。但并非所有设计都是以图片为主，不同的设计媒介要传达的信息重点也不尽相同，即图文率有所不同。图文率指文字和图片在版面中所占面积的比率。

1.小说、文献、报纸等一般图片占10%以内。文字占大部分，显示了作品的理性、叙述性的特点。

2. 企业样本、网页、说明书等一般图片超过30%。体现出一种自由、轻松、丰富的形式，图文并茂，视觉丰富，变化多样。

3. 画册、招贴、杂志、包装等一般图片超过60%。图片的直观表现更加有利于视觉情感化的传达，不仅吸引眼球，还能在抓住读者视觉后，通过少量的文字加强对内容的解释。

页面设计

页面设计

海报

海报

页面设计

四、空白

　　文字、图形组成的正形以外的部分我们理解为空白。国画中有句话描述空白形式的，就是"计白当黑"，表明了白也就是空的地方和着墨一样都是国画整体的组成部分，如何利用空间中的留白是非常重要的，也是提升艺术性的途径。在版式设计中，空白的设计和正形的设计同等重要。空白的设计是为图文作铺垫的，只有通过空白的衬托，才能显得字图的闪耀。好的空白设计不仅要重视版面率，还要讲究字与图之间的空白，字行之间、单字之间、甚至笔画与笔画之间的空白关系，最终还要考虑图文组合后与版面的整体感觉。版面率指版面上所有文字和图形所占面积与整个版面面积之比。

金毓婷 《1/4英里》 海报

页面设计

页面设计

页面设计

第四节 ////// 形式、内容原理

　　任何美好的视觉形式都要服从内容，否则都是毫无意义的。我们在接到一个设计任务时，首先要对其进行内容分析，是庄重的应用文，严谨的学术文献，幽默的故事，轻松的画报，还是活泼的前卫视觉等。然后进行形式语言的思考定位，选择恰当的传达形式。使形式和内容一致，就像人们在特定场合穿戴恰当的服饰一样，得体很重要。

包装设计

电影海报

[复习参考题]

◎ 如何理解版式设计中的点、线、面关系？

◎ 文字排版有哪些特点？

◎ 图形排版有哪些特点？

◎ 如何使用好版式设计中的空白？

[实训案例]

◎ 用26个英文字母进行文字组图练习。

◎ 为《版式设计与实训》（本书）的目录进行文字识别性排版。

　　要求：内容、尺寸同本书。文字排版具备可读性的同时具有美感，形式上能够体现本书的内容特点。具有目录的功能，方便使用。

第六章 版式视觉分析

一 本章重点 》

利用版式元素进行微妙的细节表现，其中逻辑及语气是本章的学习重点。

一 学习目标 》

通过教学让学生了解版式设计中的视觉传达效果——逻辑关系、视觉效果及语言色彩。通过不同关键语汇的理解，使学生意识到视觉传达的意义。

一 建议学时 》

16学时。

第六章　版式视觉分析

第一节 ///// 逻辑

版式设计是一种传达设计，要依靠读者的阅读传递信息。读者能够看懂设计是设计作品价值的体现。在版式设计中合乎逻辑的排版秩序，能够更加易读，提高传达效率。

一、分类组合

分类指使在某方面具有共同特征的形态聚集到一起。按照不同的分类标准可以得到不同的分类结果。通过分类，类别信息被重点提取出来。阅读变得更加具有条理，使读者可以用最快的时间找到想要得到的信息。例如一份体坛的报纸，我们会把国际和国内进行区别，把足球和篮球进行区别。

组合指由版式中的几个个体或部分结合形成整体。进行组合时，要注意组合元素之间是否存在同类关系、对应关系。

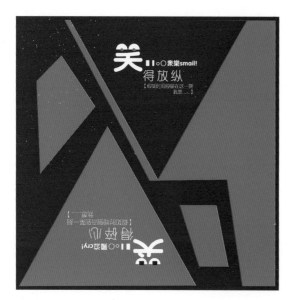

学生作品　荆晔　页面设计

页面设计

二、层级

层级指阅读时不同重要程度信息的区别。一般情况下有总分关系、里外关系、优先关系。合理的层级可以引导读者的阅读。例如我们在看一份报纸的时候总是先浏览大标题，在找到我们感兴趣的内容后，才仔细阅读正文。假若我们排版的时候把正文文字排得醒目，标题文字排得不起眼，那读者找寻信息将是十分困难的。

1.组合与次组合：在进行版式设计时，通过对内容的理解，可以将内容分成很明确的组合关系，而组合与组合之间又存在并列关系和上下级关系，必须在视觉中得到正确表现。

2.主角与配角：主角指一些重要、需要强调、引起关注的部分。需要进行重点表现，例如位置置前，文字加粗，色彩对比强烈，加强装饰效果等。配角应该处于一种铺垫地位，尽量表现得平淡一些。

三、尺度

尺度是指版式设计中视觉元素的大小、规模、功能相对人的标准。例如邮票、书籍、海报、户外广告相对

吴烨 《招生简章》 页面设计

人的阅读使用都有不同，合理的尺度安排才能被人正常阅读。

横版名片　16开书籍　标准海报

尺度比较

四、视觉流程

视觉流程是指人们在阅读版式作品时，视觉的自然流动，先看什么，再看什么，在哪一点停顿，停顿多长时间。由于人的视野极为有限，不能同时感受所有的物象，必须按照一定的流动顺序进行运动，来感知外部环境。版式设计中，由于视觉兴趣作用力的区域优化，图形、文字的布局，信息强弱的方向诱导，形态动势的心理暗示等方面的影响而形成视觉运动的规律。将这一规律应用到设计目的上的行为就是视觉流程设计。人们视觉流动具有一些固定的生理规律。

1.眼睛有一种停留在版面左上角的倾向。原因是人们有从左向右、从上到下的阅读习惯。

2.眼睛总是顺时针看一张图片。

3.眼睛总是首先看图片上的人，然后是汽车、鸟儿等移动的物体，最后才注意到固定的物体。

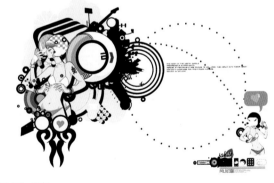

MUDC　海报

吴烨　招生简章　标题设计

在进行版式设计时，视觉的流程要符合人们认识的心理顺序和思维活动的逻辑顺序。版面构成要素的主次顺序应该和视觉流程一致。版式设计要在总体构想下突出重点，捕捉注意力时运用合理的视觉印象诱导，同时应该注意在视觉容量限度内保持一定强度的表现力，具备多层次、多角度的视觉效果。

五、传达一致性

传达一致性指题材、构成元素、构图、形式、追求主题的一致。

吴烨 海报

吴烨 书籍设计

第二节 ///// 效果

一、自然仿态

在版式形式中，把文字、图形的排列按照生物的自然规律进行表现叫做生物仿态。我们可以挖掘大自然中的美好形态，变成我们的排版秩序，这是一个用之不尽的形式资料库。

1.树木花草

植物的生长一般都有背地性，也就是都是根部向地心引力的方向发展，枝干向背离地心的方向发展。版面上下方向是和地心引力的方向一致的，我们要把框架的大趋势向下发展，就像扎根一样。同时植物会尽可能地将枝条、树叶向上发展，以吸取阳光。版式中左右的排版就像是枝条的伸展。所以我们要理清版式中"主干"与"枝条"的关系。

树木的生长，具有很强烈的主从关系。树枝一定是长在主干上的，枝条一定是长在树枝上的，树叶一定是长在枝条上的……生活中人们常用树形图来表示逻辑关系，版式设计中我们会将形式像树形的发展一样不断地丰富下去。

2.生长

生长指在一定的生活条件下生物体体积和重量逐渐

学生作品　贾成会　《梅、兰、竹、菊》　海报

增加、由小到大的过程。视觉上一样可能具有生长感。通过读者的感受及想象，这种排版构成形态就像生物体一样具有活力，在下一刻就会继续增大。

海报

视觉艺术

3.飞溅

飞溅的液体具有自由、力量、大气、洒脱、不拘一格的气质，具有"点"的构成美感。

电影海报

学生作品　樊卫民　页面设计

4. 流淌

流淌是液体的特性，不同的液体又具有不同的心理暗示。血液的流淌预示着伤亡、痛苦，涓涓细流的流淌预示着悠然自得、随遇而安。在具体设计中根据流淌的色彩、形状、速度、浓度等性质进行暗示液体的概念，进而渲染主题气氛。

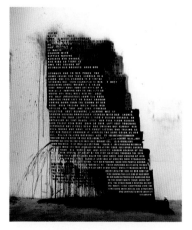

视觉艺术

5. 气泡

气泡原指液体内的一小团空气或气体。提到气泡我们会联想到香槟酒里的气泡直往上冒，想到鱼儿吐的气泡。对气泡的模仿具有趣味性、娱乐性。

 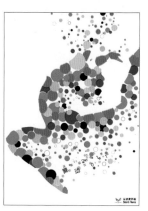

学生作品　李令海　《26届大运会》　海报

6. 烟雾

原意指空气中的烟或者空气中的自然云雾。烟雾的效果具有轻浮上升感，随风运动。

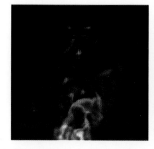 

多媒体视觉　　　　　　　　多媒体视觉

7. 裂损

裂损可以分成破裂和损毁两种形态。

（1）具有破裂玻璃线条自然扩散的放射状，以直线构成，长短参差不齐、断连不一的形态特点。

（2）任何完整物品的缺失都可以看做损毁，例如金属罐的变形、破裂，布匹的撕裂，飞机的残骸等。

这种模仿具有残缺、自然之美。

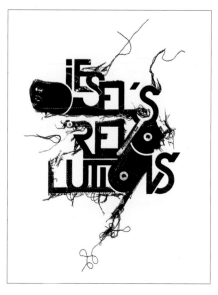

海报

8.痕迹

俗语"水过留痕，雁去留声，人过留名"，通过对痕迹的表现可以塑造丰富的形态。例如轮胎的压痕、刷子的痕迹、人的脚印、图章印记、毛笔笔迹等。

海报

9．拟人

拟人指把物拟作人，使其具有人的外表、个性或情感。我们可以在版式设计中，把文字、符号等抽象的形态进行拟人处理，使它们具有人类的情感、动作。

易达华　字体设计

二、物理模仿

1.力

通过设计表现使抽象的元素具有受力影响。

（1）重力。从呱呱坠地的婴儿到拔地而起的高楼大厦都挣脱不了地球的束缚。人们与生俱来对这种力量的适应，成为人们对万物的本能理解，哪怕是抽象的不具有质量的文字、图形，也一样受重力的影响。

（2）浮力。物理学中的解释是液体和气体对浸在其中的物体有竖直向上的托力。浮力的方向竖直向上。人类的生活经验对浮力直观的认识是漂浮的气球、轮船，判断浮力的作用是通过被测物的密度感觉、体积感觉来实现的。

（3）万有引力。万有引力是由于物体具有质量而在物体之间产生的一种相互作用。它的大小和物体的质量以及两个物体之间的距离有关。物体的质量越大，它们之间的万有引力就越大；物体之间的距离越远，它们之间的万有引力就越小。在版式设计中，大的形态总能更强烈地吸引小的形态，同时我们也会发现两个大小近似的形态当距离安排较近时，会产生一种排斥的力。

（4）弹力。物体在力的作用下发生的形状或体积改变叫做形变。在外力停止作用后，能够恢复原状的形变叫做弹性形变。发生弹性形变的物体，会对跟它接触的物体产生力的作用，这种力叫弹力。

（5）摩擦力。两个互相接触的物体，当它们发生相对运动或有相对运动趋势时，在两物体的接触面之间有阻碍它们相对运动的作用力，这个力叫摩擦力。物体之间产生摩擦力必须要具备以下四个条件：第一，两物体相互接触。第二，两物体相互挤压，发生形变，有弹力。第三，两物体发生相对运动或相对运动趋势。第四，两物体间接触面粗糙。四个条件缺一不可。有弹力的地方不一定有摩擦力，但有摩擦力的地方一定有弹力。摩擦力是一种接触力，还是一种被动力。

（6）反作用力。力的作用是相互的。两个物体之间的作用力与反作用力，总是同时出现，并且大小相等，方向相反，沿着同一条直线分别作用在此二物体上。

2. 速度

速度是描述物体运动快慢的物理量。这里对速度的模仿使抽象的字、图具有动感。

学生作品 屈牧 页面设计

3. 轨迹

一个点在空间移动，它所通过的全部路径叫做这个点的轨迹。通过轨迹效果的表现可以在平面中制作出记录时间变化的效果。

吴烨 页面设计

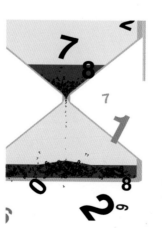

视觉小品

海报

安尚秀 海报

4.光效

物体发光以及光的反射、折射效果我们这里统称光效。

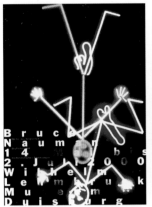

海报　　　　　　　　海报

5.溶解

溶解指一种物质（溶质）分散于另一种物质（溶剂）中成为溶液的过程。

多媒体视觉

6.融化、熔化

融化、熔化通俗的理解是固体变为液体。例如冰在常温下自然融化，钢材在加热条件下熔化成液体等。

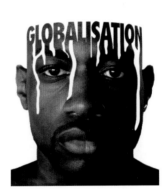

海报　　　　　　　　海报

7.磁性

能吸引铁、钴、镍等物质的性质称为磁性。磁铁两端磁性强的区域称为磁极，一端称为北极（N极），一端称为南极（S极）。同性磁极相互排斥，异性磁极相互吸引。

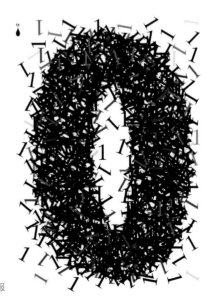

海报

8.气流

流动的空气称为气流。我们在进行阅读时感觉到气息的流动，有时候是细水长流，有时候是气势磅礴，有时候是坑坑洼洼。版面的气息流动形成了其特有的生命力。

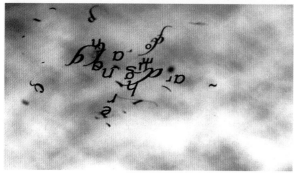

多媒体视觉

海报 "锈蚀仿效"

三、 化学仿效

1.锈蚀

锈蚀是空气中的氧、水蒸气及其他有害气体等作用于金属表面引起电化学作用的结果。

2.爆炸

爆炸可视为气体或蒸汽在瞬间剧烈膨胀的现象。爆炸的视觉效果具有强烈的刺激性，可以起到吸引注意的作用。

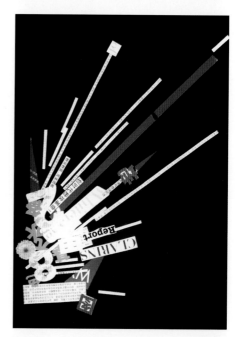

学生拼贴 "爆炸仿效"

3.燃烧

可燃物跟空气中的氧气发生的一种发光发热的剧烈的氧化反应叫做燃烧。燃烧的模仿必须要体现相应的光、色效果及发热感。

电影海报　　　　　金毓婷　页面设计

四、层次

层次指版式设计中页面的纵深感。通过不同叠加方式体现出丰富的纵深感觉。可以通过透明度、图层叠加等方式来实现其效果。

金毓婷　《1/4英里》　海报　　　　石澄　《南京印象》　海报

五、肌理

肌理指形态表面诉诸视觉或触觉的组织构造。肌理，英文texture源于拉丁语textura，有"编织"或"织物的特征"的意思。主要包括三个方面：物质结构的纹理，元素由排列所呈现的纹理，物体受外力作用生成的痕迹所呈现的纹理。光滑的肌理给人干净、润滑、贴心的感受。粗糙的肌理给人质朴、稳重的感受。疏松的肌理给人自然的、朴实的感受。密集的肌理给人坚固的、科技的感觉。裂纹肌理给人粗犷、奔放的感受。

韩湛宁　普高大院　海报

页面设计

六、 手写体、涂鸦

手写体具有真切感，能和特定的事件紧密相连，比正规的印刷字富有想象空间，具有现场意境。涂鸦更能够体现强烈的个人情感。手写体及涂鸦都是自由、随意的设计，能够给版式带来生机。

页面设计

第三节 ///// 语气

一、理性评估

多用于严肃的陈述、正规的应用文排版。在字里行间能够受到"道理"及"信服感"。

二、欢快

用于轻松、愉悦的排版内容，使读者能够体会到设计师要表达的兴奋之情。

A Look Behind the Scenes

平面广告

海报

三、调侃

幽默、诙谐、玩笑式的表达方式。

页面设计

海报　　　　　　　　　　页面设计

四、游戏

具有娱乐性及互动性的设计。

页面设计

编排视觉

五、怀旧

怀旧是一种情绪，旧物、故人、老家和逝去的岁月都是怀旧最通用的题材。

页面设计

六、惊叹

对异乎寻常的事物吃惊、感叹，是人们一种较强烈的情感反应。

学生作品
孙海艳 《折子戏》

学生作品 孙海艳 《折子戏》

[复习参考题]

◎ 什么是版式设计中的视觉流程?

◎ 什么是版式设计中的层次?

◎ 手写体、涂鸦的效果表现具有怎样的特点?

[实训案例]

◎ 运用文字排版分别制作出生长、拟人、磁性的视觉效果。文字内容不限，电脑制作，尺寸A4。

◎ 尝试手写体、涂鸦的效果表现，手绘表现，纸张不限制，尺寸8开。

第七章 版式设计实训

一 本章重点》

本章节的重点在各个实训项目的案例分析讲解及学生的实际灵活运用。

一 学习目标》

通过不同的实训案例的分析及训练，使学生将掌握的版式设计方法运动到实际中。训练学生在实际操作中遇到问题并解决问题的能力。

一 建议学时》

24学时。

第七章 版式设计实训

第一节 ///// VI中的文字组合

VI即Visual Identity，通译为视觉识别系统，是CIS（Corporate Identity System）中最具传播力和感染力的部分。是将CI（Corporate Identity）的非可视内容转化为静态的视觉识别符号，以丰富的多样的应用形式，在广泛的层面上进行最直接的传播。VI是以标志、标准字、标准色为核心进行展开的完整系统的视觉表达体系。标志中的文字组合及文字排版决定了视觉风格取向，是CI的精髓体现。公司可以通过其在不同媒介上的展示来树立自身的形象。

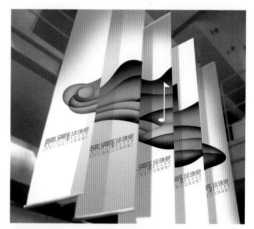

2012 奥运会VI

石澄 房地产VI

圣家堂视觉摄影 logo

曼联 logo

学生作品　名片设计　何烨

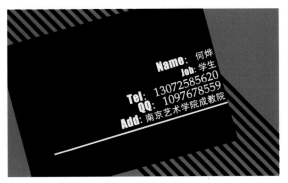

学生作品　名片设计　何烨

学生作品　名片设计　方竹珺

第二节 ///// 报纸版式

　　报纸是以刊载新闻和时事评论为主的定期向公众发行的印刷出版物。采用新闻纸印刷，具有轻便、便宜的特点。

　　报纸纸张尺寸分为全张型与半张型，全张型报纸的版心约为350～500mm，一般采用8栏、每栏宽约40mm，字号为10p，或采用国际上通用的5～7栏。

　　报纸版面通过矩形网格进行分栏处理。在进行报纸排版时，以自左向右的对角线为基准安排重要文章，其他位置排列次要信息。中国报纸的栏序一般左优于右，上优于下。报纸的底边也是个特殊视觉区域，应该得到重视。随着印刷与制版技术的发展，人们审美的水平提高，报纸版面设计更加趋于杂志化排版，标题醒目，视觉冲击力强，彩色印刷代替黑白印刷，版面更加自由、时尚、新颖、生动。

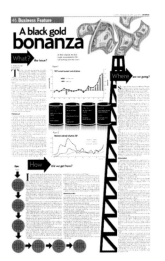

报纸页面

相对报纸版面千变万化的排版，报头是不变的。报头是指报纸第一版上方报名的地方，一般在左上角，也有的放顶上边的中间。报头上最主要的是报名，一般由名人书法题写，也有的作特别字体设计。报头下面常常用小字注明编辑出版部门、出版登记号、总期号、出版日期等。

报纸广告具有发行量大、宣传广、快速、经济的特点。报纸广告一般分为报眼、整版、半版、1/4版、通栏、半通、双通等多种规格。报纸广告排版既要符合平面广告设计传达，又要符合报纸媒介特点。

报纸页面

第三节 ////// 杂志版式

杂志版式丰富多彩，是最具创意和前卫的版式设计载体。

杂志内文排版形式多以网格为主，穿插自由版面设计。杂志封面必须有名称和期号，有类似广告宣传功能的内文摘要及主要目录以便读者在购买时辨认。封面的设计在统一中寻求变化，每期保留固定视觉识别，又以新颖的方式展示新内容。为节省成本，杂志一般不专门设置扉页、版权页等，而是将它们与目录合到一起。其版面设计一般由专栏名、篇名、作者、页码、刊号、期号、出版单位、年月、编委等组成。

《Surface》
杂志封面

《Ceci》杂志封面

《Ceci》杂志封面

《Ceci》杂志封面

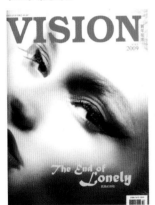

《Vision》杂志封面

《Vision》目录

《Vision》页内

《新潮流》封面

《新潮流》目录

《Vision》内页

《Vision》内页

第四节 ///// 平面广告版式

　　平面广告版面设计一般由两部分组成：主题创意和编排形式。主题创意的表现是根据广告媒体的传播特点，运用画面、文字、语言等多种表现因素，通过设计把广告主题和创意，具体、准确、完整及生动地体现出来的过程。图形、文字、色彩是平面广告的构成要素，图形占视觉传达的大部分。文字由两个方面构成，即文案设计与字体设计。在平面广告版式设计中，图形和文字要密切配合，才会事半功倍。通过文字排版，将产品名称、标题、广告语、说明文、企业名称、地址、电话等商品信息直接传达给消费者。

时澄　海报

白木彰　海报

杂志内页广告

第五节 ///// 书籍版式

书籍是将二维纸张装订后变成三维阅读载体的设计。书籍版式设计中要解决好以下问题：

1.书籍版面的开本大小及阅读条件。

2.书籍版面间的延续性，对比协调关系等。看书行为不是单幅版面的阅读，而是伴随读者互动、时间延续的阅读行为。

3.如何清晰明了地把书籍内容展示给读者。

书籍的开本也是一种语言。作为最外在的形式，开本仿佛是一本书对读者传达的第一句话。好的设计带给人良好的第一印象，而且还能体现出这本书的实用目的和艺术个性。比如，小开本可能表现了设计者对读者衣袋书包空间的体贴，大开本也许又能为读者的藏籍和礼品增添几分高雅和气派。美编们的匠心不仅体现了书的个性，而且在不知不觉中引导着读者审美观念的多元化发展。但是，万变不离其宗，"适应读者的需要"始终应是开本设计最重要的原则。决定书籍开本的4个因素：①纸张的大小；②书籍的不同性质与内容；③原稿的篇幅；④读者对象。

开本是指一本书幅面的大小，是以整张纸裁开的张数作标准来表明书的幅面大小的。把一整张纸切成幅面相等的16小页，叫16开，切成32小页叫32开，其余类推。由于整张原纸的规格有不同规格，所以，切成的小页大小也不同。把 787mm×1092mm的纸张切成的16张小页叫小16开，或16开。把850mm×1168mm的纸张切成的16张小页叫大16开。其余类推。

确定开本后，要确定书的版心大小与位置。版心也叫版口，指书籍翻开后两页成对的双页上被印刷的面积。版心上面的空白叫上白边，下面的空白叫下白边。靠近书口和订口的空白分别叫外白边、内白边。白边的作用有助于阅读，避免版面紊乱；有利于稳定视线；有利于翻页。

版心是根据不同的书籍具体设计的，但是有很多设计师力求总结出最完美的版心比例关系。凡·德格拉夫提出德格拉夫定律（如图），可适用于任意高宽的纸张，最终得到内外白边比为1：2。

德国书籍设计家让·契克尔德提出2：3的开本比例，即版心高度与开本宽度相同，称为"页面结构的黄金定律"（如图），他把对角线和圆形的组合把页面划分为9×9的网格，最后得到文字块的高度a和页面的宽度b（图中的圆形直径）相等，并且与留白的比例正好是2：3：4：6。

随着设计的发展，书籍的版心设计更加科学、灵活、自由。

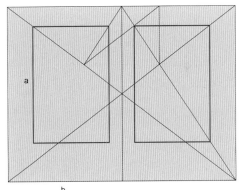

德格拉夫定律

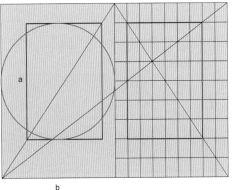

让·契克尔德页面结构黄金定律

书籍设计

封面设计

吴烨　目录设计

第六节 ////// 折页及卡片版式

　　折页、卡片等宣传品俗称小广告。根据销售季节或促销时段，针对展会、洽谈会、促销活动对消费者进行分发、赠送或邮寄，以达到宣传目的。折页、卡片的版面自成体系、丰富多彩，不受纸张、开本、大小、折叠方式、色彩、工艺的限制，是设计师展示良好视觉的舞台。最常见的折叠方式是对折页和三折页。

16k 285x210 (889x1194)

金毓婷　植树节活动卡片

吴烨　招生简章设计

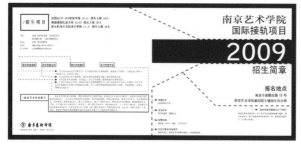

吴烨　招生简章设计

吴烨　招生简章设计

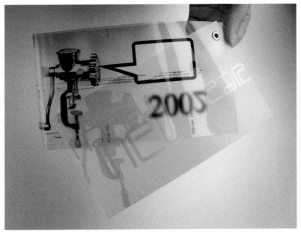

时澄　折页设计

第七节 ///// 包装版式

　　包装设计需要清晰地传达信息，并且需要迎合市场口味来给产品定一个视觉化的形象。由于包装是立体形态，包装的版面设计需要在特定的面上进行排版，需要考虑最佳展示面的视觉效果，非主要展示面安排次要信息。包装材料及形态各异，可以进行更加灵活、巧妙的设计构思。包装版式具有广告作用，一般情况下包含以下内容：

伏特加　包装设计

SHAPY　包装设计

酒类包装设计

1.文字信息：商品名称、用途、成分、质量、使用说明、注意事项、广告语、企业名称、联系方式、生产日期、运输储存说明、各类许可证等。

2.图形信息：企业形象、创意图形、装饰效果等。

学生作品 吴询 标签设计

饮料包装设计

RENEE VOLTAIRE 包装设计

第八节 ///// 网页、电子杂志及 GUI 界面版式

网页、电子杂志及 GUI 界面都具有互动性及多媒体性的特点。这类版式设计我们不仅要考虑页面的美观还应该考虑动画效果、声音效果及游戏性。由于它们都是以屏幕作为媒介的，必须考虑色彩区域及分辨率特点。GUI 界面版面设计操作性是第一位的，要考虑功能按钮的设计一目了然，具有明确的功能指代性。电子杂志兼具杂志和多媒体的性质，版面设计时可以进行杂志版面模仿的同时加强多媒体互动。

Sunx Zhang GUI 设计

季熙 GUI 设计

CG 电子杂志设计

网页设计

第九节 ///// CD 及 DVD 盘面版式

CD 及 DVD 盘面版式属于在特定尺寸、形状下的排版。我们需要考虑在特形下编排的巧妙性，例如圆形路径的文字排版，中心放射状排版等。

光盘包装

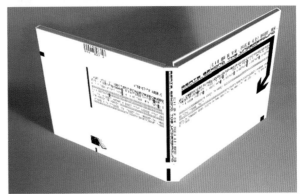

光盘包装

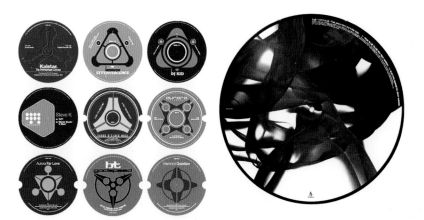

盘面设计   盘面设计   盘面设计

第十节 ////// 释解版式

释解版式是一种说明性较强的实用排版。当传递相同的信息时，单纯的文字表达方式与夹杂视觉要素的表达方式，会给读者带来不同的印象。单纯的文字表现，读者理解较慢，而视觉化的处理使内容变得容易把握。为了使数据变得易懂，可以将其转化成插图或者图表。在制作地图说明位置时，不需要将现实中的每个街道细节都表现出来，那样反而使读者不易分辨。根据地图本身的主题进行设计，进行信息的提炼、概括，如果地图上标的太多多余信息，主题反而会不明确。

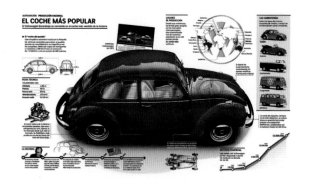

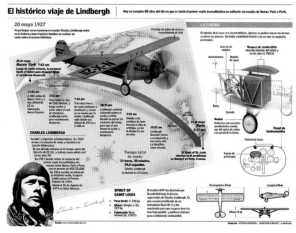

释解版式   释解版式

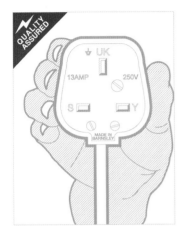

释解版式

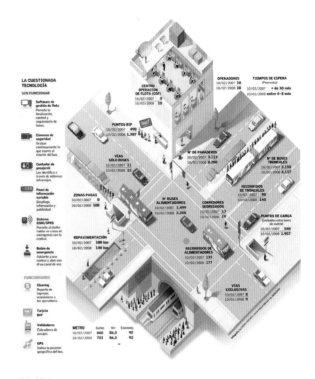

释解版式

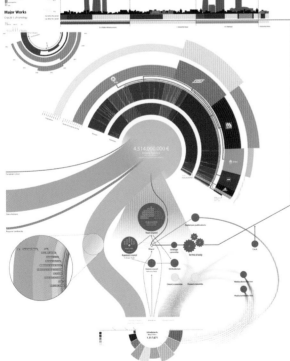

释解版式

参考书目 >>

《文字设计概论》 湖南大学工业设计系、浙江大学 网络教程

《平面媒体广告创意设计》金墨 编 广告传媒设计人丛书 （第一章 第一节部分摘录）

《艺术与视知觉》[美]鲁道夫·阿恩海姆 著 腾守尧 朱疆源 译 四川人民出版社 2001年3月

《建筑空间组合论》彭一刚 著 中国建筑工业出版社

《设计艺术美学》 章国利 著 山东教育出版社

《视觉传达设计原理》 曹方 主编 江苏美术出版社 2006年8月

《编排》蔡顺兴 编著 东南大学出版社 2006年

《美国编排设计教程》[美]金泊利·伊拉姆 著 上海人民美术出版社 2009年

《版式设计原理》[日]佐佐木刚士 著 中国青年出版社 2008年

《版式设计》[英]加文·安布罗斯 保罗·哈里斯 编著 中国青年出版社 2008年

《ONEDOTZERO MOTION BLUR》 外文图书

《THE LAST MAGAZINE》BY David Renard外文图书

《SWEDISH GRAPHIC DESIGN 2》外文图书

《AIKLAUS TROXLER》外文图书

《USE AS ONE LIKES—GRAPHIC》外文图书

《MUSA BOOK》外文图书

《TASCHEN'S1000 FAVORITE WEBSITES》外文图书

《YOUNG EUROPEAN GRAPHIC DESIGNERS》外文图书

《2007/2008 BRITISH DESIGN》外文图书

《WORLD DESIGN ANNUAL 2005》外文图书

《PHAIDON》外文图书

《TYPE IN MOTION 2》外文图书

《安尚秀》外文图书

《图像处理网》http://www.psfeng.cn/